ネアンデルタール人の首飾り

Juan Luis Arsuaga
EL COLLAR DEL NEANDERTAL

フアン・ルイス・アルスアガ　藤野邦夫❖訳　岩城正夫❖監修

新評論

本書の出版にあたっては、スペイン文化省グラシアン基金より2008年度の助成を受けました。
La realización de este libro ha sido subvencionada en 2008
por el Programa "Baltasar Gracián" del Ministerio de Cultura de España.

EL COLLAR DEL NEANDERTAL
Juan Luis Arsuaga

Japanese translation published by arrangement with
Juan Luis Arsuaga c/o MB agencia literaria, S.L.
through The English Agency (Japan) Ltd.

ネアンデルタール人の首飾り

アタプエルカ山地の遺跡の位置図と，シマ・デ・ロス・ウエソスから出土した頭骨5号（これまでに発見されたもっとも完全な頭骨）。

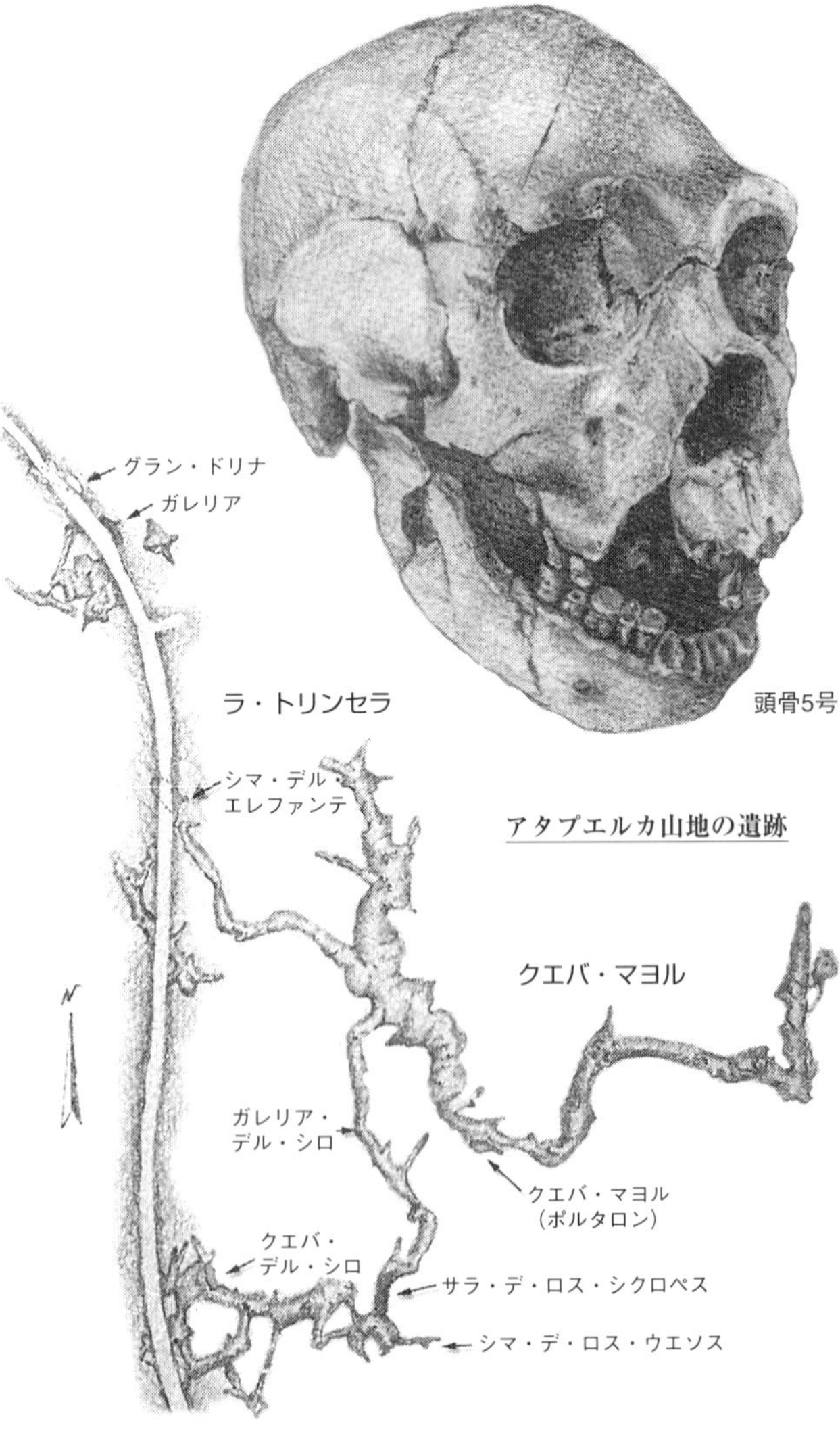

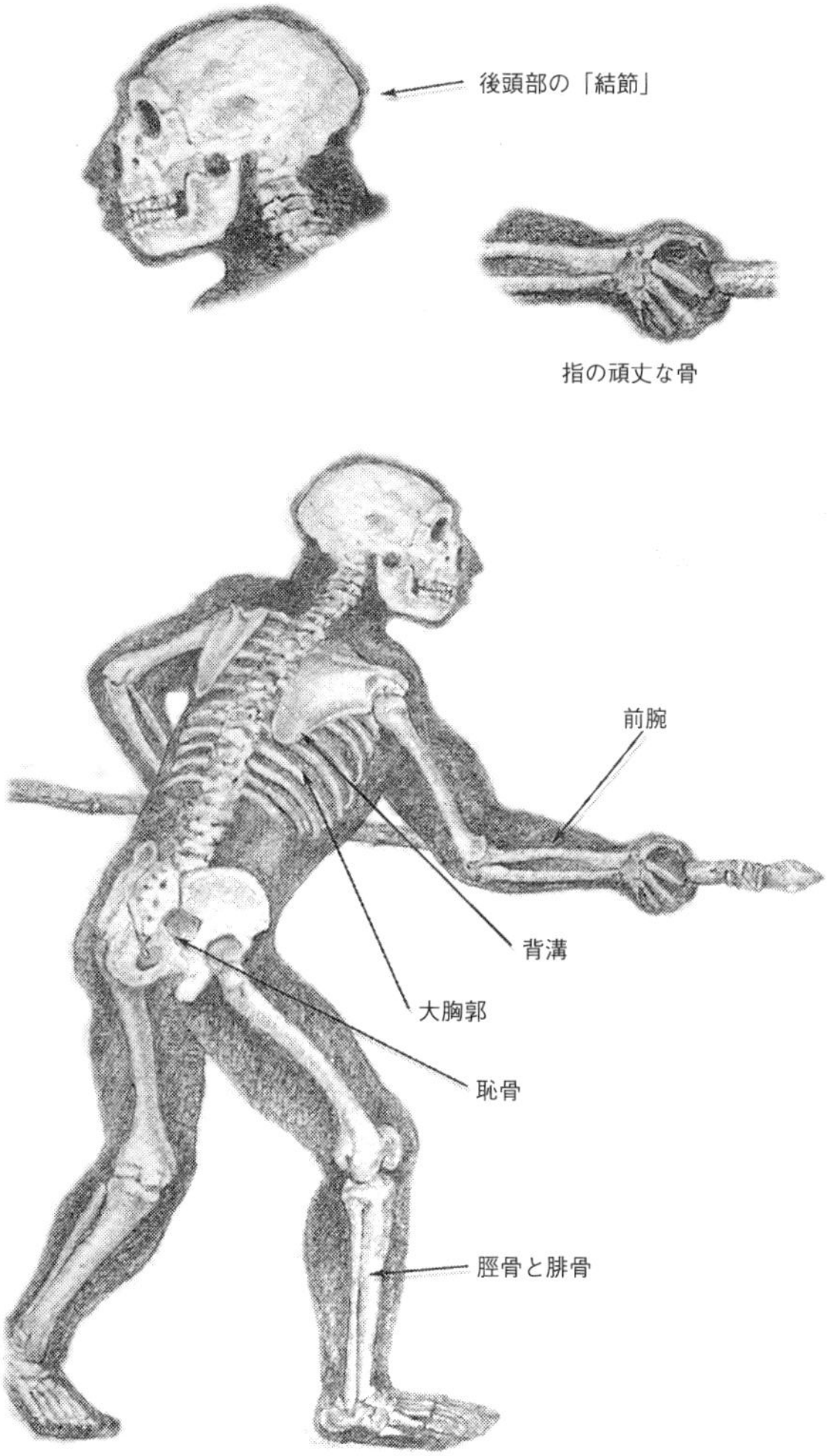

ネアンデルタール人の骨格のいくつかの特色（Churchill 1998 による）。

ネアンデルタール人の首飾り……………目次

＊本文中の図版のうち、20〜21頁の地質年代・石器時代区分図、37頁のアフリカ遺跡地図、117頁の植物界図、124頁のスペイン地図は、原書にはないが、読者の便宜をはかり訳者が加えたものである。

われわれは夢の布地でできている。

ウィリアム・シェークスピア『あらし』

感謝のことば

本書を書くにあたって数多くの同僚たちの援助を受け、主題について議論する機会をつくってもらった。かれらは本書の随所で、わたしとした話しあいを思いだすだろう。同僚たちはそれぞれになにかを教えてくれたので、全員の名まえを記すと際限もないリストになってしまう。ヌリア・ガルシア、アナ・グラシア、カルロス・ロレンソ、マヌエル・マルティン＝ロエチェス、イグナシオ・マルティネスにはとくに感謝している。この人たちがすべての段階の原稿を読んでくれたおかげで、本書の内容はより明確で、より厳密なものになった。わたしの父ペドロ・マリア・アルスアガ・エギサバルは、ベレゾフカ・マンモスを捜しにいったオットー・ヘルツの探検旅行記を翻訳した。父は地図にヘルツがたどったルートを書きこみ、わたしとともに遠い極寒のシベリアを目ざす想像上の旅をした。

プロローグ

わたしにとって、あの山の霧は忘れがたい思い出になっている。ほかのことは、すべて忘れてしまった。愛情、憎しみ、好意、軽蔑。こうしたものは消え去り、跡かたもなくなった。ところが、あの霧は永遠に、わたしの心を占めてしまった。霧はもうわたしの心から離れない。これからも絶対に離れないだろう。

ピオ・バローハ『バスクの幻想』

わたしは窓ごしに雨を眺めている。窓ガラスを伝って流れる水滴を見ていると、コンクリートとアスファルトでできた都市という世界に、自然が侵入してくるように思われる。人間をべつとすれば、都市にはもう生物らしいものはほとんど生存していない。人口ははるかに多くなったが、われわれはそれでも、二万五〇〇〇年前に自由な環境で（いまでは大都市になっているが）暮らしていた人類とおなじ男性であり女性である。より正確にいえば、われわれはこうした人類の子孫であり、つまりは狩猟採集生活者の後裔なのだ。われわれはかれらが動植物と完全に調和して幸せに暮らしていたと考える。映画で見るアメリカ先住民のように、野生的で自由に、会社で働く必要もなく暮らしていた時代にノスタルジーを感じる。

わたしはよく、自分に古人類学の適性があることにいつごろ気づいたか、という質問を受ける。答えを求めて振り返ると、子どものころ強く願っていたのが狩猟採集生活者になることだったのに思いあたる。この根強い願いが、のちの進路の選択に強く作用したにちがいない。どんな子どもも少しは野生的である。われわれは子どもたちを教室の四角い壁に閉じこめ、教育によって「文明化」しようとする。しかし、ひとりひとりのなかに、つねに先史時代の人間がひそんでいて、森の呼びかけに目ざめようと身構えている。

とはいえ、われわれは先史時代の祖先たちを支配した幼児死亡率の高さを考えない。わずか半数の子どもしか五歳まで生きのびなかったのである。われわれは果てしなく雪の降りつづく冬の残酷さや、旱魃の年の飢饉のすさまじさを考えない。そんなときには、死の影が小さな村々を容赦なくおおいつくしたのだ。われわれは先史時代の世界について、現在から見て快適に思えそうな場面しか思い浮かべない。長い冬のあとに春が訪れ、すべての生命がよみがえるときのことや、ほんのわずかな時間、自然に親しんだときに受ける充実感しか考えない。これがまさにノスタルジーである。ノスタルジーとは過去のよき瞬間を、ただただ懐かしむことにほかならない。

本書にも、このノスタルジーが濃厚に息づいていることは承知している。しかし、それだけでなく多くの自然も息づいている。巨大な草食動物、強力な肉食動物、山脈、湖、氷河、ツンドラとステップ、地中海の森林、秋の落ち葉。そして、そのような風景のなかを移動した人類の痕跡が描かれる。本書では気候と風景はドラマの背景でなく、重要な主人公である。間氷期に活動が展開されたのは偶然ではないのだ。しかし本書の目的は、基本的には人類の起源を語ることにあり、現在の知識の範囲内で、われわれがどのようにして現在のような姿になったかを説明する。

本書は九つの章とエピローグにわかれている。1章と2章では、人間が生物のなかで占める位置を明確にしたい。われわれはどうして多くの生物のなかで、これほど孤立しているのだろうか。人間が地球上のほかの種とまったく交信できないことを、どのようにして説明するのだろう。現代人にもっとも近い最初の祖先はどんな人類で、どのような理由から絶滅したのだろうか。1章と2章では、アフリカで人類が進化した最初の数百万年を手短にたどることにしよう。このあいだにアジアと、ついでヨーロッパに向かう最終的な移住に成功した種が出現したのである。ある学者たちが主張するように、われわれの精神的能力が人類進化の最近の産物だとすれば、その痕跡を追跡するのに、そんなに遠い時代までさかのぼる必要はないだろう。その反対に、べつの学者たちとわたしが考えるように、人間本来の精神がはるか遠い時代に出現しはじめたのだとすれば、人類の起源を求めて、できるだけ遠くまでさかのぼらざるをえないだろう。そのころまだアフリカ以外に、だれも（つまり、どんな人類も）住んでいなかったとしても、おなじことである。そのあと、いずれにしても生命の歴史のなかで、われわれ以外にも自分自身を意識し、世界のなかの自己の位置を意識した生物がいたかどうかを突きとめようとすれば、アフリカの最初のヒト科から提供される情報が必要になるだろう。

3章は人類のヨーロッパ移住と、最後の何百万年かのあいだに、なんども北半球の大部分をおおいつくした氷期を対象とする。またスペイン北部のブルゴスに近いアタプエルカ山地に住んだ人たちを中心として、ネアンデルタール人とヨーロッパの祖先たちの肖像を示すことにしよう。これらの主題は大筋で、人類進化に見られる化石の諸相と形態的変化にあてられた1章と2章の補足説明になるだろう。

4章と5章では、最後の一〇〇万年間に突発した氷期がヨーロッパでおこした変化と同時に、生態系と動植物のコミュニティに少し細かくふれることにしよう。それは森林と山脈という、われわれのもっとも強い情熱の対象にふれる機会になるだろう。わたしは多くの読者が、自分の暮らす世界にのこる自然なものに強い関心を寄せるだろうと考える。しかし、植物や氷期に関心の薄い読者がこのページを読みとばしても、話の糸が途切れることはないだろう。それでもわたしは、読者が4章と5章を再検討してくれそうだという期待を捨てていない。それはモミの木が南欧のカディスまでたどりついた方法や、イベリア半島を車で旅行するときに見かける樹木の種類があれほど多彩な理由を理解するためである。6章では以上の生態系で人類が占めた位置と、溶けた氷塊がおこした大絶滅の波を分析する。この氷塊が溶けたせいで、われわれがいまだに体験している気候のステージが設定されたのだ。このより「生態学的」な部分がおわれば、人類の知能と行動の研究を対象とする最後の第三部に移ることになる。

スペインのアタプエルカには「シマ・デ・ロス・ウエソス」（骨の穴）がある。知られる最古の埋葬儀式がおこなわれた場所であり、つまり三万年前に、すでに死の避けがたい性格を自覚した人たちの手で、二八体以上の死体が積み重ねられたのだった。この人類の悲劇的な出来事で、動物的な幸せな無知はとどめをさされたのだ。この出来事は事態の流れを末永く変えることになるだろう。7章では、この転換期が細かく語られ、先史時代の人類の死亡年齢と、そのようにいうことが望まれるなら、ヨーロッパの先史時代の人類の生存期間が問題になるだろう。

8章では、意識と意識から切り離せない言語が問題になる。地球上の意識と言語の痕跡を、どのようにして明らかにできるのだろうか。記号はいかにして出現したのだろう。

こうして、最後の9章にたどりつく道が開かれる。われわれはクロマニョン人とネアンデルタール人が共存した時代にもどるだろう。この時代はネアンデルタール人の絶滅で終息した。9章では人類化石、気候、生態系と同時に、この問題で地理がはたした非常に大きな役割が紹介される。時間的・空間的に、随所で無数の出来事が分散しておきたことはたしかである。われわれの想像力はそれらの出来事から刺激を受けてきたし、文学作品は多くのインスピレーションをかきたてられてきたが、歴史に忠実でありつづけたことはめったになかった。こうしたストーリーでは、たしかに真偽のほどを考える必要があるだろう。本書では読者が自分に適したストーリーを引きだせるように、時間の流れにそって科学が集めたデータを公開しよう。

しかし、わたしは読者に正直でありたい。科学者としてのわれわれがネアンデルタール人の絶滅した時代を少しずつ明らかにしても、どのようにして、どんな理由で絶滅したかという問題はいまだにわかっていない。出来事がおきた状況は相反する解釈を許すので、科学が袋小路におちいった位置から仮説を前進させざるをえない。わたしは本書で自分の見方を説明しよう。この謎に直面したとき、手がかりになるのは理由でなく直観だから、読者が望めばべつの結論を引きだせる余地がある。

いずれにしてもネアンデルタール人が本書の中心人物になるのは、われわれの祖先だからでなく、まさに祖先でないからである。何十億年前に出現した最初の生物と現代人を結ぶ長い連鎖のひとつを研究してみても、たいした意義はないだろう。それに反してネアンデルタール人は、数万年ものあいだヨーロッパで、われわれの種と無関係に進化した類似の人類の代表である。ネアンデルタール人はわれわれが自分の姿を見つめ、その結果、より以上に自分を知るための驚くべき鏡になる。

わたしは読者により親しみやすくするために、化石の略号と現生の動植物の学名をほぼまったく使用しなかった。そんなものは動植物学の概説書で手軽に捜しだすことができるだろう。本書の巻末で、古人類学と先史学の一般的な文献をあげ、さらに各章の内容を補足する参考文献を列挙した。

本書『ネアンデルタール人の首飾り《ネックレス》』の目的は、もちろん情報を提供することにあり、さらには科学者たちが体験する喜びを読者と共有することにある。科学者たちはわれわれの頭にとりついている「わわれわれは地球上でなにをしているか」という問いに答えようとして、日々、努力を重ねている。しかし、わたしには胸の踊るもうひとつべつの隠された意図がある（これを告白すべきではないかもしれないが）。わたしは本書を読みおえた読者に、アタプエルカにいってほしいのだ。あるいはシエガ・ベルデを訪れて、川のほとりの古い水車小屋の廃墟に近い岩々に彫られた、ウマやウシの絵を眺めてほしいのである。イベリア半島の絵でおおわれた洞窟のどれかに足をふみいれたり、たんに山や森を眺めたりするだけでも十分なのだ。そうすれば読者はきっと、わたし自身が感じるとおりの身震いに襲われるだろう。

本書の着想のもとになったのは、机のうえにある二冊の著書だった。一冊はスペインの先史時代のすぐれた研究者フーゴ・オーベルマイアー〔一八七七～一九四六、オーストリア生まれの考古学者〕が一九一六年に書いた『人類の化石』である。わたしは幸運にもオランダの古書店から、二〇〇〇～三〇〇〇部の初版の数少ない生きのこりの一冊を購入した。それを開くと、献呈先のだれかに宛てた著者の自筆の手紙が見つかった。それはフランス語を使う同僚に宛てた手紙で、この同僚は深い敬意をもって呼びかけられていたが、氏名ははぶかれていた。手紙のはじめの挨拶は「拝啓」（Cher Monsieur）だけだったのだ。わたしは余白のメモから、この相手が高名な古人類学者マルセラン・ブール〔一八六一～一九四二、フランスの考古学者〕にちがいないと推測した。ブールはパリの人類古生物学研究所の所長だったし、オーベルマイアーは一九一〇年から同研究所の研究員だったのだから、ブールは上司だったわけである。オーベルマイアーは最終的にスペインの市民権をとったが、生まれはオーストリアだった。かれはその手紙で、将来、状況がもっとよくなればお会いしたいという希望を伝えていた。当時は第一次大戦中で、ブールはオーベルマイアーを敵国民として解雇せざるをえなかったのである。著者の自筆の手紙が挿まれ、余白にブールの書きこみがあるこのオーベルマイアーのモニュメンタルな研究書は、古人類学の歴史を強く目ざめさせる。

オーベルマイアーは『人類の化石』で、世界の先史時代の一般的な枠組みのなかに、たくみにスペインの先史時代を組みこんだ。この著書で推奨すべきは、考古学、地理学、古生物学の知識が集約されていることである。わたしはこれほどの達成をとても望めないだろうし、本書はこんなに格式ばった内容ではないだろう。しかし、わたしもまた先史時代の遺跡に関係する、さまざまな学問分野の成果を援用するつもりである。フィールドが結びつけた仕事をバラバラにするのは、どんな本にも許されないことなのだ。

本書にもなんとか同等の重要性をもたせたいと願って机のうえにおいてあるもう一冊は『ヒスパニア──わが祖国の自然地理学』という二分冊の書物である。まことにすぐれた地理学者で、ナチュラリストで、先史学者だったエドゥアルド・エルナンデス＝パチェコ〔一八七二～一九六五〕のこの著書は、一九五五年に出版された。エルナンデス＝パチェコの著書は科学的思考の深さだけでなく、文章の古典的で優雅な味わいでも注目すべきであり、それはかれが説明するスペインの大地の特性から流れでるもののように思われる。わたしはドン・エドゥアルドを、スペイン語で書いた二〇世紀最大の書き手のひとりだと考える。かれは最愛のスペインの岩山を、どれほど活写して見せたかで知られている。興味深いことに、ドン・フーゴとドン・エドゥアルドは生活面ではそれほどうまくやれなかったが、わたしの机上に並ぶふたりの著書は完全に調和して息づいている。

以上の古典的な書物のほかに、わたしの机上には、もうひとつべつの品物がある。一見して、そうは見えないかもしれないが、ある意味では二冊の著書にも関係する。それは頭頂部に髪をまとめた女性の頭部のじつに小さな彫刻のコピーなのだ。オリジナルのほうはチェコ共和国のモラヴィアにあるドルニベストニツェで、二万五〇〇〇年前に象牙から彫られた彫刻である。この頭部は非常に美しいが、わたしにとっては芸術作品以上の価値がある。それは人間だけの行動の表現であり、つまり記号をつうじて交信し、画像や音声を使って言語をつくりだし、世界と宇宙を考えだした能力の結実だ。世界と宇宙は虚構的で幻想的でさえあるかもしれないが、現実自体とおなじくらい現実的である。本と彫刻とわたしが使うパソコンは、おなじソースから生まれている。一般的な意味の精神の創造性と象徴的行動は、本書のべつの重要な主題となり、ネアンデルタール人の絶滅と、われわれが現在、完全な孤立状態にある理由を理解するキーのひとつとなる。

しかし、以上のどちらを表現するのも容易ではない。わたしは現代人と先史時代人の精神にかかわる研究者の著作を、日常言語に移すのは非常に困難だし、ほとんど不可能だと考える。この問題については数多くの著作があるが、読みやすい本はほとんどない。ときには心理学の専門用語を、過度で人為的だと感じることも認めなければならない。こうした考えをより簡潔に、より自然に表現する方法はないのだろうか。わたしは科学以外のメタファーという領域で、答えを見つけたと考える。わたしはすぐれた宗教史家ミルチャ・エリアーデ〔一九〇七〜八六、ルーマニアの歴史家、比較宗教史家〕の著書の数行に興味を引かれたことがある。その著書の最後の章には、エドゥアルド・マルティネス・デ・ピソン〔スペインの自然地理学者〕の論文が引用されていた。エリアーデは社会が神話的基盤をもっていた時代には、世界は「アルカイックな人間」に「話をした」と数行で説明する。『にぎやかな森』では、ウェンセスラオ・フェルナンデス・フローレス〔一八八五〜一九六四、スペインの作家、ジャーナリスト〕のペンから、おなじメタファーが心に矢のように飛んでくる。わたしはこの感動的な本から、かってにふたつのフレーズを引用した。そしてまた、シェークスピア〔一五六四〜一六一六、イギリスの劇作家〕とピオ・バローハ〔一八七二〜一九五六、スペインの作家〕からはじまるほかの作家たちの文章を引用し、わたしの議論につけくわえた。これらは章のはじめの飾りでなく、いろいろな考えを伝える大使役として考えた引用である。わたしの考えが誤っていても、大使役は非難されるべきではないのだ。結局、詩人と古人類学者はもっとも深く、もっとも神秘的な意味の人間性という、おなじ現象を研究する人間である。

オーベルマイアーはスペイン語版の『人類の化石』の序文の最後で、つぎのように書いている。

「たしかにスペインは人類の化石に関連する巨大な秘宝をもっており、第四紀〔約一七〇万年前から現代までの期間〕の研究では、ヨーロッパのほかのどの国をも上回るような壮大さをもつ時代がやってくるだろう。それを思うと、わたしはとても満足する。わたしは友人と同僚の未来の研究に非常に強い関心をもっているし、本書の六章〔第四紀のイベリア半島〕が大きなすばらしい分量に拡大されることを疑っていない。それは『第四紀のスペイン』という表題になるかもしれない」

オーベルマイアーの予言は誤っていなかった。今日のイベリア半島は、わたしが本書で証明しようと考えるように、ヨーロッパの先史時代で非常に特殊な位置を占めているのである。

地質年代区分

代	紀	年数
新生代	第四紀	170 万年前
	第三紀	6500 万年前
中世代	白亜紀	1 億 4400 万年前
	ジュラ紀	2 億 1300 万年前
	三畳紀（トリアス紀）	2 億 4800 万年前
古世代	二畳紀（ペルム紀）	2 億 8600 万年前
	石炭紀	3 億 6000 万年前
	デボン紀	4 億 800 万年前
	シルル紀	4 億 3800 万年前
	オルドビス紀	5 億 500 万年前
	カンブリア紀	5 億 9000 万年前
先カンブリア時代		

第四紀	完新世	1 万年前～現在
	更新世後期	12 万 7000 年前～1 万年前
	更新世中期	78 万年前～12 万 7000 年前
	更新世前期	170 万年前～78 万年前
第三紀	鮮新世	500 万年前～170 万年前
	中新世	2400 万年前～500 万年前
	漸新世	3700 万年前～2400 万年前
	始新世	5400 万年前～3700 万年前
	暁新世	6400 万年前～5400 万年前

更新世	ウルム氷期
	リス氷期
	ミンデル氷期
	ギュンツ氷期
	ドナウ氷期
	ビーバー氷期

＊更新世とは氷期の初めから終わりまでを指し，6 回の氷期と 5 回の間氷期があった。それぞれの氷期の境界となる年代の決定は，地域差があるのでむずかしい。

石器時代区分

新石器時代	8000年前〜6000年前	
中石器時代	1万3000年前〜8000年前	
旧石器時代	後期旧石器時代	5万年前〜1万3000年前 （アフリカのLSA，ヨーロッパの上部旧石器時代）
	中期旧石器時代	25万年前〜5万年前 （アフリカのMSA，ヨーロッパの中部旧石器時代）
	前期旧石器時代	260万年前〜25万年前 （アフリカのESA，ヨーロッパの下部旧石器時代）

＊世界各地で同時に石器の製作様式が変わったわけではないので，アフリカとヨーロッパの漠然とした対応期間を示してある。アフリカのESAはEarlier (Early) Stone Age, MSAはMiddle Stone Age, LSAはLater (Late) Stone Ageの略。

LSA	マドレーヌ文化	2万1500年前に出現
	ソリュートレ文化	2万6500年前に出現
	グラヴェット文化	3万2500年前に出現
	シャテルペロン文化	3万5000年前に出現
	オーリニャック文化	4万2000年前に出現
MSA	ムスティエ文化	20万年前に出現
ESA	アシュール文化	160万年前に出現
	オルドゥヴァイ文化	260万年前に出現

第一部　過去の影

第1章　孤独なある種

現在、科学が構成することに成功しているような人間は、ほかの動物と大差のない動物である——解剖学では人間を類人猿からあまりにわずかしか分離することができないので、リンネにさかのぼる動物学の現代の分類は、人間と類人猿をヒト科のおなじ上科においている。ところが人間の出現という生物学的成果から判断すれば、人間はまさに、まったくべつのなにかではないだろうか？

ピエール・テヤール・ド・シャルダン『人間という現象』

あまりに似ているが、あまりに違う

この世界で、われわれは孤独である。どんな種の動物も、われわれとまったく似ていない。身体面とくに精神面で、大きな裂け目が人間とほかの動物たちをへだてている。どんな哺乳類も二足歩行をしないし、火を燃やしたり使ったりしない。また本を書いたり、宇宙旅行をしたりもしない。タブローに絵の具を塗らないし、お祈りもしないのだ。この違いは程度の問題でなく、まさにオール・オア・ナッシングである。つまり半分二足歩行をする動物はいないないし、少しだけ火を燃やしたり、少しだけ文章を書いたりする動物もいない。初歩的なスペースシャトルをつくったり、粗末な絵を描いたり、ときどきお祈りをしたりする動物もいないのだ。

生物の世界で、人間という種のこのような完全な独創性はありふれたものではない。すべての種は一般に似かよった種のグループに属している。これは、性質が相互間である連続性を示すからである。もちろん生物の大きなグループでは、この連続性に亀裂が見られることがある。たとえば現実に鳥類と爬虫類のあいだや、爬虫類と哺乳類のあいだに中間形はいない。半 - 魚類や半 - 爬虫類のような両生類を考えることもできないだろう。伝統的な分類では、脊椎動物の違うフォームは「綱《こう》」というカテゴリーに分類される。ただ現生の魚類だけは、三つの綱を構成する。無顎綱《むがく》（ヤツメウナギやメクラウナギ）、軟骨魚綱（サメやエイ）、硬骨魚綱（ふつうの魚）という三つである。脊椎動物には脊索《せきさく》動物という大きな集合に分類される大多数の種がふくまれ、これらには「門」（リンネ以後の生物学で使われる分類体系では動物界の最高の階層）という、より上位のカテゴリーが割りふられる。

この脊索動物は多様な無脊椎動物の種と根本的に異なっている。無脊椎動物とは、カイメン類、サンゴ類、棘皮《きょくひ》動物（ウニ類やヒトデ類のグループ）、環形動物（たとえばミミズ類）、節足動物（昆虫類、甲殻類、クモ類）、軟体動物（二枚貝類、巻貝類、イカ類とタコ類）と、それほど知られていない数多くのほかの門の動物のことである。これらの大きなカテゴリーは形態学的に、ほかのカテゴリーと切り離されている。

生物圏内の種の共存が、種の神聖な起源を主張する宗教の伝統的な教義によって、満足できるように説明されたことはなかった。種はより幅広い集団に属するまとまりを形成し、相互間に形態学的な大きな違いを示している。つまり神の想像力はあまりにかぎられるので、わずかな数のモデルしかつくりだせず、この少数のモデルから変異体が発達したのだろうか。

この問題にたいして、進化論はより有力なべつの解答を提出する。種は時間的に近い共通の祖先に由来する類似点を示しており、つまりは類縁関係が非常に密接だというのである。しかし、はるか遠い時代に誕生した、非常に離れた共通の祖先をもつ生物の大きな類型については、おなじようにいうことはできない。それらは進化のじつに長い段階を無関係に通過したのだから、似ていないというほうが論理的である。

最初の化石脊椎動物は四億五〇〇〇万年以上前に出現し、最初の両生類は三億五〇〇〇万年以上前に出現した。また最初の爬虫類は三億年以上前に出現し、最初の哺乳類は二億二〇〇〇万年以上前に出現した。そして最初の化石鳥類が出現した年代は、一億五〇〇〇万年以上前と定められてきた。しかし進化は現実に鳥類の出現以後、目につくような新しい生物をまったく生みだしていない。進化は改革能力を使いはたしたのだろうか。じつをいえば種集団を、どんなばあいに門や綱や、べつの下位分類の階層に統合すべきかを決める正確な方法はひとつもないのである。非常に広いカテゴリーとしての門は、おなじ界のなにかべつのフォームの生物と大きく違う、生物学的に独創的な配置に対応すると考えられている。もちろん、決定的な変化が遠い過去にさかのぼるはずだと考える理由はないのだから、進化のある任意の時期に新しい門が出現することがあるかもしれない。たとえば動物学では哺乳類が別個の門でなく、ただの綱しか構成しないのは、脊索動物の門に統合されるような骨格をもつ現生生物がほかにいないからである。これは哺乳類がじっさいに独創的な生物学的類型を構成しないという意味ではないのだ。おなじことは人間についてもいうことができる。人間の知能は発達しているので、生物学の別個の次元に区分されている。フランスの古生物学者で哲学者だったテヤール・ド・シャルダン〔一八八一~一九五五〕は、人間を固有の存在として門というカテゴリーに属すると考えた。

ほかの哺乳類と比較して人間に違いがあるのは、人間がはるか昔から、ほかの哺乳類と無関係に進化

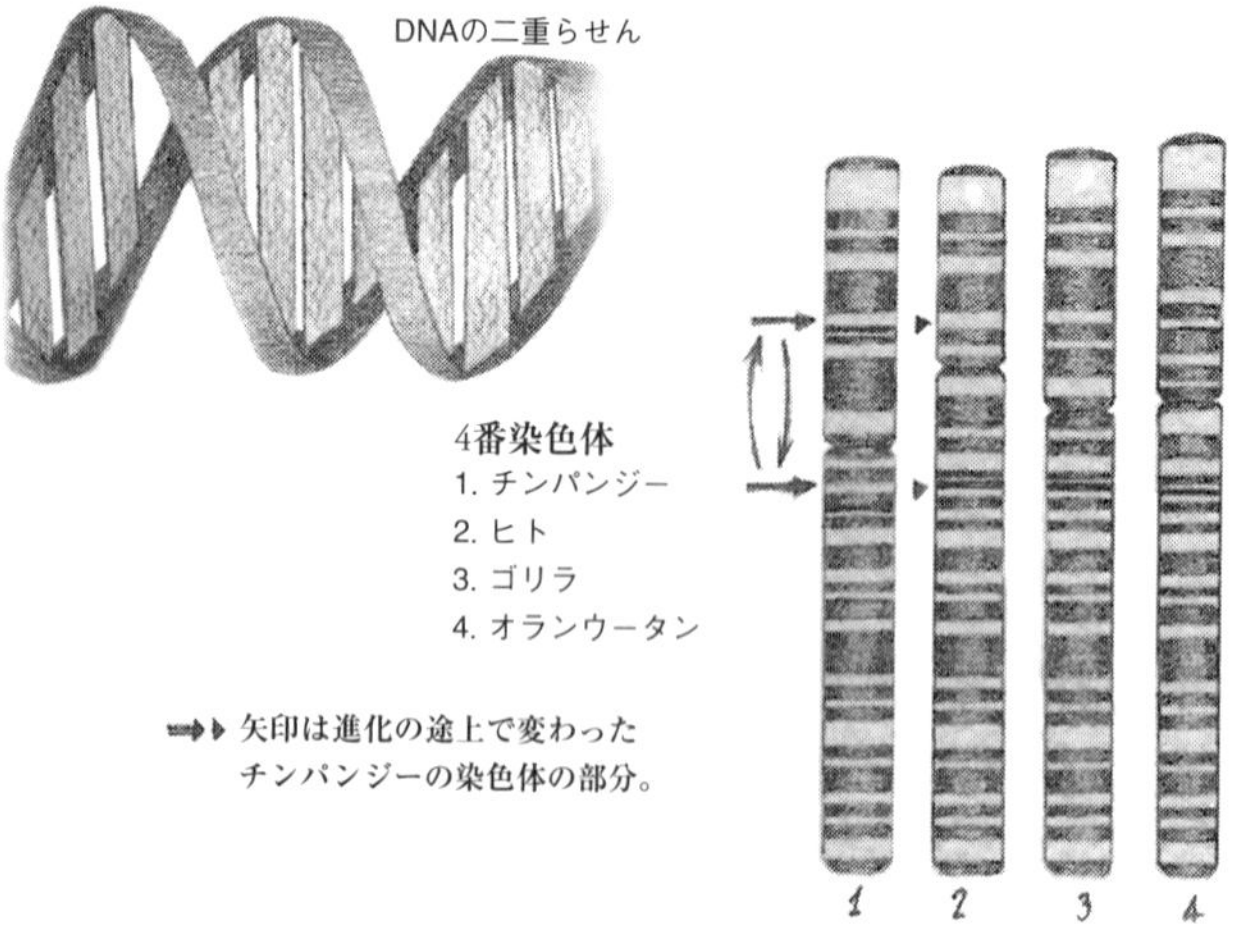

図1　4番染色体。ナミチンパンジー，ゴリラ，オランウータン，ヒトのあいだの遺伝子の類似性は，チンパンジーの染色体の一部に違いがあっても，疑いなくこれらの種のあいだの近縁関係を示す。

したという証拠だろうか。そんなことは絶対にないのだ。それどころか人類進化の系統は最古の生物の仲間にはいらないし、六〇〇万年前か七〇〇万年前をこえることはほとんどない。この遠い時代に、チンパンジーと人類を生んだ系統が分離したのであり、ゴリラの系統が分岐したのは、もっとまえのことだった。ところで、人間とほかの生物をへだてる深い断絶を、どのようにして説明するのだろうか。その答えはふたとおりになる。ひとつは人間がいくつかの特徴を理由として非常に急速に進化したということであり、もうひとつは人間とチンプの中間形がすべて絶滅したということである。

わたしはこの章のはじめで、人間とほかの動物のおもな違いのいくつかを列挙した。なかでも直立という姿勢が、ただひとつの形態学的形質を構成する。この直立する姿勢以外はまったくべつの性質の形質であり、それらの性質はつきるところ脳というただひとつの身体器官に直接的に関係する。要するに、われわれはどうしてチンプとこんなにも違うのだろうか。じつをいえば人間とチンプを特徴づけるのは、約三万個の遺伝子のなかのわずか一パーセントほどにすぎない。われわれの認識の違いのもととなる遺伝子は一〇〇個をこえることがなく、たぶん五〇個程度だろうと推定されている。きわめて微小だが、とても重要な遺伝的変化が人間に独特の精神的特性をあたえ、ほかのすべての種と根本的に違う種にしたのである。われわれはすでに知られてきた種や、たびたび再出現した種のたんなる変異種ではないのだ。人間はチンプの一種でなく、完全に違うなにかを構成する。それなのに動物学者は現生動物の種を形態学にしたがって分類し、近年ではまた遺伝子にしたがって分類する。それでは、しばらくのあいだ人間の精神的能力を忘れ、われわれを形態学的視点から、ほかの動物と比較してみよう。研究所の解剖室にはいりこみ、さまざまな霊長類の種の、精神現象のない死体を調査することにしよう。

脳のないからだ

図2では、人間の近縁種が示されている。もっとも近いのはチンプであり、より正確にいえば現生の二種のチンプである。ゴリラはそれより少し遠く、オランウータンはゴリラよりさらに遠い。このグループのなかでは、小型のテナガザルがいちばん遠い近縁種であり、このことは動物園にいってみればよくわかる。チンプとゴリラとオランはたがいに似かよった姿をしており、おなじショウジョウ科に分類されてきた。テナガザルもショウジョウ科に分類されることが多いが、学者によっては、べつにテナガザル科を立てる人たちもいる。テナガザルをいれたショウジョウ科は、一般に一括して類人猿と呼ばれている。最後に人間という種が、ヒト属しかいないヒト科に分類されてきた。そして、ヒト科と類人

図2　現在のヒト上科の分岐図。

猿はヒト上科にまとめられている。

図２の系統図で、右の霊長類のあいだの進化にかかわる関係が説明される。図示されているのは現生種だけであり、化石種ははいっていない。これを見れば、種の系統がわかるだろう。図には祖先種名はでていないが、二種か二種以上の現生種の共通の祖先が、A、B、C、D、Eという分岐点で示されている。系統図のなかでは種は明確な順序でたがいに結びついており、この順序は進化の系統の連続的な分岐がおきた時間的な順番を示している。分岐点が上にあがればあがるほど、新しい時代におきたことになる。この図では、もっとも近い時点で分岐したのは二種のチンプであり（E）、二種のチンプは約二五〇万年前からコンゴ川をへだてて暮らしてきた。系統図はそれ以外の情報を伝えていない。意味さえ変えなければ、系統図を大きく違うかたちで描きなおすことができる。

図２の下の系統図は、じっさいには上とおなじものだが、人間という種の位置が大きくいれかわっている。こんどは人間はヒト上科の右端でなく、ほかのヒト上科のあいだにおかれている。現実にはチンプとゴリラは、オランやテナガザルとの類縁関係より人間のほうに近い。だから、ショウジョウ科とヒト科のあいだに確定されてきた分離は、人為的な分離だったのである。つまり、人間とチンプとゴリラは一種の「祖父種」（C）として共通の祖先をもつが、オランとテナガザルはこの祖先の子孫ではないのだ。また、系統の創始者と仮定されるAというすべてのショウジョウ科の共通の祖先は、われわれの祖先ともなっている。以上の点に矛盾がなければ、われわれはショウジョウ科と類人猿に分類されるべきだろう。これにたいする唯一の論理的な代案は、すべてのショウジョウ科を人間に分類することだろう。しかし、類人猿に「人間としての権利」を認めるべきだろうか。

以上の論点から、われわれはじつに驚くべき結論にたどりつく。進化の類縁関係と形態学的な類似が、かならずしも一致しないことが証明される。進化の視点からすればチンプは人間により近いが、外見上はゴリラとオランのほうに似ている。外見だけにたよって進化の種間関係を決定できないことに最初に気づいたのは、ドイツのすぐれた昆虫学者ヴィリ・ヘニッヒ〔一九一三〜七六〕だった。さらに微妙なべつの要因を考えなければならないというのである。この発見は表面的には単純に見えるかもしれないが、類似の外見をもつ種がつねに一括されなければならないという明白な論理を否定した点でじつに画期的だった。すぐれた思索家だけが時代の支配的なパラダイムをこえて、明白でありながら、ほかの人間が気づかないことがらを理解することができる。

鳥類でもずっと大きな規模で、これと似た現象が観察される。鳥類は恐竜をもっとも近い親戚とした多くの種をふくむひとつの綱を構成する。より正確にいえば、親戚とは獣脚竜というグループに属した肉食性の小型の二足性の恐竜のことである（このグループにはティラノサウルス・レックスのようなはるかに大きい、より有名な恐竜も属していた）。だから、鳥類はじつは現在まで生きのびた最後の恐竜だというべきだろう。鳥類にはダチョウのような大型の鳥や――人間はもっと大型の鳥を知っていた――ハチドリのような小型の鳥がいる。鳥類は羽毛をもつ唯一の恐竜だっただけでなく、羽毛をもつより大きなグループの一部だったのにほかならない。映画『ジュラシック・パーク』で有名になったヴェロキラプトルは、ウロコでなく羽毛でおおわれていたのだろう。これらの恐竜は鳥類のような内温動物、つまり温血動物だったのかもしれない。体温を安定したレベルに維持する目的からすれば、羽毛は断熱の役割をはたす適応方法だっただろうから、そのために出現したように思われる。だから種の分類にかかわる鳥類の現在の状況を、コウモリを例外として、人間をふくむすべての哺乳類が絶滅したばあいの分類と比較できるかもしれない。この大異変のずっとのちの観察者がコウモリを見れば、すべての哺乳類が空を飛んでいたと思うかもしれないのだ。

六五〇〇万年前に突発した大変動で恐竜がすべて絶滅し、より正確にいえば鳥類でない恐竜が絶滅したときから、鳥類はほかの脊椎動物から切り離されてきた。われわれは七〇〇万年前にはまだ類人猿「だった」のだから、人間自体の分岐はもっと最近のことだったのである。じっさいには、われわれはなにものでも「なかった」のだろう。

しかし、脳のないからだの研究から霊長類のなかで人間の占める位置の説明がつけば、われわれがもっとも近縁のチンプとどれほど違うかも明らかになるだろう。われわれは二足歩行だがチンプは四足歩行であり、われわれの全身と骨格は、この異なる移動様式を明らかにするからである。つづいて化石を研究してみれば、われわれとチンプを切り離す形態学的空白を埋めることができるだろう。

猿人とはなにか

図3の系統図では、種の一般名がラテン語の学名に変わっている。つまり、チンプにはパン・パニスクス（*Pan paniscus* ピグミーチンパンジー）とパン・トログロディテス（*Pan troglodytes* ナミチンパンジー）が、ゴリラにはゴリラ・ゴリラ（*Gorilla gorilla*）が、人間にはホモ・サピエンス（*Homo sapiens*）が使われている。

そしてチンプと人間のあいだに、アルディピテクス・ラミドゥス（*Ardipithecus ramiddus*）、アウストラロピテクス・アナメンシス（*Australopithecus anamensis*）、アウストラロピテクス・アファレンシス（*Australopithecus afarensis*）、アウストラロピテクス・アフリカヌス（*Australopithecus africanus*）という四つの新しい種が並んでいる。四つは二〇〇万年以上前に絶滅した種だから、いずれも現存していない。この四

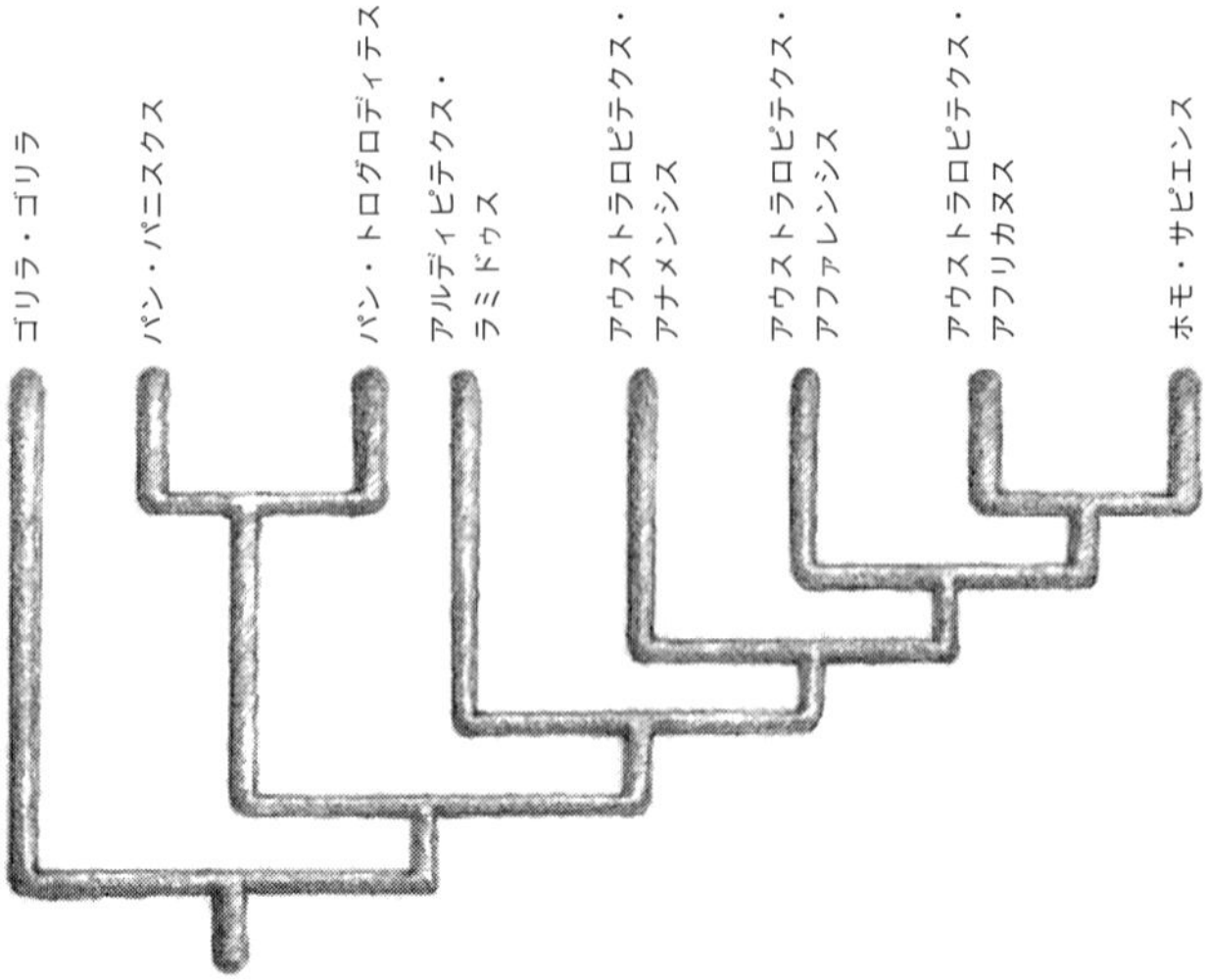

図3　アウストラロピテクス類をふくむ分岐図。

つはどれもヒト科の種に属している。これらの種は、人類の進化の系統がチンプの進化の系統と分岐したのちに発達したのだから、人類の進化の系統に属することになる。

この図にチンプの化石種がないことに注意しよう。チンプの化石種はまったく知られていないからである。しかしチンプの化石が発見されても、現生のチンプと人間を分離する溝を埋めてくれると考えるべきではないだろう。だからこの議論では、特定の証拠が欠けていることは重要ではないのだ。たしかにだれも、かつて現生のチンプより二足性だったり、より利口だったりしたチンプ（化石種のチンプ）がいたことを信じていない。それに反して、中間形から学ぶべきことは少なくないだろう。中間形とは、伝統的なレトリックで「ミッシングリンク」という用語で示され、より露骨に「猿人」と呼ばれた種のことである。

図3は一種の一覧図であり、化石種と現生種が横一列に並んでいる。だから種の系統図でも樹状

図でもなく、どの種もべつの種の祖先だとは思えない。この分岐図ではむしろ、進化にかかわるさまざまなレベルの関係や、種間の類縁関係が強調されている。これまで化石種のヒト科は、意図的にチンプと人間のあいだにおかれてきた。われわれはすでに、分岐図の枝の左か右かという位置には特別の意味がないことを理解した。大切なのは、種が互いにどのように結びつくかということである。だから系統発生的関係からすると、化石種のヒト科がおかれた中間的な位置は恣意的にすぎない。しかし形態学的見地からすれば、四つの化石種のヒト科は、はるか以前から求められてきた「ミッシングリンク」の位置をじっさいに表現する。もちろん、これらのリンクは遠い密林でも、ほかのどんな環境でも生きのびていない。リンクははるか昔に失われたのだから、そんな場所でリンクを再発見するのはとてつもなくむずかしい。

要約していえば、化石種のヒト科が示していた人類としてのただひとつの特色は（例外がなかったかどうかは、いまだにはっきりしない！）、直立姿勢と二足歩行だけだったのであり、だれからもあまり「高貴」だと思われない身元保証の特徴だったのだ。われわれのもっとも傑出した特色である脳については、化石種のヒト科は現在のチンプのようなサルか類人猿のレベルにすぎなかった。だから動物学上の科に属するという意味ではヒト科だったのだが、まだ人間ではなかったのである。

また、これは仮説の域をでないが、ラミドゥス以前にも二種のヒト科がいた可能性がある。これらがほんとうのヒト科の生物なら、図3のチンプ（ピグミーチンパンジーとナミチンパンジー）の右側に位置することになる。

この二種のうちの古いほうは、一個のきわめて完全な頭骨である。これが発見されたのは、なんと中部アフリカのチャドだった。この地域は現在は砂漠だが、右の生物が生きていた七〇〇万〜六〇〇〇万年前ごろには熱帯の森林だった。フランスのミシェル・ブリュネのチームが二〇〇一年七月に発見し、一年後に公表した化石は、サヘラントロプス・チャデンシス（*Sahelanthropus tchadensis*）と命名されている。しかし学者たちがそろって、これをヒト科の生物の頭骨と認めているわけではない。ヒト科かどうかを証明するのは容易でないだろう。この化石は非常に古く、進化の過程で二種のチンプと人類が枝分かれした時期にきわめて近い時点に位置している。だから、二足歩行型のような明確な人類の特徴をもつことが証明されなければ、ヒト科だと確認するのは困難だろう。

発表された写真から見て、わたしはこの化石が二足歩行でなかったほうに賭けることにする（もちろん、危険な賭けであることは承知しているが）。この頭骨には小さな顔と小さな犬歯がついており、その点でメス（女性）のように見えるが、眼窩上隆起《がんかじょうりゅうき》はじつに頑丈である。だから、小さな顔と小さな犬歯をもっていたオス（男性）かもしれない。われわれ人間と、もっとも近い親戚である大型類人猿との相違点は、人間の男女の顔がともに小さく、犬歯が非常に小さいことにある。チャドで発見された頭骨は、われわれの顔の形式の先例かもしれないが、あまりに発達した眼窩上隆起を見るとヒト科にふさわしいとは思えない。いずれにしても、この頭骨の意味をめぐる論争ははじまったばかりである。それにアフリカのほかの地域でも、六〇〇万年以上前の地層からさまざまな発見が見られるはずであり、それらによって新しい事実が明らかになるにちがいない。

もう一種は、ケニアのトゥゲン・ヒルズで発見された約六〇〇万年前の化石であり、マーティン・ピックフォードとブリジット・スニュらが、これにオロリン・トゥゲネンシス（*Orrorin tugenensis*）と命名した。わたしの考えでは、これまでに発見された下顎骨と歯はヒト科の特徴を示していない。非常に頑丈な上腕骨の一部も発見されているが、これはこの霊長類がさかんに樹間移動をしたことを証明する。

アフリカの化石人類出土遺跡

●アウストラロピテクス・アファレンシス
■アウストラロピテクス・アフリカヌス
▲パラントロプス（頑丈型アウストラロピテクス）
★ホモ・ハビリス
+ホモ・エレクトゥス
✸ホモ・ハイデルベルゲンシス
▼ホモ・ネアンデルターレンシス
◆ホモ・サピエンス

しかし、ほかにも大腿骨の二個の破片が発見されているので、さまざまな推測が可能になる。これらは完全ではないが、アウストラロピテクス類（ヒト科で、もちろん二足歩行だった）の大腿骨と非常によく似ている。ここでもまたわれわれは、化石がもっと発見されて、トゥゲネンシスが二足歩行型だったかどうかに決着がつくのを待つことになる。

アルディピテクス・ラミドゥスはほぼ六〇〇万年前（五八〇万年前）から四五〇万年前未満（より正確には四四〇万年前）に、現在のエチオピアに生きていた。近年、古人類学者ティム・ホワイトのチームがこの種の化石を数多く発見しており、それらはまだ研究中である。それでも公表された（五二〇万年前の）趾骨《しこつ》（足指の骨）の形状は「地上生の二足歩行の初期の型に一致する」といわれている。しかし二足歩行の移動が、この生物の地上を移動する唯一の形式だったかどうかは確認されていない。これはたぶん、ごく初期のヒト科だっただろうし、現在のゴリラやチンプのように熱帯雨林に住んでいたのだろう。歯列を見るとチンプとおなじく、果物、柔らかい葉柄、若葉、若芽のような植物食だったことがわかる。つまり大半の時間を樹間ですごし、食べたり眠ったりしていたのだろう。かれらが樹間を移動した方法はまだわかっていない。それでもラミドゥスはチンプより人間に近い、犬歯がチンプより小さいという形質をひとつもっていたのである。ラミドゥスはこの形質だけで、ヒト科のカテゴリーに統合されている。

おなじみの種の系統図にかえて、人類の進化を説明するためにわたしが使った分岐図を見た読者は、少し混乱するかもしれない。そこで急いでつぎの節に、そのような系統図の一枚がでていることを予告しておこう。しかし、まだページをめくらないでいただきたい。以上に示した非常に特殊な種類の系統図は、分岐図と呼ばれている。分岐図をつくろうとすれば、分岐論者と呼ばれることの多いヴィリ・ヘニッヒの系統学派の原則にしたがわなければならない。分岐論者は種を自然群か分岐群《クレード》に統括する。

分岐論者の考えでは、ある化石種がもうひとつべつの化石種や現生種の祖先であることを、絶対的な確実さで知ることはできない。進化の跡を追って過去にさかのぼることは、どんな人にもできないからである。科学的に確定できるのは、われわれの手元にある分岐図に見られるような類縁関係のレベルにすぎない。この考え方の支持者にとって、進化の系統図はただの憶測にすぎず、科学的な厳密さを少しももっていない。だからといって分岐論者が、進化を否定していると思うべきではない。それどころか、かれらはもっとも忠実なダーウィニストを自称する。分岐論者は分岐図をつくる仕事以上にふみださないだけであり、より正確には、分岐図の作成は形態学的情報だけにもとづくといえるだろう。そこでは化石種か現生種かということや、出土地がアフリカかオーストラリアかということは考慮されていない。

熱烈な分岐論者でないわたしは、人類進化の分析では、化石の年代と地理的な出土地がもっとも重要な科学的データになると考える。くわえて分岐図に以上の情報が反映されていれば、「進化のシナリオ」と呼べるものを構成することができる。あるグループの進化のストーリーで構成されるこのシナリオには、手もちの情報のすべての要素が関係する。以上が本書で試みたいことがらなのだ。われわれの心を占めるのは、ストーリーの作成で考古学的な面も決定的な役割をはたすことである。そこにヒト科をめぐって収集されたすべての形質と同時に、ヒト科が生きた気候と生態系の情報をくわえることにしよう。

このような進化のストーリーでも正確さが証明されなければ、新しい証拠やストーリーを構成するさまざまな要素をもとに、ストーリーを裏づけるか否定することができる。新しい発見に応じて重要な変化がおこれば、そのときは新しい本を書く必要があるだろう。ここでは古人類学の加速された研究ペースを考えても、新しい本が書かれる時期は数年後か、たぶんそれより早くならないとしかいわないことにしよう。われわれは現在、ラミドゥスを東アフリカの非常に古い原始的なヒト科として主張することができる。われわれは約四五〇万年前のおそらく東アフリカに住んでいた、この種かそれに非常に近い種の子孫なのだろう。この種の形質についてはまもなくずっと豊かな情報が手にはいるだろうが、もう少しの辛抱が必要だろう。

図3でラミドゥスにつづくヒト科の化石は、アウストラロピテクス・アナメンシスである。この種の生存は、ケニアで出土したわずかの化石で証明されている。それらをトゥルカナ湖に近い西岸側のカナポイと、東岸側のアリア・ベイで発見したのは、ミーヴ・リーキーのチームだった。カナポイの化石は一個の下顎骨をのぞいて、どれも四一七万年前から四〇七万年前と非常に正確に判定されている。アナメンシスはラミドゥスにくらべて、より厚いエナメル質におおわれた、より大きな臼歯をもっていた。

これを見ると、このグループの成員は柔らかい果実だけでなく、長い咀嚼《そしゃく》を必要とする植物質の食物を食べていたことがわかり、歯冠の過度の使用が証明される。歯のすりへる堅い植物質の産物とは、穀類とドライフルーツだったのだろう。かれらは球根、塊茎《かいけい》、肉厚の根、根茎のような植物の地下貯蔵器官も食べていたと推測される。植物の地下に埋もれる部分がふくむ微量のミネラルも、きっと歯の磨耗の原因になったのだろう。こうした植物質の産物は、いずれも推定上の祖先ラミドゥスが住んでいた熱帯雨林より乾燥した森林地帯にあったわけである。だからアナメンシスが生息域を変えたか、生息域が変化してより乾燥したかのどちらかだと考えられるが、後者の可能性のほうが高い。カナポイではまた中央の三分の一だけを失った、かなり完全な脛骨《けいこつ》が発見されている。だから、これらのヒト科はすでに二足歩行だったと結論することができる。おなじ時代のほかの種が見つかっていないので、これらを暫定的に、われわれの祖先として主張できるだろう。いずれにしても、われわれはアナメンシスとおなじタイプのヒト科に由来する。

しかしアナメンシスの初期の化石は、ラミドゥスの化石よりわずか二〇万年新しいだけであり、この点が興味深い疑問をかきたてる。このような短期間に、ラミドゥスをアナメンシスに変える解剖学的・生態学的変化を生みだすことができたのだろうか。この問いにはイエスともノーとも答えることができない。進化のリズムは不規則だからであり、加速することも停滞することもあるように思われる。それでもたしかなのは、将来、四四〇万年前のアナメンシスの化石が発見されれば、ラミドゥスはわれわれの祖先と見なされなくなり、人類進化の絶滅した枝になるということである。

もう一種のヒト科のアウストラロピテクス・アファレンシスは、四〇〇万年前から二九〇万年前のあいだに生存したことが確認されている。それらの化石はタンザニアと、とくにエチオピアのアファール地方で発見された。発見の主役はドナルド・ジョハンソンである。この種はそれ以前の種より多くの化石をのこしたので、初期ヒト科についてのわれわれの知識に大きく貢献してくれた。これらのヒト科の歯から、アファレンシスが乾燥した明るい森林に住み、ほぼ完全な植物食になっていたこともわかる。かれらは直立姿勢をとっていたが、腕は足にくらべて長かったので、木にのぼりやすかっただろう。

アファレンシスという種は、われわれにくらべてずっと小柄で、チンプより少し大きい程度だった。オスはたぶん、かろうじて一メートル三五センチくらいだっただろう。体重は四五キロをこえなかったように思われる。メスの大きさのほうは平均して一メートル五センチで、体重は三〇キロか、それ以下だったと推測される。この推測があたっていれば、オスとメスの性差はチンプや人間より大きく、ゴリラのほうに近かったのである。アウストラロピテクスのこの種では、オスの体重はメスの一・五倍以上だったが、ゴリラでは一・六倍、ナミチンパンジーでは一・三倍、人間では一・二倍になる。

アファレンシスの化石の二大スターは、ルーシーというニックネームをもつ非常に完全なメスの骨格と、ほぼ完全なオスの頭骨であり、脳容量は五〇〇立方センチ少々だったと推定されている。もう一個のそれほど完全でない頭骨の容量は、明らかに四〇〇立方センチ以下だったように思われる。チンプの脳容量の平均値は約四〇〇立方センチだから、たぶんチンプより少し大きな脳をもつヒト科の一種だったのだろう。アファレンシスは体重もチンプに似ていたので、相対的な表現でも、チンプよりずっと大きな脳と、チンプにまさる知能をもっていたということはできない。人間の脳は身体器官だから、からだの大きさに大きく左右されるし、個体やさまざまな個体群で異なる。人間の脳の平均値は一般に一三五〇立方センチといわれるが、個人差と個体群による違いが非常に大きいので、この数字はいわば慣例的なものである。いずれにしても人間の女性の脳の平均値が一三〇〇立方センチ未満なのにたいして、男性の脳の平均値が一四〇〇立方センチ以上であることに注目すると興味深い。のちに理解するように、これは男性のほうが女性より利口だという意味ではない。それに、完全に標準的な現代人の約一〇パーセントの脳容量は、一一〇〇立方センチ以下か、一六〇〇立方センチ以上となっている。

われわれはここでも、それ以前のべつのヒト科の種で確認したように、アファレンシスを直接の祖先の一種として確信することはできない。しかし研究者のなかには、のちにふれるように直接の祖先と考える人たちと考えない人たちがいる。それでも人類の進化をめぐる表面的な混乱は、見かけほど重大ではないのである。第一に科学は、完全な真理や異論のない定説で成り立つわけではない。科学は仮説を立てるにすぎないし、真理にたいするアプローチはもどかしいものだ。真実だと思われた結論が、新しい証拠の力で部分的にか完全に削除されることがある。このつねに未完の探索に、人間精神の創造の最良の部分があるのだろう。

第二に、発見者のプライドに関係なく、アファレンシスが人類進化の系統の一員かどうかは大きな問題ではないのだ。われわれは四〇〇万年前から三〇〇万年前のアフリカに、大筋でアファレンシスに似た祖先が生きていたことを確信することができる。そして、大切なのはこちらのほうである。わたしはいま東アフリカでなく、アフリカと書いている。数年前なら、東アフリカと書くところだろう。フランスの古人類学者ミシェル・ブリュネが中部アフリカで、約三五〇万年前というおなじ年代のアウストラロピテクス類を見つけたので（一九九九年に、アウストラロピテクス・バーレルガザーリ *Australopithecus bahrelghazali* と命名された）、わたしも慎重にならざるをえない。

われわれの分岐図で人間に移行するつぎの枝は、アウストラロピテクス・アフリカヌスである。化石の年代は三〇〇万年前か、二五〇万年前を少しさかのぼる。化石が発見されたのは東アフリカでなく、南アフリカのタウング、ステルクフォンテイン、マカパンスガットという三つの洞窟だった。アフリカヌスは身体的にアファレンシスに似ていたので、脳が目だって大きかったとは思えない。ステルクフォンテインの地層Ⅳ（発掘の特定のレベル）に属するもっとも保存状態のいい三つの頭骨の容量は、三七五、四八五、五一五立方センチである。

最後の頭骨は大きな脳を収容していたようであり、研究者のなかには、この頭蓋容量を六〇〇立方センチ以上だったはずだという人たちもいる。しかし、南アフリカの洞窟にあったほとんどの化石とおなじく、この標本は沈降作用の圧力をうけて変形していたので、ゆがみを修正して再構成する必要があったのである。グレン・コンロイらは医学のX線撮影法の一形式であるコンピュータ援用断層撮影法（CTスキャン）を使って、この標本を検討した。CTスキャンは化石を非常に薄い薄片に切りわけるようにして、相互に密着した一連の横断画像をつくる技術であり、人類化石の分析にも使われてきた。この二次元の画像は、そのあとコンピュータにとりこまれ、調整されたプログラムを使って撮影対象の三次元の画像を再構成する。三次元画像はさらにモニターで修正され、ゆがみを正されて脳容量のような計測ができるようになる。こうして五〇〇立方センチから五三〇立方センチのあいだの数字が入手できたのだが、学者のなかには、これらを最小値と見るべきだと考える人たちもいる。

ステルクフォンテインの前発掘責任者だった古人類学者フィリップ・トバイアスと、現在の責任者で、かれの生涯の協力者ロン・クラークは、一九九八年一〇月、この遺跡の地層Ⅱの深い発掘で、非常に完全な一体の骨格を発見したと発表した。この骨格は三二〇万年前のルーシーとおなじくらいか、それより古い可能性があり、三五〇万年前までさかのぼるかもしれない。この発見の発表をめぐる状況は、古人類学の世界でときどき見られるように波瀾万丈だったのだ。ロン・クラークはすでに九四年九月に、この遺跡から二年前に出土した動物の化石のなかから、骨格の左足のいくつかの部分を識別し、リトル・フットと命名していた。クラークとトバイアスは、この骨格にチンプか、少なくとも部分的に樹上生だった動物に特有の非常に原始的な特徴があると考えたが、それに同意しない人たちもいた。クラークはさらに九七年五月に、研究室でおなじ足ののこりの部分を発見した。そのなかには左の脛骨と腓骨《ひこつ》の先端と同時に、右の脛骨と右足の骨があり、どれもおなじ骨格の一部だったのである。

そのあとの九七年六月、不可能な使命を遂行するための教育を受けたクラークの現場チームは、この遺跡の発掘作業を開始した。それは暗くて深い洞窟の壁面から、研究室にあるリトル・フットの右の脛骨の破片にあいそうなバラバラの骨片を捜しだす仕事だった。まるで干し草の山のなかから一本の針を捜すような作業だったが、チームはわずか二日間で、それらを発見したのである。ステルクフォンテインの洞窟の壁面では、化石と固まった岩石の基質が一個の堅いブロックのようになっており、そのためリトル・フットの骨の大部分も岩に埋まっていたのだった。頭骨の全体は完全だったが、このヒト科をよく知って、大まかな年代と推定された樹上生の特質を確証するには、もうしばらく待たなければならない。そのサスペンスは巨大である。この骨格がアファレンシスの同時代の別種で、アフリカヌスの古いフォームであれば、明らかにのちの（つまり三〇〇万年前以後の）すべてのヒト科の祖先の位置を占めると主張できるだろう。このばあい、われわれもその子孫のなかにはいるだろう。

あなたの食べるものを教えてもらえば、どんな人かあてることができる

アフリカヌスはアファレンシスとかなり似た森林性の環境に住んだと推測されるが、臼歯はもっと大きかった。この違いはアフリカヌスに、時間をかけて食物を咀嚼する必要があったことを示している。

食物の基本は植物性の物質であり、かれらの祖先が食べていた物質よりはずっと堅かったらしい。ところで、化石人類の食物を正確に知る方法があるのだろうか。化石にふくまれる化学物質を調べてみれば、なにを食べていたかわかるのである。化学物質は同位体という多種多様なかたちをとっており、たとえば人間の骨には炭素12（C_{12}）と微量の炭素13がふくまれる。両者の違いは、炭素13または重い炭素の原子核が一三個のニュートロンをもち、炭素12または軽い炭素は一二個のニュートロンをもつことにある。

マット・シュポンハイマーとジュリア・リー＝ソープは、マカパンスガットで発見された化石のコミュニティで、軽い炭素と重い炭素の比率についてみごとな研究をなしとげた。化石の年代は約三〇〇万年前と推定され、典型的なアフリカヌスがふくまれていた。アフリカの樹木と低木には、開けた草地の草ほど重い炭素がふくまれていない。だから草食有蹄類は木の葉食の有蹄類にくらべて、重い炭素を高い比率で蓄積する。化石の歯のエナメル質を分析したふたりの学者は、アウストラロピテクスの歯に予想どおり、リードバック〔レイヨウの亜科〕やヒッパリオン〔現生のウマのような一趾でなく三趾のウマ。現生のウマと別系統の絶滅種〕のような草食動物の歯ほど重い炭素がないことを明らかにした。それでもアウストラロピテクスのエナメル質には、クーズーやシタツンガ〔いずれもレイヨウの一種〕のような疎林に住む動物の歯より重い炭素が多くふくまれていたのである。

マカパンスガットのアウストラロピテクスは、多肉質の果実や若葉だけでなく、サバンナの高茎草本の根と種子や、高茎草本を食べる昆虫や草地の動物を食べていたのかもしれない。また子ヒツジや子ウシを殺したり、死肉を食べたりしていたと推測することもできる。アファレンシスからアフリカヌスにかけて臼歯が大きくなっているので、わたしとしては動物質の食物より、穀類、ナッツ類、植物の地下貯蔵器官を食べていたと考えたい。動物質の食物の摂取には、臼歯の表面の拡大より、肉を切り骨を砕

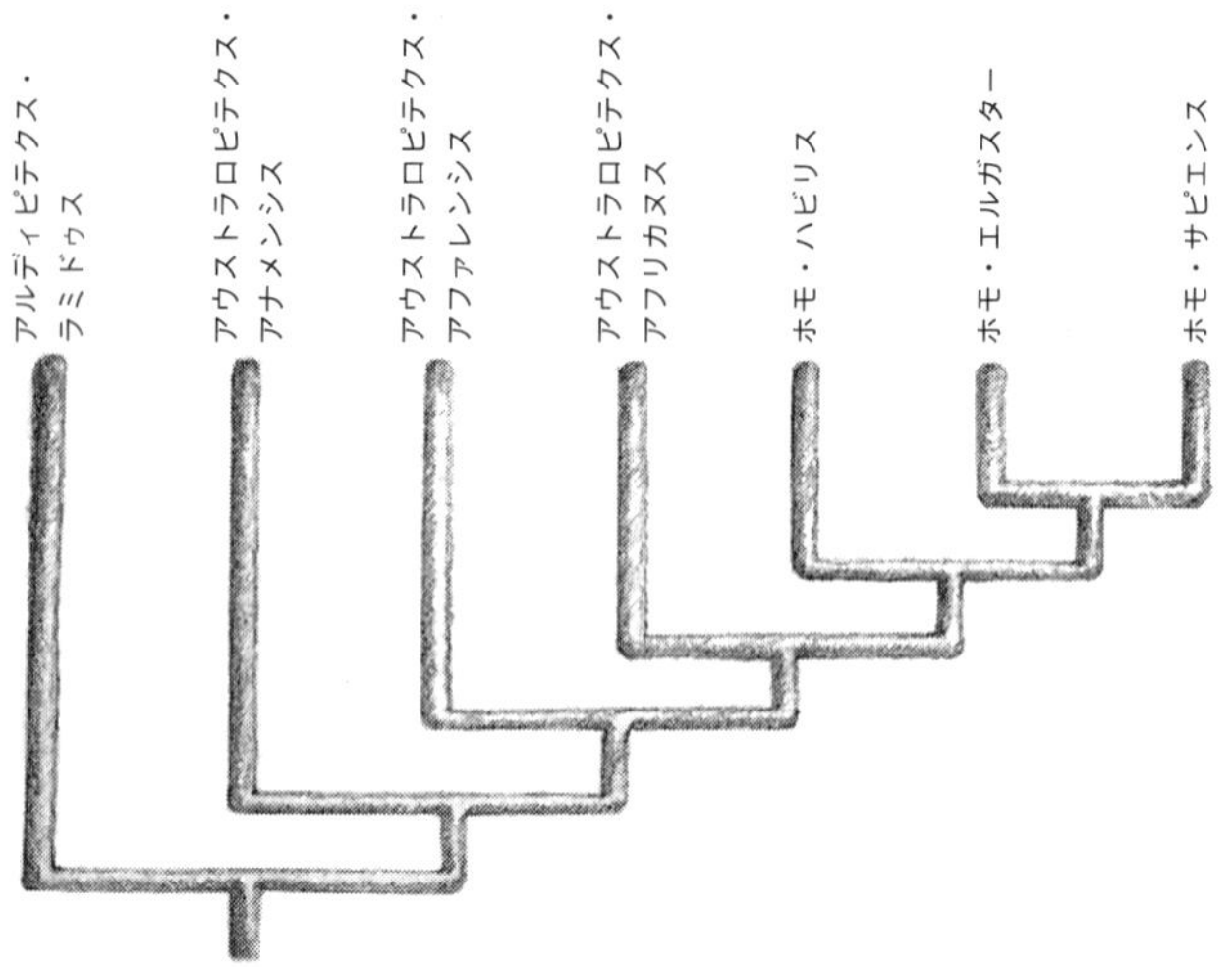

図4　ヒト科の分岐図。わかりやすくするためにパラントロプスをはずしてある。

く道具の存在が前提となるが、アウストラロピテクスに結びつくそのような道具は発見されていない。いずれにしても炭素という安定した同位体が発信するメッセージから、マカパンスガットのアウストラロピテクスは森林に閉じこもっていないで、より開けた空間にもよく出没していたと推測することができる。

人間に近くなったホモ・ハビリス

わたしは図4の分岐図で、アウストラロピテクスとわれわれのあいだに二本の新しい枝を追加した。どちらも人類とおなじ属の成員であり、現代人とおなじくヒト属である。われわれからもっとも遠く、アウストラロピテクス類にもっとも近い枝は、ホモ・ハビリス（*Homo habilis*）というヒト属の最古の種を示している。エチオピアのオモ川流域とハダール地方、ケニアのトゥルカナ湖、タンザニアのオルドゥヴァイ峡谷で記録されたかれらは、二三〇万年前から一五〇万年前にかけて生きていた。われわれが検討した最後の三種のヒト科の地理的分布が明らかになったことが興味深い。ハビリスがアフリカヌスの子孫で、アフリカヌスがアファレンシスの子孫だったとすれば、人類進化の系統は東アフリカ（アファレンシス）から南アフリカ（アフリカヌス）に移動し、そのあと東アフリカ（ハビリス）にもどらざるをえない。生物地理学の視点からすれば、われわれの人類進化のシナリオは複雑になりすぎる。

研究者のなかには、南アフリカの現在のコレクションのなかにも、ハビリスの化石があるという人たちがいる。この仮説はハビリスが、南アフリカでアフリカヌスから進化したあと、東アフリカに生息域を広げたと推定する。しかし、わたしは南アフリカにハビリスがいたとは思わない。それに、初期のハビリスの化石はエチオピアで出土したのである。そこで、わたしはもうひとつべつの仮説を重視する。それは三〇〇〇万年前から二五〇〇万年前に生存したアフリカヌスの近縁種から、ハビリスが進化したという仮説である。わたしは本書を書きあげたあと、この箇所を書きなおさざるをえなかった。ティム・ホワイトのチームがエチオピアで発見した頭骨と歯の化石から再構成したヒト科の新しい種に、アウストラロピテクス・ガルヒ（*Australopithecus garhi*）と命名したからである。アワッシュ川中流域のアファール地方は、チームがラミドゥスの化石を発見した場所に近い。約二五〇〇万年前にさかのぼるこれらの化石は、わたしの考える進化のシナリオにふさわしいように思われる。初期ハビリスがアフリカヌスのようなヒト科の種から進化したと考えるのは合理的だろう。だから正確にわからなくても、アフリカのどこかにハビリスの発生地をつきとめなければならない。チャド、東アフリカ、南アフリカのほかに、もうひとつ説得力のあるシナリオは、東アフリカと南アフリカのあいだにあるマラウィ湖である。ティム・ブロメッジとフリードマン・シュレンクは、マラウィ湖岸で発見した約二五〇〇万年前の下顎骨をヒト属と特定した。わたしはまだ、この特定が正確だとは思っていない。小柄なからだ、長い腕、短い足をもっていたのである。

ハビリスは身体的にアウストラロピテクス類によく似ていた。少なくとも以上が、われわれの手もとにあるもっとも完全な骨格が伝えてくれるように思える情報だ。タンザニアのオルドゥヴァイ峡谷でハビリスを見つけたのは、ティム・ホワイトとドナルド・ジョハンソンだった。リチャード・リーキーがトゥルカナ湖で発見した部分的な骨格もまたよく似ている。形態学的な面にかぎれば、ハビリスをヒト属にいれることには、あまり理由がないだろう。アウストラロピテクス・ハビリスと命名したほうが、わかりやすいかもしれない。そうすれば読者は、ハビリスがどんなヒト科か理解しやすくなるだろう。ところがハビリスにかかわる疑問は、とくに精神的な発達に関係する。ハビリスの知能がアウストラロピテクス並みで、要するに類人猿並みだったかどうかが明白でないからである。

アウストラロピテクスにくらべてハビリスの脳には、ある増大が観察される。トゥルカナ湖で発見されたハビリスの頭骨は、わずか五一〇立方センチという最小の容量だった。この頭骨は現実に、ステルクフォンテインのアフリカヌスのいくつかの頭骨と大きく違っていない。しかし微妙だが重要ないくつかの細部から、ハビリスがわれわれにより近いことがわかる。べつの四個のハビリスの頭骨が、五八二、五九四、六三八、六七四立方センチという少し大きい脳をもっている。最初の頭骨はトゥルカナ湖で出土し、あとの三個はオルドゥヴァイ峡谷で発見された。しかし、化石の脳を再構成した方法に多くの疑問がのこる。それらは非常に不完全か変形しており、大幅な修正が必要だったからである。あと数年のうちに、訂正された推定値を知ることができるだろうが、それはたぶん、もっと低い数値になるだろう。

脳自体の再現は不可能だが、頭骨内腔から脳の形状と大きさを再現することができる。頭骨の内側にはひとつのくぼみがあり、脳はこの内腔におさまっている。現存の人間の頭骨の内腔には、大脳と小脳と延髄がある。古人類学者はこの内腔にプラスターやシリコンやラテックスを注入し、数百万年前に生きたヒト科の脳のコピーをつくりあげる。これはネガのコピーだが、頭骨内腔は化石化の対象になる唯一の身体器官である。

リチャード・リーキーが発見した頭骨は以上のストーリーの範囲におさまらないで、ヒト属の初期化石の種分類をさらに複雑にする。かれはトゥルカナ湖周辺で数多くの重要な化石を発見した。リチャードはすでにふれたミーヴ・リーキーの夫で、両親のルイス〔一九〇三～七二、イギリスの自然人類学者〕とメアリ〔一九一三～九六、イギリスの考古学者〕は、東アフリカの人類化石発見の先駆者だった。ルイスとメアリがタンザニアのオルドゥヴァイ峡谷であげた成果は巨大だったのである。われわれの進化のシナリオを複雑にするリチャードの頭骨は、KNM－ER１４７０という記号と、七五二立方センチという驚くべき大きな頭蓋容量をもっている。この種は非常に目だつ性的二型性を示し、両性間の性差はアウストラロピテクスとおなじか、より大きいこともある。だから、これは大型のハビリスのオスだったのかもしれない。

しかし、この仮説はひとつの要素のために成立しない。KNM－ER１４７０はほかのハビリスより大きいだけでなく、構造的にも異なっている。そもそもハビリスは、アフリカヌスより顔と歯がずっと小さいことで、われわれ人間に似ていたのだ。ところがKNM－ER１４７０は大きな顔と大きな歯をもっており、この組み合わせは奇妙である。学者のなかにはKNM－ER１４７０と、すでにあげたマラウィ湖の下顎骨のような大きな歯をもつ化石を、ホモ・ルドルフェンシス（*Homo rudolfensis*）という別種にすべきだと考える人たちがいる。

近年、ミーヴ・リーキーらはトゥルカナ湖西岸でじつに偏平な顔をもつ一個の頭骨を発見し、二〇〇一年に公表した。これはタンザニアとエチオピアのアファレンシスと同時代の化石だが、発見者たちは別種だと考えている。従来の基準にしたがえば、名称は偏平な顔にちなんでアウストラロピテクス・プラティオプス（*Australopithecus platyops*）となるはずだろう。ところがミーヴ・リーキーらは、これを人類進化に特有の枝となる基本的な種と見なしている。トゥルカナ湖東岸で発見されたKNM－ER１４７０（一九〇万年前）が、一五〇万年以上あとに属することになる系統だというのである。これが一本の離れた進化の系統であれば、別々の属名が必要になるだろう。つまり三五〇万年前の新しい頭骨は、ケニアントロプス・プラティオプスとなり、頭骨KNM－ER１４７０のほうは、ケニアントロプス・ルドルフェンシスとなるだろう。

ハビリスはまた、より初期のヒト科と生態学的にも違っていた。ハビリスは森林性の環境に完全に限定されていない最初のヒト科だった。ラミドゥスがいたような湿度の高い熱帯雨林にも、アウストラロピテクスがいたようなより乾燥した、まばらな森林にも住んでいなかったのである。ハビリスはずっと開けた空間に住んでいたように思われる。それは広々とした草原のなかに樹木や低木の茂みが散在したり群生したりしている、いまのサバンナのような場所だったのだろう。この生態学的変化は、のちのはるかに大きな変化に道を開いたのだから、決定的に重要だった。右の変化はハビリスの子孫が最終的に、考えつくかぎりの地域、気候、生態系に住めるようになった事情を説明する。テナガザル、オラン、ゴリラ、チンプという霊長類のほかのグループの成員は、例外なく森林に住んでいる。ハビリス以前のわれわれの祖先たちも、すべて森林に住んでいたのである。

ハビリスの生息域の変化は、気候の大変動と一致していた。じっさいには気候の大変動が生息域の変化の原因になったのかもしれない。最後の四〇〇万年のあいだに、地球はしだいに寒冷化し乾燥した。この全体的な傾向がつづくなかで気候もまた変動した。地球は気温のゆれ動きとともに温暖化と寒冷化を交互にくり返し、同時に乾燥化と湿潤化を反復した。気温の変動は地軸の方向や、太陽をめぐる地球の軌道のような天文学的要因に左右される。天文学的変化のほうは正確な周期にしたがっており、地表にとどく太陽輻射の質と量に作用する。つまり、以上のような要因が気候の周期を決定する。

いずれにしろ二八〇万年前までは、気候の変動はおおよそ二万三〇〇〇年ごとにおきていたし、変動の幅はかぎられていたので、劇的な変化がおこることはなかった。ところが二八〇万年前ごろから、変動は四万一〇〇〇年ごとにしかおきなくなり、変動の幅ははるかに大きくなった。寒冷期のあいだ、両極の周囲に巨大な氷塊が堆積しはじめた。この時代に北極と南極の氷冠は恒常化し、温暖期に縮小することがあっても永続するようになったのかもしれない。この定期的な寒冷化と温暖化で、地球上のすべての地点が巨大な生態学的衝撃を受けたように思われる。ヒト科が住んだアフリカでも、とくに熱帯雨林の面積が縮小した。それに反して開かれた生態系は森林地帯に勢力を拡大し、広大な地帯となって広がった。サバンナの拡大と、それにつづく植物相の大変動に並行して、哺乳類のいくつもの系統に進化がおこり、新しい環境に適応できる種が誕生した。ハビリスはそうした哺乳類の一員だったのである。

第2章　人類のパラドックス

わたしは「認識」と「意識」を、いずれにしろ交換可能なことばとして使ってきた。しかし、「意識」にはある特定の面があるので、わたしは（「視覚的認識」のように）「認識」を使う傾向がある。哲学者のなかには両者を区別する人たちがいるが、このような区別が必要な理由について、一般的な合意はまったくない。正直にいえば、わたしのばあい会話で相手をびっくりさせたいときに「意識」といい、そうしたくないときに「認識」といっているのだ。

フランシス・クリック『驚くべき仮説――精神の科学的研究』

すばらしい発明品

ハビリスが草におおわれたサバンナという開かれた生態系に適応したことは、生息域だけでなくニッチ〔生態学的地位〕の変更も意味していた。かれらは生息地と役割だけでなく、生きのびる方法も変えなければならなかったのだ。このためヒト科の食事では、肉と動物性脂肪が重要な位置を占めるようになった。すでに理解したように、ハビリスの体型はアウストラロピテクス類によく似ていた。驚くべきことに、ニッチの変化はハビリスの形態的な大きな変化に結びつかなかったことが確認されている。それでも頭部の小さな変化が記録されており、顔が少し小さくなって頭蓋容量が少し大きくなったのである。

脳の増大は新しい生活様式の影響だったのだろう。食料源は熱帯の森林より分散していたので、どこにあるか予測しにくかっただろう。とくに植物食の生活の維持は困難だっただろうし、動物食の生活はさらにむずかしかっただろう。以上の仮説で、大きくなったハビリスの脳が新しい能力を獲得した事情が説明される。それは頭のなかに広いテリトリーの地図をつくってストックし、動物がのこした痕跡を解釈し、動物の死体を捜す死肉あさりの鳥の飛翔のような自然のサインを読みとる能力だった。季節的周期のような生活のリズムと地球のリズムも理解できただろうし、自然界の定期的な変化も予想できただろう。こうした能力の獲得は大きな意味のある変化だった。これまでのところ、チンプに未来を予測する能力があることは確認されていない。社会集団が数多くなり、より同化しあって連帯感を強めたことが認められれば、大きくなった脳のおかげで、ほかの集団の行動を予測し、複雑化する社会関係に対応したと推測することができる。

アメリカの霊長類学者ロビン・ダンバーは、多くの種の霊長類の大きな脳が、どんな要因で決定されるかを理解するために、霊長類の脳の大きさと脳の部分について研究した。ダンバーはいくつかの仮説を消去したあと、ふたつの仮説だけをのこした。それは脳の大きさがもっぱらニッチと一致するのか、それとも社会集団の大きさと複雑さに一致するのかという仮説だった。かれの最終結論では、霊長類の社会的複雑さと新皮質の大きさとのあいだに密接な関係があるとされている。しかし新皮質の大きさと生態学的変数のあいだに、そのような関係はなかったという。人間の脳では新皮質は最大の部分を占めるが、爬虫類や霊長類でない哺乳類の脳では最大部分を占めていない。

右の見方によれば、ハビリスの新皮質の増大を社会現象と見るべきだろう。しかし、ハビリスと同時に（もっと遅かったが）パラントロプス（*Paranthropus*）のようなヒト科がサバンナの生態系に適応したが、脳は目につくほど大きくならなかった。頭蓋容量が大きくなれば連想能力や分析能力のような知的機能に作用するので、わたしは初期ハビリスが新皮質の増大のおかげで非常に複雑な社会構造に対処し、完全に新しい生態学的環境に適応できたと確信する。ハビリスの異常な社会的複雑さが生態学的成功のキーになった可能性が高く、のちのわれわれの種の成功のキーにもなったのだろう。

最後に大きな発明品が生まれた。われわれはこれまで形態的改革そのものを、進化の過程の達成として考えてきた。それは突然変異と組み換えのような遺伝子の力と、自然選択か、そのようにいうことができれば生態学的な力との相互作用の結果だった。しかし、こんどの改革は精神的次元に属するので、この打ち欠いた石を最初の発明品と呼ぶことができる。確実に年代を推定された最古の石器は、アファール地方のハダールにあるゴナで発見された約二五〇万年前の石器である。トゥルカナ湖、オモ川、コンゴ、ウガンダ、マラウィ湖で発見された石器のコレクションは、それよりわずかに新しいと思われる。このような人工物に結びつく最古の人類化石には、約二三三万年前の顔の下面部分（上顎骨）と口蓋と数本の歯がふくまれる。それらをハダールで発見したのは、ドナルド・ジョハンソンのチームだった。

ハダールで発見されたレイヨウ類の数多くの化石から判断すると、かつてインパラのようなレイヨウ類とアファレンシスが住んでいた時代にくらべて、環境はかなり開けていたし、樹木は明らかに少なくなっていた。霊長類の化石A・L・666－1はたぶんヒト属だろうが、このような不完全な化石をハビリスの種に帰属させるのは、わたしのかってな憶測にすぎない。いずれにしてもハビリスに結びつくハダールの初期人工物と、よりのちの人工物は、もっとも粗雑な技術で打ち欠いた石と、打砕作業のおりの衝撃で剥落した剥片である。原始的な石器をまとめて検討すると、本物の道具と使えないかけらを区別するのはむずかしい。研究者のなかには、剝片と石核をひとことで説明するために「人工遺物」（artifacts）というもっとも幅広いことばを使う人たちがいる。考古学者はこの種の非常に原始的な石器製作技術を、オルドゥヴァイ文化型か様式Ⅰと呼んでいる。なかにはハビリスがつくった道具——剝片だろうと石核だろうと——を示すために「生物学的道具」という表現を使う考古学者たちもいる。それは道具の使用で個人の形態が補強され、拡大されたことを示すためである。ラミドゥスにあった犬歯が小さくなりだしたため、ヒト科は動物の死体の皮や肉を切りとる自然の便利な道具を失い、骨を割って骨髄をとりだすことができなくなったのだ。だからわたしは石器を、新しい食料源にアクセスするためのキーのひとつだったと考える。

動物のなかには慎重に選んだ自然の道具を使うものがいるし、チンプは望みの用途にあわせて道具を少し手直ししさえする。たとえば一個の石を土台にし、もう一個の石をハンマーのように使ってクルミを割るチンプが観察されたことがある。しかし、意図的に石に手をくわえたチンプが観察されたことはなく、実験的な条件下でさえ、一個の石をべつの石でたたいて鋭い刃をつくろうとしたチンプはいない。チンプに石の剝片を使う切り方を教えることはできるが、チンプはじっさいに剝片をつくる器用さをもちあわせていない。以上のすべてはチンプの手と腕が、このような活動にあわせて調整されていないことを示すように思われる。チンプの足はわれわれよりずっと器用なので、手の問題はもちろん相対的な短所にすぎない。チンプはまた投射物を使って、一点をねらう器用さをもっていない。石を打ち欠くのは、適当な場所においた一個の石に、べつの石を打ちつけるだけの作業ではないのだ。適切な角度と正確な着地点を求め、適度の衝撃をあたえなければならない。ところが、威嚇したいときのチンプは棒やなにかを不器用に投げるだけで、標的をねらう人間のような能力をもっていない。それにチンプの自然な生存状況では、鋭利な刃の使用をせまられる場面がないことも指摘する必要がある。自然選択は鋭利な刃の製作に必要な、緻密な知的・解剖学的特質の発達を推進しなかったのである。

しかしアウストラロピテクス類の手と腕の構造は、大まかにいってわれわれの手と腕の構造に似かよっていた。かれらは道具をつくる知的・生体力学的能力をもっていただろうが、化石が発見された遺跡から道具はまったく見つかっていない。たぶん不必要だったのだろう。だからわたしは初期の道具の

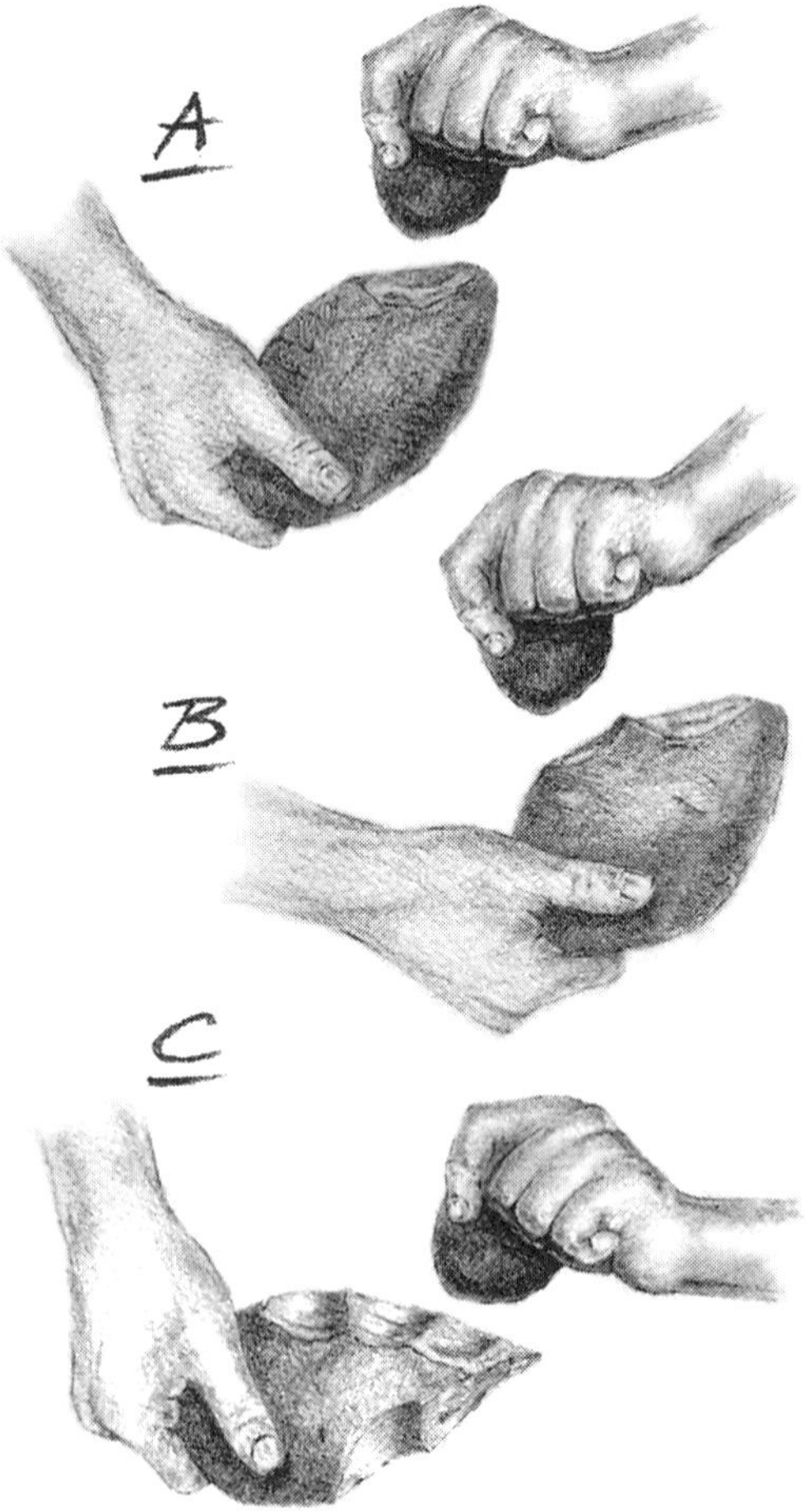

図５　石の打ち欠き方。片手でもった石を，もう一個の石で一～二度，おなじ側を打ち欠けば切り刃ができる（AとB)。両面を打ち欠けば両面石器ができあがる（A)。

出現がどんなに人目を引こうと、いわれてきたほどそれが質的・超越的な飛躍を反映しているとは思わない。それに石を打ち欠く仕事が、理想の道具のモデルを反映したとは思えないのである。道具の製作者は望ましい道具のひな型を心に描きながら仕事をしたわけではないだろう。つまり、なにかの方法で鋭利な道具を手にいれたかったにすぎない。求められたのは形状でなく、品質だったのだろう。いずれにしろハビリスは手づくりの鋭利な道具のおかげで、肉食者というまったく新しいニッチに到達することができた。人類進化の過程でハビリスが出現したことは、認識面より生態学的・社会的な面でより重要な進歩を表現する。だから、かれらを「ほぼ人間に近かった」といわなければならないだろう。

いずれにしても初期の石器製作者が、二五〇〇万年前という信じられない遠い時代に、道具の使用に関係する意識的活動の証拠をのこしたことに変わりはない。いくつかの遺跡には石器をつくる目的で、何キロという遠方から運んだと思われる原材料があったのだ。石器はそのあと動物の肉の調理に使われたのだろう。もちろん遠い昔のそのような活動を見た人はいないが、活動を証明する証拠がある。打ち欠くときに使った石のそばに石器が捨てられていたことと、草食動物の骨に石器の跡がのこっていたことである。このヒト科は動物の死体を見つけてから、石を捜しにいったと考えるべきだろうか。そんなことはわからないが、使いやすい石が少なかった地方では、死肉を捜しにでかけるときに、石か事前に準備した道具をもっていった可能性が高い。そうすれば大型捕食者や死肉あさりの動物と争って獲物を失うことがないように、死肉を見つけしだい肉を切り、骨を割ることができただろう。要するに、競合は熾烈だったにちがいない。

チンプのような道具を使える動物でも、右のような見通しを立てることはできない。かれらはどちらかといえば、必要にせまられて道具を捜しだす。それも遠くへいかずに、手近なところで必要な材料を捜そうとする。そのうち、初期ヒト科が手近にあった石で機械的に鋭利な道具をつくっただけでないことや、手近な場所で見つけた棍棒で骨を砕いただけでないことが証明されるかもしれない。使える石を見つけたいとずっと考えていたことがわかれば、人間でない現存の種で観察された行動よりも大きく洗練された技術にかかわる意識的な行動があったことが証明されるだろう。

以上の行動には、動物の行動ととくに違うひとつの特徴がある。動物の行動は一般に目のまえの直接的な目標を対象とする。チンプはときどきコロブス属を中心とする小型のサルを追いかけるが、見えない獲物を捕獲する計画は立てないように思われる。チンプの狩猟技術はむしろ行きあたりばったりで、好機を利用するにすぎない。オスは集団を組むようすがなく、狩りがはじまったあとに合流するだけのように思われる。チンプはまた木の葉をナプキンにして液体をぬぐいとったり、小枝をおってシロアリを釣ったりするが、使用目的はつねに直接的である。

たしかに鳥は時間をかけて巣材を運ぶし、ダムをつくるビーバーや、アリ塚をつくるシロアリなども巣材集めに時間をかける。しかし、これは完全にプログラムされた本能的な行動であり、計画的な目的をめざして取り決めをした証拠は見あたらない。完全な六角形をしたミツバチの巣穴は、ミツバチのなかに建築家がいることを示すわけではない。死体があることを予想した初期ヒト科が、石器を手にして捜しにでたばかりか、必要なときに石刃をつくる石を持ち歩いたことが証明されれば、望みを意識して計画を立てる能力をもっていたことがわかるだろう。ところで、どうしてそんなことが証明されるのだろうか。砕かれるか石器の跡がついた草食動物の大量の骨が見つかったが、遺跡に打ち欠いた石がなかったと考えてみよう。この事態をつぎのように解釈することができるだろう。つまり、これらのヒト科は道具を大切に思うあまり、使ったあとも捨てないで肌身はなさずもっていたということであり、その原因はたぶん原材料が少なかったことにあるのだろう。これがまさにティム・ホワイトらが、エチオピアの二五〇万年前の遺跡で発見したと考えたことがらだったのだ。ガルヒの化石が発見されたのは、この遺跡だったのである。

ホモ・エルガスターという最初の人類

こんどは図4の分岐図で、ハビリスのつぎのホモ・エルガスター（*Homo ergaster*）に移ることにしよう。この枝でもっとも知られる化石は、ケニアのトゥルカナ湖畔で発見された二個の頭骨と、ほぼ完全な一体の骨格である。骨格のほうの完全な頭骨は一八〇万年前で、二個の頭骨は一六〇万年前とされている。少しまえにイタリアのフィレンツェ大学のチームが、エリトリアのダナキル低地で一個の頭骨を発見した。予備的研究によれば、これはわずか一〇〇万年前のおなじ種のように思われる。新しい発見にあたえられる年代は、つねに暫定的である。種と年代が確かめられれば、エルガスターの年代区分は二〇〇万年前より少し新しく、約一〇〇万年前までとなるだろう。南アフリカのスワルトクランスの遺跡から出土した約一五〇万年前のいくつかの化石の破片も、おなじ種だと考えられている。エルガスターの分布域はとてつもなく広かったらしい。東アフリカと南アフリカの両方で、ヒト科のおなじ種が同定されたのははじめてのことだろう。

ハビリスの化石の大半の年代は一九〇万年前から一八〇万年前のあいだだが、ハダールの化石とオモ川のそれほど完全でない化石の年代区分は、二二三万年前まで広げなければならないかもしれない。年代的にも生物地理学的にも、原則的にハビリスをエルガスターの祖先と考えることに問題はなく、エルガスターの化石は一八〇万年前か、それより少し新しいとされている。たしかにオルドゥヴァイの地層

Ⅱ（ベッドⅡ）から出土した何体かの標本は一般にハビリスと考えられており、なかには一八〇万年前から一七〇万年前の化石と、一五〇万年前から一四〇万年前の化石がある。オルドゥヴァイ最古のベッドⅠから出土した化石は、約一八〇万年前にさかのぼる。それらのなかに、わたしがエルガスターと推定する一個の寛骨《かんこつ》（骨盤の側壁と前壁をつくる骨）か骨盤があり、こちらは二〇〇万年前から一八〇万年前のあいだかもしれない。しかし、学者によってはオルドゥヴァイのベッドⅡのもっとも新しい化石をハビリスとするには「進化しすぎている」と考え、エルガスターのなかにいれる人たちもいる。トゥルカナ湖の寛骨の地層学的起源と年代はあまりはっきりしないが、一八〇万年前かそれ以後かもしれない。

われわれはハビリスの後期化石と、エルガスターの初期化石の年代的重複の可能性（「可能性」にすぎないが）に直面している。研究者のなかには、このような現象があるとハビリスからエルガスターが進化したとは考えにくくなるという人たちもいる。わたしのほうはある種の世界規模の絶滅が、子孫の種の世界規模の出現と正確に一致すると思うべきではないと考える。そんなことが可能になるには分布域の全域で、すべての個体群に例外なく関係する過程をつうじて、ある種がべつの種に変わる必要があるだろう。それでも大半のケースで、地理上の具体的な場所で祖先種の独特の個体群から子孫種が進化したことを認めざるをえない。だからこそトゥルカナ湖地方のエルガスターとオルドゥヴァイのハビリスのように、ふたつの種が別々の場所で長く完全に共存できたのである。祖先種がまだ住んでいた地域に子孫種が広がり、母親の種と娘の種が共存したことさえあったと考えられる。しかしそんなことがおこれば、ふたつの種が生態系でおなじ役割を演じて、同種内のライバルになるだろうから、結局は祖先種が絶滅するだろう。これが大まかにいってハビリスからエルガスターに移った経緯と、人類進化の過程でおなじような因果的連鎖を生んだメカニズムだと思われる。

エルガスターはそれ以前のすべてのヒト科にくらべて、多くの重要な点で違っていた。なかでもからだが変化し、われわれと似た背丈と身体比率になっていたので、アウストラロピテクス類や初期ヒト属とは大きく違っていた。大腿骨と、すでにふれた骨盤のような単発的な化石が、以上のことを証明する。これら二個の化石が発見されたのはトゥルカナ湖東岸だった。しかし現代人のからだの大きさと形状が、アフリカのエルガスターで発達したことを証明するのは、リチャード・リーキーのチームの発見だけである。トゥルカナ湖西岸のナリオコトメで発掘された驚異的な保存状態の骨格は、八歳か九歳で死亡した少年のものだった。背丈は現在の同年齢の少年とおなじか、少し高いくらいである。

くわえてエルガスターの頭蓋容量もまた大きく増加していた。もっとも保存状態のいい頭骨では、八〇四、八五〇、九〇〇立方センチに達している。しかし、脳の増大が背丈や体重の増加と並行していたことも指摘しておく必要がある。つまり、これは相対的な比較であり、エルガスターの大きな脳がハビリスにくらべて大きく発達していたことを意味しない。それにハビリスの脳は、これまで過大評価されていたのかもしれない。それでもハビリスと比較したエルガスターの脳の大きさが、認識能力の重要な質的飛躍を意味しなかったとは考えにくい。わたしはこれまで種の頭蓋容量を示す数字を提示するたびに、つねに体重にかかわる説明をつけてきた。からだのサイズの増加はすべての身体器官の増大と無関係でないからであり、脳も肝臓とおなじく身体器官である。

以上の科学的アプローチは、一般に脳とからだのサイズが大きく違う哺乳類の多様なグループの比較で効力を発揮しても、下位分類のレベルではそれほど有効性を示さない。第一に人間と異なる個体群では、脳の重さが体重に関連していても、そのことと知能レベルの差は関係しない。体重はおなじでも、男性の脳は女性の脳より平均して一〇〇立方センチ大きいが、この差は認識機能や「より高い」知的機能に関係しない。その証拠は人間のような知能を欠くマカク属〔オナガザル科の仲間〕で、両性間で脳のサイズがおなじ比率を示すことにある。この差は視覚的・空間的な情報処理能力に関係するのだろうか。人間では男性のほうが、この能力ですぐれているようだが、マカク属もまたおなじかもしれない。現実に心理学のテストでは、もっとも明白な男女間の差があらわれる。それは頭のなかで記号を回転させ、物体の位置を記憶し、地図を読みとり、位置関係の用語を使うテストのばあいである。自然選択はヒト科の男性の空間定位能力を優遇したのだろうか。これは頭蓋容量の性的二形性にとりくんだディーン・フォークらが提起した問題である。男性の多くは、よりすぐれたナビゲーターだろうか。こうした珍説にはかかわらないで、われわれの話題にもどることにしよう。

ナミチンパンジーとゴリラの脳のサイズの差は、体重の差よりずっと小さい。チンプの脳の重さは平均して約四一〇グラムで、ゴリラは約五〇〇グラムである。ところがチンプの平均的な体重はメスで約三三キロ、オスで約四三キロとされ、ゴリラではメスで約九八キロ、オスで約一六〇キロとされている。だから脳の重さでゴリラは大きく劣るが、われわれの知るかぎりゴリラの知能は劣っていない。

つまり、おなじような大きさの脳をもつ近縁のこの二種は、一般に（共通の祖先から受けついだ）おなじような知的能力をもっており、このことは時間をかけて発達したアンバランスなからだのサイズと関係しない。おもな理由は脳がエネルギー面で非常に維持費のかかる器官であることによっている。人間の脳は体重の二パーセントしか占めないが、からだが使用できるエネルギーの約二〇パーセントを消費する。ところが、チンプの脳は全エネルギーの約九パーセントしか使用しない。種から種へと移行する進化の過程で脳が重くなったとして、われわれのエネルギーコストの高さを考えればそこには重要な理由があったはずだと結論せざるをえない。脳の増大に強い必然性がなければ、自然選択は体重をふやしても、脳のサイズは変えなかっただろう。ゴリラは葉食性になったので、いまのような大きさになったのだろう。ゴリラの主食の葉っぱや茎は栄養価が低く、大きな消化器官の助けを借りなければ処理することができない。その反対に、ある種の体重がへって脳のサイズが変わらなくても、より利口にはならないだろう。

さらに生理機能と行動のいくつかの重要な面から見れば、大切なのは脳の相対的な大きさでなく、絶対的な大きさである。個体の発育期間についていえば、人間はほかの霊長類より長くかかる。人間の子どもは成人になるまでに、非常に長い期間にわたる栄養上の依存関係と、ほかのケアを必要とする。この期間にはまた、社会内の生き方が学ばれる。われわれのような社会的動物は、単独で生きのこれないからだろう。

エルガスター以前のヒト科の個体の発育期間は、どれも現在のチンプとおなじか少し長い程度だっただろう。現代人の骨格の形成は約二〇年でおわるが、背丈の成長はその少しまえでとまる。チンプとゴリラとオランの骨組織の形成は、一二年か一三年で完了する。チンプのメスは平均して一三年めで最初の妊娠をし、ふつうは性的成熟と骨の成長の完了が一致する。骨の成長がおわれば、成獣としての生活と繁殖活動が開始される。チンプのメスの体重は、哺乳を受ける期間のあいだ日ごとにふえつづける。栄養をとって生存に必要とされる以上のカロリーを蓄積し、余剰なカロリーでからだをつくりあげる。ひとたび性的成熟に達すると体重の増加はとまるが、こんどはこの余剰なカロリーを使って、補助の身体器官を扶養するように胎内の幼獣を成長させる。そのあと授乳期間のあいだ、こんどは体外で乳幼児をそだてるために、つぎの子どもが生まれるまで栄養をとりつづける。いわばメスはまず自分自身のからだを、そのあと子どものからだをつくりながら「成長」しつづける。

現在、われわれの大多数は産業社会で暮らしている。つまり狩猟も採集もしないで植物を栽培し、動物を飼育する。先進国を中心とする人為的な生活状態のなかで、子どもは成長期のあいだ例外的に豊かで多彩な食生活を享受する。これはとくに女性の性的成熟年齢のような、生物学的ないくつかの面で確実に作用するのかもしれない。このことはいまだにわれわれの祖先のように、野生動物を狩り、野生植物を採集している少数の人間の個体群と比較してみればわかるだろう。たとえばパラグアイのアチェ族やナミビアのドーブ・クング族の女性は、前者では一六歳前後、後者では一八歳前後で最初の妊娠を経験する。これはそれぞれの集団で、女性が成長をおえる直前の年齢である。ここではこれ以上、社会と妊娠と子どもの問題にふれないで、脳の議論にもどることにしよう。

霊長類では、ライフサイクルと脳の大きさのあいだに密接な関係があることが証明されてきた。発育期間が長ければ、成長後の生活のための学習と準備の期間も長くなる。例として、チンプとマカク属を比較してみよう。チンプの幼児期、思春期、成獣生活の期間はマカク属の二倍だが、マカク属はチンプの約四分の三以下の脳しかもっていない。おなじ理由で、人間のライフサイクルはチンプにくらべてずっと長く、われわれの寿命は大きな脳に結びついている。エルガスターの脳の大きさは人間とチンプの中間なので、幼児期、思春期、成長後の期間も中間だったと考えることができる。

チンプ、ゴリラ、人間の子どもの脳は、いずれも三年で最終的な大きさの四分の三をこえる。これは脳の大部分が母親を犠牲にして大きくなるということである。妊娠期間と授乳期間の母親は、子どもの脳に必要なエネルギーを供給し、子どもの脳の一部だけが離乳後に成長する。どうして成長期間がこんなに長いのだろうか。コンピュータの比喩を使うことができれば、成長期間は脳の「プログラミング」にあてられ、すでに主要部分を形成した「ハードウェア」に、非常に複雑な「ソフトウェア」が組みこまれるのだろう。これまで書いてきたすべての理由から、わたしは生命のこの長い段階を非常に重要だと考える。それは複雑な社会と、緻密化を増すテクノロジーの発展にとって決定的な条件になる。

両面石器の出現

アフリカで新しいタイプの石器が出現したのは、一六〇万年前のことだった。こんどは明白な使用目的をもってつくられた、本物の道具であることを否定できない。この両面石器は一個の石の二面を打ち欠いてつくった大型の道具で、高い完成度とシンメトリーにたいする深い関心が示されている。両面石器のなかには、ハンドアックス〔握斧〕、クリーバー〔一端を鋭くした石器〕、ピック〔石錐〕のようなさまざまな種類がある。それらはアシュール文化型か様式Ⅱと呼ばれる石器製作技術段階に属し、オルドゥヴァイ文化型の様式Ⅰより技術面で大きな進歩を見せる。ここには明確な意識的追求があり、道具は製作者の頭のなかで事前に決定された、よく考えられた形式をとっている。マルセル・オットは両面石器を、機能的・美的見地から彫刻だと考えた。これらの石器をつくった原始的な人類は、考えだした道具について明白な意識をもっていたのである。

年代から判断して、右の両面石器をつくったのはエルガスターだったと思われる。この推定はさらに、一四〇万年前のエチオピアのコンソ遺跡で裏づけられており、ここではアシュール期の石器とエルガスターの一個の下顎骨が見つかっている。生物学的進化と文化的変化のあいだの区別を理解するには、初期エルガスターの化石が様式Ⅰに属することを強調しなければならない。このように様式Ⅱの案出と普及は、よりすぐれた知能に向かう生物学的変化を反映しない。つまり一五〇万年前のエルガスターの個体群のなかには、祖先やほかのエルガスターの個体群より精巧な技術を使うものがいたのだろう。かれ

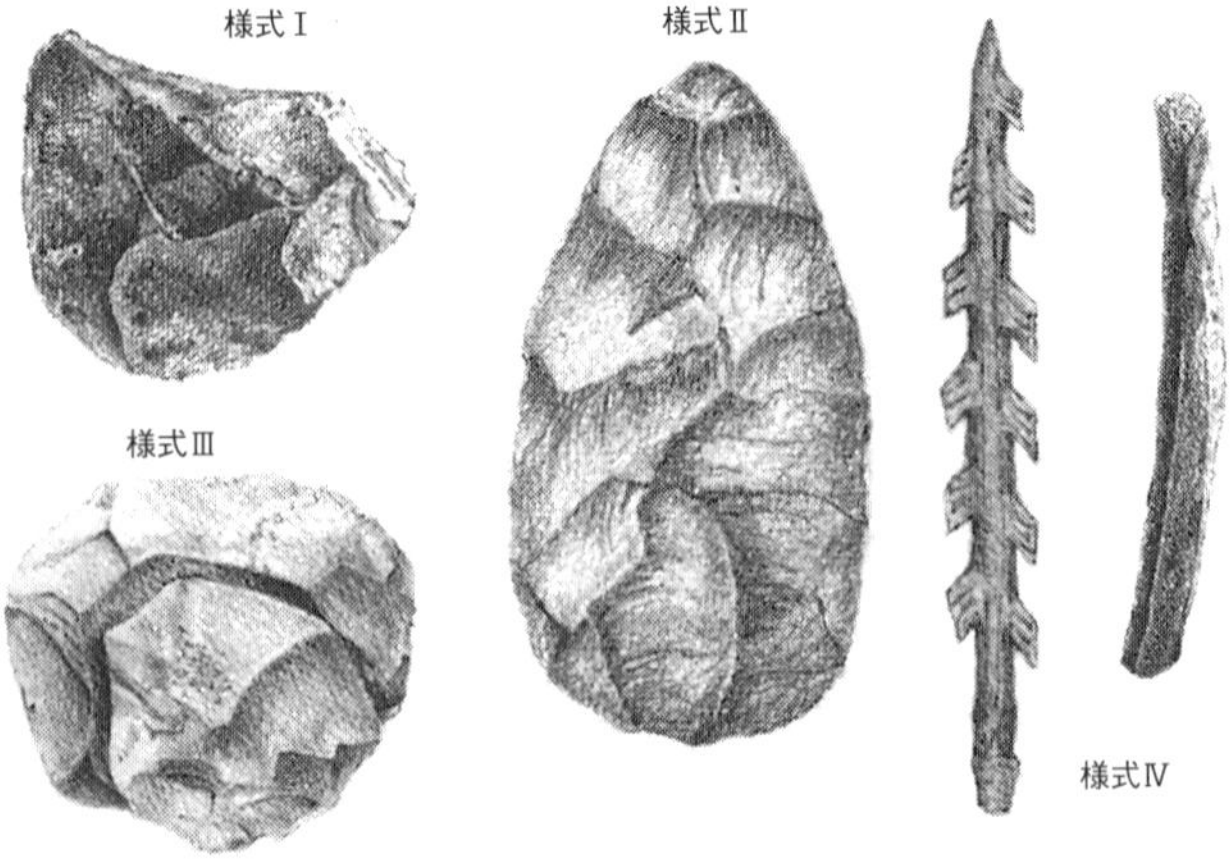

図６　大きく４つにわけた石器の技術様式。

らはのちに見るように、以後の人類よりすぐれた技術さえもっていたのである。ところで新しい技術が新しい種の出現を意味するとはかぎらないが、現実には非常に複雑な技術体系は単純すぎる知能と両立しない。現代人のなかにもパソコンを使えない人がいるが、サルがパソコンの使い方を学ぶことはないだろう。要するに、ハビリスが様式Ⅱを使いこなす知能をもっていたとは思えないのである。

フランスの小説家ジュール・ヴェルヌ〔一八二八〜一九〇五〕は、一九〇一年に、あまり知られていない『空中の村』という小説を発表した。それはフランス人とアメリカ人の探検家の冒険譚であり、ふたりはチンプと人間の中間形だと思われる生物に遭遇した。かれらが「ワッジ」と呼んだ生物は、アフリカの熱帯雨林の樹冠のなかに村をつくって住んでいたのである。この小説は当時のアフリカ探検という時代精神を完璧に反映する。それは西洋に知られていなかった新しい土地、新種の動物、新しい小部族がつぎつぎに発見された時代だった。ジュール・ヴェルヌが考えた類人猿は、コンゴの人跡未踏のジャングルの一角に生きのこる人類進化のミッシングリンクを示していたのである。

エルガスターのほうもまた、一九世紀の進化論で使われた「サルと人間のあいだのミッシングリンク」という問題を提起する。われわれの種とエルガスターの「結びつき」は、遠い密林より化石のある遺跡で発見される。この化石人類の首から下は現代人によく似ているが、脳の大きさは中間的だから、知能は現代人よりずっと劣っていたにちがいない。それでもエルガスターの脳は、ラミドゥスやアウストラロピテクス類のような初期人類よりずっと大きかったし、ハビリスより少し大きかったのである。手近な例をあげれば、現在のチンプと大きく違う知能だったのだ。エルガスターはライフサイクルではわれわれほどではなかったが、すべての段階でより長く、非常に精巧な道具をつくることができた。こうした道具の製作では、目的と目的を達成するための多くの段階について、明確な考えをもつ必要があっただろう。それは二個の石を適当に二〜三度ぶつけるというような、単純な問題ではなかったのである。

人間のもつ生物学的な異例のパラドックスは、エルガスターで異常性の全貌をあらわしはじめる。解剖学的に見れば、われわれは直立姿勢をとる霊長類という、進化上の興味深い珍種にすぎない。それは空を飛ぶコウモリの能力や、海に適応したクジラ類ほど例外的ではないだろう。われわれはそれとはべつに、知能、思考能力、自己意識という驚くべき現象で、現生のほかのすべての生物と根本的に違っている。

エルガスターも生態学的な面では、初期ヒト科と根本的に異なっていた。かれらはラミドゥスやアウストラロピテクスが住んだ深い森林の生態系を離れ、開けた環境の食料源を活用した。エルガスターの出現にアフリカの生態系が決定的に作用したと指摘したのは、もっともすぐれた先史時代の気候学者のひとりであるピーター・ド・メノカルだった。寒冷化と乾燥化の過程がしだいに強まったのは、正確に一七〇万年前のことであり、それがサバンナの拡大と熱帯雨林の縮小に結びついたという。エルガスターは植物のほかに、狩りで手にいれた動物の肉や、たまたま見つけた死肉を日常的に食べていた。ハビリスもすでにおなじ道をたどっていたが、大型の動物や中型の動物を倒すほど器用でなかったし、頑丈なエルガスターほど体力がなかったので、死肉を食べる傾向が強かっただろう。もうひとつの非常に重要な変化がおきたのは、二〇〇万年前のことだった。それまでひとつの大陸に限定されていた人類の進化が、世界規模の現象になったのだ。二足歩行の思索者はアフリカ大陸をでて広がったのである。

絶滅した枝か

人類のゆりかごとなったアフリカ大陸を離れるまえに、わたしは人類進化の木の重要な一本の枝、パラントロプス類にふれざるをえない。これらのヒト科は形態的にアウストラロピテクス類とよく似ていたので、このグループに分類する学者たちも少なくない。かれらは外見的にハビリスにも似ていたが、われわれの知るかぎり、この両者とも新しい形質を示さなかったのである。パラントロプス類はそれでもかなり発達した咀嚼器官をもつ最初のヒト科であり、堅くて歯のすりへる繊維質の植物の大量処理に適していた。

多くの研究者はパラントロプスを、二八〇万年前のヒト属の出現に適した気候変化にたいする反応だったと考える。二六〇万年前の東アフリカに、この種で最初のパラントロプス・アエティオピクス（*Paranthropus aethiopicus*）がいたことが証明されたので、右の仮説はパラントロプスの年代と両立する。よりのちのパラントロプス類に、おなじく東アフリカにいたパラントロプス・ボイセイ（*Paranthropus boisei*）と、南アフリカのスワルトクランス、クロムドラーイ、ドリモレンの洞窟で発見されたパラントロプス・ロブストゥス（*Paranthropus robustus*）がいる。

しかし、パラントロプスの枝をヒト属に接ぎ木できるかどうかという問題は、いまのところ解決されていない。多くの学者はパラントロプスをアファレンシスに接ぎ木し、アファレンシスをパラントロプスと人間の共通の祖先と見なしてきた。このようにすれば人類進化の正当な図式をほぼ手中にできるのだろうか。しかし、アファレンシスはパラントロプスと人間の共通の祖先ではないだろうから、この仮説には難点がある。わたしと同僚のイグナシオ・マルティネスから見て、アファレンシスに特有のいくつかの特徴は、パラントロプスにあまり似ていないように思われる。この前提を無視すれば、パラントロプスと人間の共通の祖先はアナメンシスか、そうでなければ、わたしがつねづねいうような、よく似たある種になるだろう。じつをいえば知られているかぎりで、アファレンシスとアナメンシスもまた非常によく似た二種だったのである。

アジアへの入植

これまで語ってきた歴史は、ゴリラとチンプの歴史のようにアフリカ大陸にかぎられてきた。ラミドゥスもアウストラロピテクスもハビリスも、出生地の熱帯アフリカの風景と動植物しか知らなかった。知られるように動物の種はそれぞれのニッチに適応し、固有の生態系を占めている。進化はそのため、それぞれの種に形態学的（器官の「目に見える」構造）・生理学的（さまざまな身体組織のはたらき）・行動学的な適応方法をあたえてきた。種によっては環境の変化に耐えきれず、ひたすら安定を求めて生態学の牢獄に逃げこむものがいる。こうした種が閉鎖的な世界をぬけだすのは困難なので、分布域は一般に生息域の範囲をでない。たとえばゴリラとチンプは熱帯雨林からでたことがなく、それがかれらの世界の境界となっている。

ところが、生態学的により柔軟な動物たちがいる。それらは環境の物理的変化（気候や水生生物にとっての塩分濃度など）や生物学的変化（統合されるコミュニティや生物共同体）に耐える度合いが大きい。とうぜんそれらの分布域はずっと広くなる。進化はときに、おなじ生態系かべつの生態系で新しいニッチを占める種を産出する。そのような種の変化は一般に小さく、もっとも近い近縁種にくらべてわずかしか違わない。新しく出現した進化の系統が、従来の種の枠組みを根本的に変えるような大きな生態学的変化はめったにおこらない。もちろん海中生活に適応した種や、一生の大半を空中ですごす種のように、ときに大きな変化がおこることもある。

エルガスター以前のヒト科は、どれも限定された生息域をでることがなかった。初期ヒト科は森林に住んだが、そのあとサバンナに進出したものたちもいた。しかし、どの種もアフリカ大陸の内側にとどまっていた。だから東アジアにたどりつくことは生態学的に大きな変化を意味したし、霊長類の故郷でないヨーロッパに入植することは大変動を意味していた。ところがアフリカ以外の変化にともむ新しい生態的条件に適応した人類は、目につくような形態学的・生理学的変化を示さなかったのだ。脳というただひとつの器官が、生態学的柔軟性の根元にあったのである。

東アジアで最初のヒト科の化石は、ジャワと中国で発見されている。ジャワはいまでは島になっているが、人類は徒歩でたどりついたのである。このパラドックスをどのように説明するのだろうか。現在のジャワ、スマトラ、ボルネオ（カリマンタン）は、インド洋のスンダ大陸棚という浅くて広い海底から顔をだしている。これらの島々は大規模な氷河作用で世界の海面が低くなった時代に、アジア大陸と結びついていたのである。

このジャワのいくつかの場所から、人類の化石が発見されてきた。あいにくと、ほとんどの化石の正確な出土地がわからないので、年代の確定は困難になっている。何年かまえにカール・シュワイシャーをリーダーとするアメリカの地質年代学のチームが、化石を調査して、ジャワの人類進化の時間的枠組みを決定しようとしたことがある。調査の結果は留保条件つきで、以下のようになったのだった。⑴モジョケルトで発見された子どもの顔のない頭骨（頭蓋冠）は、一八〇万年前である（少なくとも出土地と思われる土地の堆積物から見て正確）、⑵サンギランの近くで発見された数個の変形した不完全な頭骨は、一六〇万年前と推定される（これは化石の年代でなく出土地と見られる地層の年代）。以上の二か所のほかに、沈降作用による広い窪地となっているサンギラン周辺から、人類の頭骨の重要なコレクションが出土している。

これらジャワの非常に古い化石はアフリカの初期エルガスターの化石と一致するので、同種の可能性があると結論することができる。唯一の難点は、三歳から五歳で亡くなったモジョケルトの子どもが幼すぎるので、人類の類型に分類できないことにある。じっさいにはジャワの最初の人類がだれで、いつごろきたかがわからないのである。

ウジェーヌ・デュボア（一八五八〜一九四〇、オランダの古生物学者）がジャワのトリニールという遺跡で、一個の頭骨、一本の臼歯、一本の大腿骨を発見したのは、一八九一年のことだった。かれはこれらの化石からピテカントロプス・エレクトゥスという種名を提唱した。現在、この種はホモ・エレクトゥス（*Homo erectus*）と呼ばれるが、デュボアが提唱した古い名称から、この化石についてのかれの考え方がわかる。かれは直立した体型が人間に似ていても、まだ人間のような知能のない「直立猿人」だと考えたのだった。要するに、デュボアは真実からそんなに外れていなかったのである。

ジャワの化石の頭蓋容量は、いずれも八一三立方センチと一〇五九立方センチのあいだなので、エルガスターにくらべてそんなに大きいわけではない。サンギランの窪地の化石の正確な出土地はどれも確実ではないが、カール・シュワイシャーは最近の研究で、一〇〇万年以上前であることを証明した。わたしは同時に出土した動物の化石から推定して、トリニールの化石をサンギランのもっとも新しい化石と同時代だろうと考える。

多くの学者はエルガスターとエレクトゥスを区別する理由がないので、どちらもエレクトゥスと呼ぶべきだと考えている。一九世紀にさかのぼるエレクトゥスという古い名称が、いまも維持されていることに注意しよう。両方の頭骨を研究したわたし自身は、このふたつに大きな違いはないと結論づけている。しかし、アジアの頭骨のほうがアフリカの頭骨より頑丈（ときには異例に頑丈）なことを強調しておく必要がある。ほかにも両方の頭骨の基部に区別すべき違いがあるので、学者たちのあいだで専門的な議論がつづいている。しかし、アジアとアフリカの化石は基本的にヒト科のおなじ類型に属している。本書の性質から考えて、トゥルカナ湖のエルガスターの化石をエレクトゥスと呼ぶことに支障はないだろう。エチオピアのミドル・アワシュで作業中だった国際調査チームが、二〇〇二年に一個の頭蓋冠を公表した。研究者たちは一〇〇万年前のこの化石をエレクトゥスとしているが、これはアジアとアフリカの化石をふくむ広い意味で使われている。

人類がジャワより早くアジア大陸に入植したことには疑いの余地がない。ジャワにつくまでにたどった広大な距離を考えればわかるだろう。まだ正確なデータはないが、ひとつの証拠として中国の四川省・龍骨山の「龍の洞窟」という遺跡から出土した、約二〇〇万年前の何個かの石器と二個の人類化石がある。石器と推定された出土品には疑問がのこるし、二本の歯のついた下顎骨の破片はオランの化石かもしれない。べつの化石はたしかに人類の門歯だが、遺跡全体の化石ほど古いか、それよりずっと新しいかに問題がある。

グルジアのドマニシで、一八〇万年前のヒト科の化石のセンセーショナルな発見がつづいており、現在までに四個の頭骨と三個の下顎骨が発見されている。グルジアのダヴィド・ロルドキパニツェのチームは、この新しい化石にホモ・ゲオルギクス（*Homo georgicus*）という種名をつけている。中国の陝西省藍田県・公王嶺で発見された一個の頭骨と、陳家窩で発見された一個の下顎骨は、どちらも約一〇〇万年前と見られている。頭骨は非常に不完全で変形しているが、当時のジャワにいたエレクトゥスと同種と認めることに問題はない。アジア大陸のエレクトゥスの頭骨（じっさいには頭蓋冠、つまり下顎骨のない頭骨）の最大のコレクションは、北京近郊の周口店の洞窟から出土している。化石の年代は六〇万年前から三〇万年前と非常に幅広いように見えるが、学者によっては、もう少しの誤差がでる。周口店の化石を発見したドイツの古人類学者フランツ・ワイデンライヒは、五個の標本の頭蓋容量を九一五立方センチと一二二五立方センチのあいだだと、じつに正確に推定した。

北京とマドリードはともに北緯四〇度近くにあり、中国の洞窟の居住者はヨーロッパの同時代人と類似の条件下で生きたのだろう。のちに北緯四〇度周辺の生態系をこまかく検討するが、ここではスペインの環境がアフリカの祖先たちの環境や、ジャワの熱帯雨林と大きく違っていたことに注意しておこう。周口店の人類化石のほぼすべてが第二次大戦中に行方不明になり、のちの発掘で頭骨Vと呼ばれるエレクトゥスの新しい化石が発見されている。年代はグループのなかでもっとも新しいので重要だが、頭蓋容量はほかの化石より大きくないように思われる。安徽省の和県で中国のエレクトゥスのもうひとつの化石が発掘されており、頭蓋冠の容量は一〇〇〇立方センチをわずかにこえる。

　ジャワではいまのところ、少数の石器しか発見されていない。しかも人類化石とおなじく、出土地と年代は正確に確定されていない。サンギランに近いンゲブングの遺跡は幸運な例外で、近年、フランスとインドネシアのチームが年代の明確な地層から、人類の一本の歯と数個の石器を発見した。これらの石器はどれも単純な球体か多面体であり、あまり精巧につくられていない。しかし、ジャワには精巧な石器をつくれる岩石がないことも指摘しなければならない。それに反して中国では、周口店の洞窟から数千個の古風な石器が出土している。ジャワとおなじく両面石器がないので、これらのエレクトゥスはアシュール文化型の技術を使わなかったと考えられている。かれらは両面石器をつくる必要がなかったのか、様式Ⅱが発達する以前にアフリカを離れ、以後、両面石器を使う個体群と接触しなかったのかもしれない。中国の黄慰文《ファンウエイウエン》とアメリカのリック・ポッツが提唱した第三の仮説は、東アジアの考古学記録の解釈の再検討を要求する。ふたりの国際チームは中国南部で八〇万年前から七〇万年前の石器を発見し、これを厳密なアシュール文化型でなくても様式Ⅱに統合できると考えている。

　しかしエレクトゥスが東アジアを支配したころ、まったく違う進化のべつの二系統の主役がヨーロッパとアフリカで発達していた。本書の最後は、先史時代の終末期を語ることになる。そこでは三者の主役がふたたび出会い、アメリカ大陸をのぞく世界のほとんどを舞台にしたドラマを演じるだろう。ヨーロッパの主役はネアンデルタール人である。われわれは基本的情報の大部分をスペインの遺跡から手にいれた。だから、この歴史ではイベリア半島が重要な役割をはたすことになる。

第3章　ネアンデルタール人

そして、この種族の最後の生きのこりが森のなかや水のなかで、孤独に朽ち果てて打ち捨てられるとき、より公平な心をもつ世代が西部の大草原や山々を見つめながら、さけぶにちがいない。「ここにインディアンという種族が埋葬されている。この種族は偉大なことを達成できたのに、それを許されなかったのだ」と。

カール・マイ『英雄の死』

ヨーロッパの氷期と人類の進化

一七〇万年前より古いヒト科の化石は、すべて新生代〔六五〇〇万年前～現在〕第三紀〔六五〇〇万～一七〇万年前〕最後の鮮新世〔五〇〇万～一七〇万年前〕という地質学的年代に対応する。つまりアナメンシス、アファレンシス、アフリカヌス、およびハビリスは、すべて鮮新世に生きていたのである。しかしラミドゥスの化石は、トゥゲネンシスやチャデンシスの化石とともに中新世〔二四〇〇万～五〇〇万年前〕に属している。初期エルガスターは鮮新世末以前にも生きていたのだろうが、なかにはつぎの第四紀〔一七〇万年前～現在〕まで生きのびたものもいる。ハビリスに属する化石のなかにも、第四紀にはいるものがあると考えられている。ところが初期パラントロプスの多くは鮮新世に生きたが、ロブストゥスとボイセイは第四紀にはいったあと絶滅した。以上の化石はすべてアフリカで出土している。すでに書いたように、ヨーロッパとアジアの入植がはじまった年代を確定するのはむずかしく、鮮新世末以前に入植していたか、もう少しあとだったかははっきりしない。いずれにしても第三紀から第四紀に移る時代に、人類進化の重要な、たぶん相互に関連すると思われる出来事がおきている。それは人間と呼ぶにふさわしい初期ヒト科が出現したことと、この「二足歩行の類人猿」がアフリカの外部に四散したことである。

第四紀の特徴は地球全体が寒冷化したことだった。第三紀末にはじまった寒冷化は、最後の一〇〇万年間にピークに達したのである。寒冷化はほぼ一〇万年ごとに襲来し、北半球はことに寒くなった。この現象は氷期として知られており、氷の分厚い層がユーラシアと北アメリカの北の地域の大部分をおおいつくした。約五〇万年前に第四紀の氷河がもっとも広がったときには、アイルランド、スコットランド、ウェールズ地方、スカンジナビア半島の全域が氷床におおわれた。ヨーロッパ大陸では氷の先端が、現在のベルリン、ワルシャワ、モスクワ、キエフのはるか南まで広がった。

氷期になると大量の水が氷結したので、大洋の海面は現在より一〇〇メートルも低くなった。この寒冷期のはざまに、間氷期というより温暖な期間がやってきた。現在のわれわれは完新世〔一万年前～現在〕という間氷期に生きている。第四紀ののこりの期間は更新世〔一七〇万年～一万年前〕と呼ばれるが、学者のなかには更新世と、わずか一万年しかない完新世を区別することに、それほど意味がないと考える人たちがいる。しかし人間の活動を目印にすれば、人間はたしかに生物圏を激変させ、新しい種もつくらずに多くの種を絶滅させたのだから、その意味では、ふたつの期間を区別できるだろう。以上の理由から、第四紀と更新世という表現をほぼ同義語と見ることができる。

第四紀に氷期がきたことがわかったのは、氷河の前進と後退の痕跡が検出できたからだった。スペイン南部のシエラ・ネバダのような南の山々にさえ、氷河の痕跡がのこっていたのである。また遺跡から寒冷な気候のなかで生きた動物の骨が見つかったが、そんな動物たちは現在の気温のもとでは生きのびることができない。のちにわかるように、イベリア半島にトナカイがいたし、シベリアのあちこちから冷凍状態で発見されるマンモスが、スペイン南部のグラナダの町にたどりついていたのである。ヨーロッパ大陸を襲った最寒冷期は、慣例的に六つの氷期にわけられている。それらはアルプス山脈のドナウ川上流にのこされた、氷成堆積物のさまざまなレベルから確定された。ヨーロッパの六つの氷期はドナウ川と支流の名をとって、古いほうからビーバー氷期、ドナウ氷期、ギュンツ氷期、ミンデル氷期、リス氷期、ウルム氷期と呼ばれている。

それぞれの氷期には亜氷期という最寒冷期と、亜間氷期というより温暖な時期があり、最後の一万年にわたってわれわれが生きてきた氷期のあいだの温暖な時期は、間氷期と呼ばれている。間氷期は例外なく亜間氷期より長くて温暖である。ところがオランダとドイツでは、氷期は北海の海盆の地質をもとに研究されてきた。このばあいはメナプ氷期、エルスター氷期、ザーレ氷期、ワイクセル氷期という四つの期間が設定されており、三つの間氷期のほうはクローマー間氷期、ホルスタイン間氷期、エーム間氷期と呼ばれている。

しかし現代の気候変動の研究技術は、氷河の痕跡でなく、海洋底を直接の調査対象とする。海洋底を調べれば、海底の温度の変化を推測できるからである。海洋プランクトンのなかには、炭酸カルシウムでできた石灰質の殻をもつ有孔虫という微生物がいる。この原生動物の多くは海底で生きるが、ごく一部に浮遊生活を送るものがいる。浮遊性有孔虫が死ぬと殻は海底に沈み、ゆっくりと一定のペースで堆積する。有孔虫には寒水系のものと暖水系のものがいるので、海洋底の有孔虫の殻の堆積から、長い年月にわたる水温の変化を「読みとる」ことができる。

さらに海水中のふたつの形式の酸素（重い酸素同位体と軽い酸素同位体）の比率は、地球全体の気温の変動につれて変化する。こうした化学変化もまた、有孔虫の殻の成分を分析すれば「読みとる」ことができる。だから海洋底の水温の記録から、古温度を寒暖期に分割する正確なカーブを描くことができるのだ。それはＯＩＳという略符号で表現される酸素同位体ステージのことであり、このステージは現在のＯＩＳ1から最古の時代までさかのぼる。図7のＯＩＳの奇数は温暖な同位体を示し、偶数は寒冷な同位体を示している。本書では酸素同位体ステージという現在の技術と並行して、慣例的な氷期の分類を使うことにしよう。そうすれば奇数と偶数のいくつものステージをふくむ周期表が得られる。

過去の氷期の酸素同位体のさまざまな比率を見つける直接的な方法は、化石氷を使うことである。グリーンランドの氷冠を調査した研究者たちは、一二万年前と見られる氷層にまで到達した。現在では南極の氷冠が研究されており、南極の氷冠はグリーンランドより厚いので、最後の五〇万年の気候変動の正確な記録がわかると期待されている。

さてヨーロッパの人類進化については、第四紀を大きく四段階にわけることができる。最初の人類がヨーロッパ大陸に入植したのは、一七〇万年前から七八万年前までの更新世前期のことだった〔第一段階〕。八〇万年前という最古の化石が、アタプエルカ山地のグラン・ドリナの遺跡から出土している。化石の数は約八〇個しかなく、いまのところ、かなり限定されている。しかし、それらが非常に制約された研究の枠組み内で発掘されたことを考慮する必要がある。これらの化石は少なくとも六個体のもので、骨格のすべての部分にわたっている。だから、グラン・ドリナの地層6という最底層には数多くの人類化石がある可能性が高い。アタプエルカ山地で研究するわれわれ科学者は、つねに一刻も早く化石

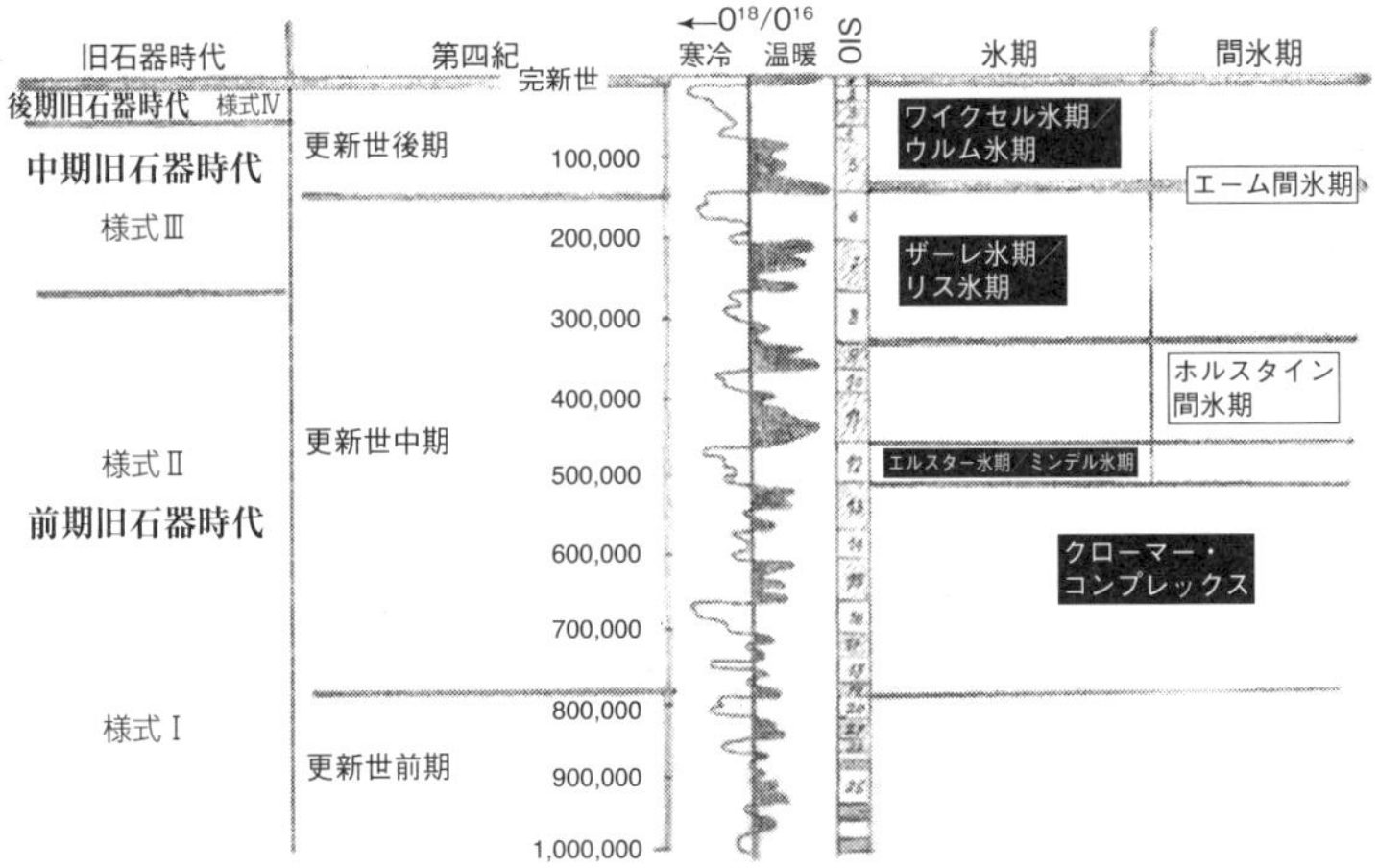

図7　第四紀

と出会いたいと願っている。しかし科学的方法には綿密さが求められるので、より深い地層の発掘には慎重なペースが要求される。このため新しい化石に出会うまでに、まだ数年かかるのではないかと思われる。

現状を整理したわれわれは、グラン・ドリナで発掘した約八〇個の化石がエルガスターでもエレクトゥスでもなく、進化の系統でホモ・サピエンスにより近い、より現代的なべつの人類の種だと十分に確信することができた。かれらの頭蓋容量は一〇〇〇立方センチをこえていたように思われる。かれらは現代人でもネアンデルタール人でもないので、特殊性を明確にする名称を見つける必要があった。ひとつの可能性はホモ・ハイデルベルゲンシス（*Homo heidelbergensis*）だが、現在のわれわれはこの名称を、ネアンデルタール人の祖先にふさわしいと考える。そこでグラン・ドリナの化石に代表される種を、ホモ・アンテセソール（*Homo antecessor*）と呼ぶことにした。

外見と形質から見て、かれらは知られるかぎりで進化の系統の分岐点の直前に位置しており、ネアンデルタール人と現代人に別々に結びつく可能性がある。いまのところ、それ以上のことをいわないで、わかりやすくするために、更新世前期を「ヨーロッパ最初の入植」の時代と呼ぶことにしよう。グラン・ドリナの人類がつくった石器のなかには両面石器はなく、様式Iという初期の幅広い技術様式があてはまるにすぎない。アフリカでは、はるか以前から様式IIが発達していたのに、東アジアと西ヨーロッパに入植した最初の人類は、プレアシュール文化型の石器製作技術しか産出しなかったのである。

グラン・ドリナの人類の非常に重要な行動の一面を、化石自体から推定することができる。多くの化石がはっきりと、ほかの人類の手で無残に切り刻まれ、切りわけられたことを示している。イギリスの動物学者ジェーン・グドールはアフリカのゴンベ・ストリーム保護区で、近くにいたチンプの群れのあいだに残忍な闘争がおこり、どちらかがみな殺しになることがあるのを確認した。ときには犠牲者の子どもが食べられたあと、幼児殺しがおきたことも調査されている。グラン・ドリナのあらゆる年齢層にわたる少なくとも六人のからだが、肉を求めて捕獲した獲物のように、徹底的に計算しつくして残酷に有効利用されたのである。ほかの霊長類では、こんな方法は知られていない。その意味で、使われた技術はおそろしく非人間的か、「おそろしく人間的」だろう。

ネアンデルタール人の祖先は更新世中期という、七八万年前から一二万七〇〇〇年前という長い期間にわたって生存し、進化した〔第二段階〕。この期間の最古の化石として、ハイデルベルク近郊のマウエルで発見された五〇万年前とされる下顎骨がある。アタプエルカのシマ・デ・ロス・ウエソスの化石はネアンデルタール人の「祖先」に数えられ、ヨーロッパだけでなく世界最大の人類化石のコレクションになっている。マウエルの下顎骨に敬意を表して、おなじホモ・ハイデルベルゲンシスという名称を、この種にも適用することができる。両面石器をふくむかれらの石器加工法はアシュール文化型であり、様式IIに属している。様式Iとのちの様式IIは、先史時代の枠組みで前期旧石器時代〔二六〇万～二五万年前、ヨーロッパでは下部旧石器時代と呼ばれる〕と呼ぶ文化期間を形成する。読者は前期旧石器時代が更新世前期と中期にまたがることに驚くかもしれないが、先史時代の区切りは地質学的年代区分と時間的に一致しない。それに地質学的時間は世界中でおなじだが、考古学的段階は人類のすべての種や個体群で同時にはおこらない。

ネアンデルタール人という類型は更新世後期に確立された。かれらにホモ・ネアンデルターレンシス（*Homo neanderthalensis*）という学名をあてることができる。かれらはヨーロッパで発達したが、狭い大陸から危険を冒してぬけだし、中近東に入植した。二二万七〇〇〇年前から四万年前のあいだの全期間が「ネアンデルタール人の時代」である〔第三段階〕。かれらの特徴となる石器加工技術はムスティエ文化型であり、様式IIIまたは中期旧石器時代〔二五万～五万年前、ヨーロッパでは中部旧石器時代〕に相当する。読者がひどく混乱するようなら、ヨーロッパの中期旧石器時代はリス氷期からはじまったと付記することにしよう。当時はまだ更新世中期の段階であり、中期旧石器時代がおわったのは更新世後期のウルム氷期の半ばだった。読者は用語の錯綜でまごつかないように、さきの図7を参考にしていただきたい。

現代人の祖先となるアフリカ起源の移住者が、イベリア半島とヨーロッパに出現したのは四万年前か、もう少し早いウルム氷期だっただろう。かれらはホモ・サピエンスのヨーロッパ最初の代表であり、クロマニョン人として知られるようになった。ネアンデルタール人はかれらとのたぶん一万年以上の長い共存期間のあと、三万年前未満に絶滅した。それはまさに最終氷期の最寒冷期の段階だったのだ。のちに気候変動と人類進化の新しい一致について説明することにしたい。われわれは以後、地球上に存在する唯一の人類で唯一のヒト科となっている。

わたしは三万年前から一万年前までの二万年間を「クロマニョン人の時代」と呼ぶことにしよう〔第四段階〕。これらの現代人は様式Ⅳの後期旧石器時代〔五万～一万三〇〇〇年前、ヨーロッパでは上部旧石器時代〕の石器製作技術をもって、ヨーロッパにやってきたのである。ネアンデルタール人のなかにも様式Ⅳの製作に成功した人たちがいたが、クロマニョン人をまねたのか独自に発達させたのかはわからない。後期旧石器時代は相互に結びつく一連の石器製作技術に細分化されるが、すべての地域で同時に発達したわけではない。それらはグラヴェット文化〔三万二五〇〇～二万四〇〇〇年前〕、ソリュートレ文化〔二万六五〇〇～二万一五〇〇年前〕、マドレーヌ文化〔二万一五〇〇～一万三〇〇〇年前〕であり、必要なときがくれば非常に重要なシャテルペロン文化〔三万五〇〇〇～三万年前〕も説明することにしよう。

最後の一万年は完新世という間氷期に一致し、現在のわれわれは地質学的年代の最後の段階にいる。この時代がはじまった直後に、中東で穀物栽培農耕がはじまった。有名な初期の遺跡に、エリコとしても知られるヨルダン川流域のテル・エッ・スルタンと、トルコのチャタル・ヒュユクがある。スペインで農耕と家畜の飼育がはじまったのは、その二〇〇〇年後のことだった。先史時代のこの中間期は中石器時代〔一万三〇〇〇～八〇〇〇年前〕と呼ばれている。

農耕と家畜飼育は新石器時代〔八〇〇〇～六〇〇〇年前〕革命の原点だった。この文化的発展で、われわれの経済活動とライフスタイルがはじまったのである。人類が狩猟・採集・死肉あさりという方法で自然界に直接的にたよるのをやめ、食料を生産しだしたのは新石器時代にはいってからのことだった。人類は生産経済をつうじて定住し、土地を画定し、大きく増加した。以後、地球の表面はしだいに「人間」の活動で包囲されてきた。現在の世界の人口は約六五億人であり、われわれはいまだに聖書の「産めよ、増えよ」という命令にしたがっている。人間が生産しないで大量に消費しつづけているのは海の魚だけだが、この食料資源も枯渇しはじめている。

クロマニョン人がすでにヨーロッパにいたのに、ネアンデルタール人がまだ絶滅していなかった四万年前から三万年前の一万年間に、どんな名称をあてるべきだろうか。われわれはこれを「ネアンデルタール人とクロマニョン人の共存時代」と呼ぶことができる。一万年はたしかに地質学の尺度では長い期間ではないが、人類史の段階では決定的に重要であり、完新世という期間に相当する。つまりヨーロッパの更新世後期はネアンデルタール人とより現代的な人類の時代だったが、どちらの人類もヨーロッパとアフリカの更新世中期にさかのぼる、より深いルーツをもっていたことはいうまでもない。

更新世後期は一二万七〇〇〇年前にはじまった。気候は現在とおなじく温暖だったが、現在の気温はガス放出という人間の活動による温室効果の加速のせいで、適切な閾値をこえている。しかし温室効果自体は、地球上に占める生物の比率の高さから見て必然的な自然現象だろう。更新世後期からはじまった温暖な時期は約一万年間つづき、海面は現在のような高さになった。温暖すぎる時代になったので、カバは以前に住んでいたイギリスにもどってきた。

そのあと温暖な気候がおわり、寒冷化が再来して最終氷期がはじまった。それでも気温は上下したが、この変動についてはのちに説明することにしよう。二万一〇〇〇年前から一万七〇〇〇年前をふくむ期間に、気候はもっときびしくなった。ネアンデルタール人はこの時代まで生きていなかったが、われわれの祖先は雪と長い冬に直面せざるをえなかった。しかし、忍耐の報酬は巨大だった。それは草食動物の大きな群れにとっても人間の狩猟者にとっても、理想的な時代だったのである。極寒の気候はゆるみはじめたが、一〇〇〇年以内という短い期間にふたたび猛威をふるった。「ドリアス期」として知られるこの短い期間は、約一万年前に氷期とともに終息した。氷河の先端は後退し、大型の獲物は姿を消

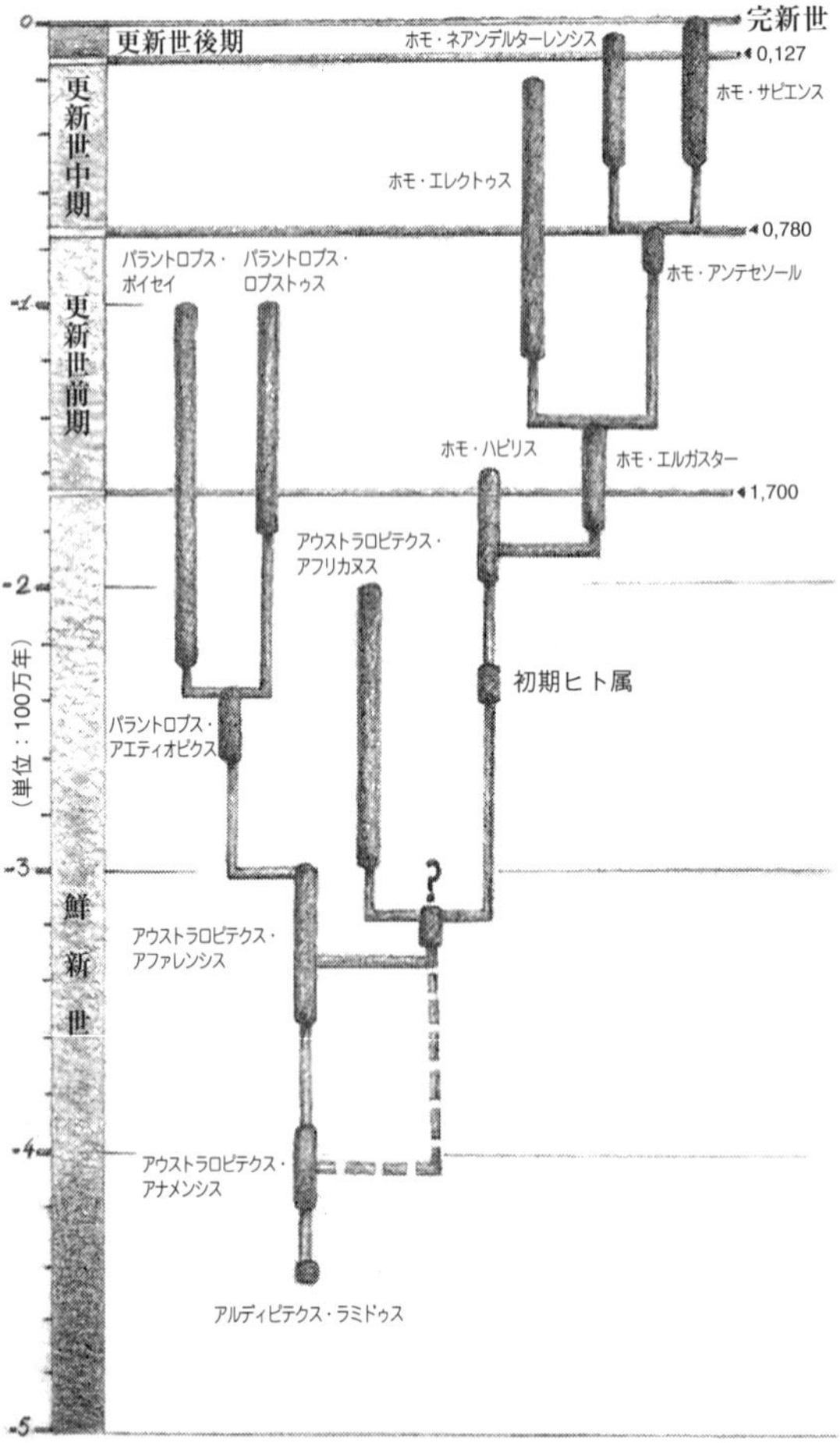

図8　人類の系統発生。アウストラロピテクス・アファレンシスは，われわれの祖先種の一種だったかもしれないが，パラントロプス類の祖先だったかもしれない。そのばあいは，パラントロプス・アファレンシスと呼ばなければならないだろう。

図9　氷床。巨大な氷塊のほかに，アルプス山脈とピレネー山脈（浮き彫りになっている部分）や，ヨーロッパの大きな山脈に山岳氷河が発達した（H. Kahlke 1994 による）。

した。大型の獲物がいなくなると、それまで先史時代のスターだった少数のおそるべき捕食者が享受していた特権は下り坂になった。

カルペ人とはだれか

ネアンデルタール人は「カルペ人」と呼ばれそうになったことがある。それはジブラルタルのフォーブズという採石場で、一八四八年に発見されたネアンデルタール人型の頭骨に敬意を表してのことだった。ジブラルタルの古名は「カルペ」だったので、ホモ・カルピクスという名称が提案されたのである。現在のジブラルタルという地名は、アラビア語で「ターリクの山」を意味するジャバル・アッターリクに由来する。ターリクはイスラム教徒のスペイン征服を指揮したふたりの指導者のひとりだった（もうひとりはムーサ）。この頭骨の発見は一世紀半のちの一九九八年、ジブラルタルで「カルペ98」と銘うった古人類学会の開催によって祝福された。しかし正確にいえば、ネアンデルタール人の最初の発見は一八四八年でなく、それより一八年ばかり早かったのである。ベルギーのアンジス洞窟で、おなじ人類集団の二歳か二歳半の子どもの化石が発見されたのは、一八二九年か三〇年のことだった。それでもジブラルタルの頭骨の発見は、ドイツのネアンデル渓谷にあるフェルトホーフェル洞窟の頭蓋冠と骨格の一部の発見より八年も早かったのだ。ネアンデルタールというのは「ネアンデル渓谷」という意味である。現実にはアンジスとジブラルタルの発見のほうが早かったのに、あまり注意を引かなかったにすぎない。フェルトホーフェル洞窟の化石の発見をきっかけに、この種が人類進化でもつ意味について論争がはじまった。のちに見るように論争はいまもつづいている。

ホモ・ネアンデルターレンシスという学名は、アイルランドの解剖学者ウィリアム・キングによって提唱された。かれは一八六三年の英国学術協会で報告書を読みあげ、この学名を提案した。ところが動物学者ジョージ・バスクが、ジブラルタルの頭骨がロンドンにあることを思いだしたのだ。それは発見から一六年もたった一八六四年のことだった。この年、バースで開かれた英国学術協会の会議で、バスクは古生物学者ヒュー・ファルコナーとともに報告書を提出した。ファルコナーはバスクに指示して、ジブラルタルの化石にホモ・ヴァル・カルピクスという学名をつけようとした。この学名は公式には認められなかったが、そのこと自体はたいした問題ではない。キングがホモ・ネアンデルターレンシスと命名したのがおなじ種だったことに変わりはないからである。キングの報告書が一八六四年一月に公開されたこともつけくわえておこう。

ネアンデルタール人がもっとも知られる絶滅人類であることに疑いの余地はない。アメリカの古人類学者エリック・トリンカウスは、かれらの二〇六個という大量の化石を使って死亡年齢を研究した。だから信頼できる資料をもとに、骨格から身体特徴を説明することができる。たしかに化石の数は比較的豊富だが、骨盤と頭骨のようないくつかの中心部分は、まだそれほど知られていない。言語と出産という、人間とほかの種を区別するふたつの特色を評価しようとすれば、骨盤と頭骨に決定的な構造がある。骨盤が重要になるのは、女性が経験する出産の困難だけでなく、人間の子どもが未成熟な状態で生まれることに関係しているからである。この未成熟な状態は胎児が通る産道の狭さによっており、このため子どもはある限界をこえて大きくなることはできない。

ネアンデルタール人の祖先は更新世中期に生きていた。かれらにかんする情報は、とくに首から下の骨格については不確実である。ところが、われわれの手元に化石の空白を埋めるみごとな例外がある。それはアタプエルカ山地のシマ・デ・ロス・ウエソスのコレクションのことである。しかし、おなじ難問が現代人の祖先にたいして提起される。更新世中期の首から下の化石はわずかしか発掘されていないのだ。現代人の直接の祖先の化石の少なさを解決するには、アフリカのシマ・デ・ロス・ウエソスが必要だろう。

ネアンデルタール人の話題にもどって、かれらの心理分析を試みるまえに、危険をおかして体形を説明し、さらに解釈してみよう。最初に、ネアンデルタール人がいくつかの身体特徴において現代人と違う点は、アルカイックということだけだといっておく必要がある。現代人の祖先もネアンデルタール人とおなじく原始的形質をもっていたが、われわれは進化の近い時点でそれらを失ったのである。現代人はこれらの形質で改革されたのに、ネアンデルタール人は変わらなかっただけにすぎない。ところが、べつの種類のある形質については逆の現象が記録されている。われわれの種が保守的だったのに、ネアンデルタール人はもっぱら特有の形質を発達させていたのだ。かれらの発達はヨーロッパで何十万年とつづいた進化の過程と完全に無縁で、遠く離れていたのである。

現代の古人類学者の仕事は、右の二種の類型の形質を区別することにある。しかし、この仕事のためには最近わかってきたようなデータが必要だったのだ。これまで化石のあいだの進化の関係を決定するおりに、この区別を明確にできなかったので、いまもとり返しのつかない混乱がつづいている。たとえばイスラエルで発見された約一〇万年前の現代人の化石は、のちにふれるような明らかに現代人と違ういくつかの原始的形質を示していた。研究者のなかには、この化石のアルカイックな面を強調してネアンデルタール人に分類した人たちがいたのである。ネアンデルタール人は進化の過程で原始的形質を失わなかったが、骨格のほかの部分では独自の面を発達させていた。このため「原始クロマニョン人」だったアルカイックな現代人は、ネアンデルタール人の変異体か変異体の子孫か、ネアンデルタール人とクロマニョン人のハイブリッドだという結論になったのだった。しかし現在では、この化石に現代的な形質があるので現代人の祖先の系統に属することや、そのアルカイックな形質がネアンデルタール人のものでないことがはっきりしている。

原始的形質と、進化した形質や派生的形質とを区別するばあいに必要とされることがある。注意すべきは派生的形質のほうで、それが本書の1章でふれた、ヴィリ・ヘニッヒの方法論としての分岐論の教訓である。いまや分岐論を応用するときがきているが、化石がないために考える努力が必要なのだから、やさしい仕事でないことはわかるだろう。それでも分岐論という方法があり、そのうち人類進化の問題を解明する新しい化石が発見されるだろうから、この難問に解決が見つかることはたしかだろう。以上はよい情報である。悪いほうの情報は、人類の進化がわかればわかるほど多くの枝があることに気づき、途方もなく複雑になるということである。

原始的形質と派生的形質の区別の話が細かくなりすぎたようだが、おかげで解明をせまられるべつの問題にとり組むことができる。それはネアンデルタール人が現代人のたんなる原始的バージョンでないこと、きわめて限定された知的能力しかもたない劣った人類の一種ではなかったことである。ネアンデルタール人は現代人と共通する多くの形質を共通の祖先から受けついだが、あるときふたつの系統が分岐したにほかならない。問題は分かれたあとのヨーロッパの枝が変化して独自の形質を発達させ、ネアンデルタール人になったことだった。現代人もまたヨーロッパを離れて、おなじように発達したのだから、ネアンデルタール人は時代の流れにとりのこされた生きた化石でなく、時代遅れでもなかったのだ。当時のかれらはクロマニョン人とおなじく、まったく「現代的」だった。しかも脳の大きさという非常に重要な一点で、ネアンデルタール人はわれわれの祖先とおなじように進化し、祖先とおなじか、それ以上にさえなっていたのである。

ネアンデルタール人の平均的な頭蓋容量（または脳容量）は、化石化した頭骨から計算される。大半の化石が不完全な状態で発見されるので、再構成が必要なことを考えれば、この計算には疑問や不一致がでる余地がある。それでもあらゆる証拠から見て、ネアンデルタール人の平均的な頭蓋容量は現代人より大きかったと考えざるをえない。いずれにせよ現代人より小さくはなかったのだ。これまでのところ、イスラエルのアムッド遺跡から発見された化石が最大の頭骨とされている。頭蓋容量は一七五〇立方センチもあり、現在までに記録された最大の容量であることはまちがいない。ネアンデルタール人の脳が現代人の祖先の脳と並行して進化し、しかも独自に大きくなったとすれば、とびきり魅力的な説明を引きだすことができる。つまり人類のふたつの種は別々に知的になったのだろうし、かれらはたがいに無関係に進化したあと接触したのだろう。しかし性急な結論に甘んじないで、以上の説明を棚あげにしておこう。以下の二者択一の仮説の一方を消去しなければ、ふたつの並行した進化という考え方は成立しないだろう。それはネアンデルタール人と現代人が共通の祖先から大きな脳を受けついだという仮説と、進化の二系統のあいだに遺伝子交換があったという仮説である。この第二の仮説でネアンデルタール人と現代人の祖先が、ほかの要素にもまして大きな脳を共通してもった理由の説明がつくだろう。

われわれはまだアンテセソールの頭蓋容量を、信頼できるかたちで推定できていない。すでに書いたように一〇〇〇立方センチをこえていたようだが、どれくらいこえていたかわかっていない。ネアンデルタール人の祖先にあたるヨーロッパ更新世中期の頭骨の化石は非常に少ないが、それでも研究の一助になってくれる。たとえば、変形がひどくて正確な計測が困難な例に、ドイツのシュタインハイムの頭骨がある。わたしとしては一〇〇〇立方センチ未満とみているが、正確に測れば一一〇〇立方センチあるかもしれない。年代のほうもまた四二万年前と三〇万年前という幅があり、正確な推定はできないが、わたしはあとの年代のほうを選ぶだろう。ギリシアのペトラロナで発見された更新世中期のもうひとつの頭骨は、年代の確定は不可能だが一二三〇立方センチの容量をもっている。幸運にも、シマ・デ・ロス・ウエソスの三個の頭骨は正確に計測されている。頭骨4は一三九〇、頭骨5は一一二五、頭骨6は一二二〇立方センチあり、いずれも約三〇万年前の化石である。

ところで更新世中期のアフリカで、なにがおきていたのだろうか。ザンビアのブロークン・ヒル（またはカブウェ）で、一九二一年に発見された完全な頭骨の容量は一二八五立方センチだった。これまた正確な年代はわからないが、更新世中期の最古の化石だとは思えない。シマ・デ・ロス・ウエソスの化石と似たような年代かもしれない。ケニアのトゥルカナ湖東岸で発見されたKNM－ER３８３４は、ブロークン・ヒルの化石と同年代にあたり、一四〇〇立方センチ前後と思われる頭蓋容量はブロークン・ヒルよりずっと大きい。アフリカの更新世中期のほかの化石では、南アフリカのフロリスバートの頭骨が約一二八〇立方センチで、タンザニアのヌドゥトゥの頭骨は一一〇〇立方センチ近くだと推定される。モロッコのサレの頭骨は完全だが頭蓋容量は小さく、一〇〇〇立方センチ前後だろう。サレとヌドゥトゥの頭骨はブロークン・ヒルより古く（約四〇万年前）、フロリスバートの頭骨は二五万年前だと思われる。

アフリカにも容量を確定された二〇万年前から一〇万年前の一連の頭骨がある。これらの体型は現代的ではないが、現代人に近いか現代人と考えても間違いはないだろう。トゥルカナ湖西岸のエリイェ・スプリングス、エチオピアのオモ・キビシュ2、タンザニアのラエトリ18、モロッコのジェベル・イルード1と2のことであり、頭蓋容量は一三〇〇立方センチと一四三〇立方センチのあいだである。以上の数字から見て、七八万年前から一二万七〇〇〇年前までの更新世中期のアフリカとヨーロッパで、人類の脳が大きくなったと推測することができる。三〇万年前の両大陸のいくつかの脳は、シマ・デ・ロス・ウエソスの頭骨4やトゥルカナ湖東岸のKNM－ER3834のように、約一四〇〇立方センチに達している。両大陸のこれら個体群の頭蓋容量の平均は、ネアンデルタール人や現代人より低かっただろうが、更新世中期末から更新世後期のはじめにかけて（少なくとも一二万七〇〇〇年前）増大しつづけたのである。

更新世中期のヨーロッパとアフリカの最古の化石が、アシュール石器文化（様式Ⅱ）に結びつくことを指摘するのは興味深い。しかし、ヨーロッパとアフリカに新しい石器の製作技術（様式Ⅲ）の最初の痕跡があらわれるのは二五万年前である。これが中期旧石器時代のはじまりであり、ルヴァロア石器文化の特徴をもっている。それは石の打ち欠き方のまったく新しい戦略だったのだ。この技術では石核は細かく欠いて調整され、打ち欠いた剝片から望ましい道具がつくられる。それは明らかに完全に異なる二段階の操作の結びつきだった。

われわれは小石や石塊を打ち欠くエルガスターの男女の方法を想像することができる。頭のなかにひとつのイメージか、つくろうとする両面石器の視覚的性格をもつ知的表象があったのだろう。漫画なら小さなコマを連続的に使って人間の頭に吹きだしをつけ、そのなかに両面石器を描くところだろう。要するにエルガスターの男女は「内なる目」か「第三の目」で打ち欠く作業の結果を見すえ、そのあと作業を効果的にすすめたのだろう。エルガスターはイメージを石器に変えたのである。ルヴァロア石器加工法の実践者の知的イメージは、すでに石を打ち欠いてつくった石核（連続的な操作の最初の段階）と、（同時に考えられていた）そのあとつくる道具の両方に焦点があっていたのだろう。ここでは新しい複雑な過程が出現し、その過程は計画を立案する能力を表現するように思われる。このとりわけ人間らしい能力は、それ以前の技術をこえていただろう。

それ以前の様式の結果としての様式Ⅲの最初のあらわれは、いずれも時間的・空間的に人間の脳が一四〇〇立方センチになった時点と一致する。そして、この一致にわれわれの中心的な問題がある。それは原因と結果のあいだに関係があるかどうかという問題である。脳の増大と洗練度を高める道具製作とのあいだに因果関係があるとする仮説は魅力的だが、それを証明できると主張することは困難か、とうてい不可能だろう。いずれにせよ考古学的記録では、アフリカとヨーロッパと、東はガンジス川までのアジアに、ある技術的連続性があったことが証明される。つまり別々の大陸に生きた個体群のあいだに、文化的コミュニケーションのようなものがあったのだろう。それでもなお中期旧石器時代の内部には、生物学的・文化的な面と地理上の多様性を両立させる、人類の地域的変異体が認められる。こうした多様性があっても、境界地帯に異質の技術的影響が見られることを考えれば、文化の浸透性があったことは否定できない。たとえばムスティエ石器文化は、ヨーロッパ、西アジア、北アフリカ（とくにエジプトとリビアのような東側の地域）で発達した。それに反して中期旧石器時代（または様式Ⅲ）は、インドとアフリカののこりの地域で大きく違うモデルを受けいれた。

ここでテヤール・ド・シャルダンの「人智圏《ヌースフィア》」という新しい表現を借用したい。おなじようにウラジミール・ベルナドスキー〔一八六四～一九四五、ロシアの地質学者〕は、地球上の生物をまとめて表現するために「生物圏《ビオスフィア》」という表現を使用した。ベルナドスキーは地球をつつむ薄い膜のように、自律しながら相互に関連して目のつんだ網の目を構成する生物の多様性を説明したのである。テヤール・ド・シャルダンのほうは、人間がひとつの知能の層を形成すると考え、生物圏と比較した。ここでは人間は調和を考え、精神を通じて相互に結びつく知的生物として考えられている。要するに、知能の層は生物圏の外側の層にほかならない。一九五五年に亡くなったテヤール・ド・シャルダンは、自分のメタファーや夢がインターネットのような物質的現実に近づくことを想像もできなかっただろう。文化的コミュニケーションという問題にとって、ヨーロッパ全域とアフリカとアジアの一部に様式Ⅲ（ムスティエ文化）が普及したことは――それ以前に様式Ⅱまたはアシュール文化が普及したのとおなじく――人智圏の存在を証明するだろう。地球上の地域には制限があるので、地理的に見れば人智圏はそんなに強くないだろうし、より限定されるだろう。それでもなお人智圏は、ふたつの大陸の個体群のあいだの文化的結びつきや、少なくとも技術的結びつきが生物学的境界をこえて広がることを証明するだろう。この仮説が認められないとしたら、ガンジス川という境界の向こう側に住んで、変わりばえのしない石器加工技術（様式Ⅰ）を使っていた東アジアのエレクトゥスが、様式ⅡとⅢの人智圏に統合されたことを、どのように説明するのだろうか。

考古学と古人類学の研究は、この問題を別途に説明しようとするだろう。アフリカとヨーロッパの個体群と、両大陸にもっとも近いアジアの一部の個体群は、相互に永続的な生物学的接触をしたというだろう。これらの個体群は地理的に見れば離れていても、頭蓋容量の増大の原因になった遺伝子のように、境界をこえて遺伝子を交換したのだろう。このモデルは多地域進化説という流れにそっている。いくつかの細部の違いをべつにして、この説の現在もっとも知られる擁護者は、アメリカのミルフォード・ウォルポフ、フレッド・スミス、デイヴィド・フレイヤー、中国の呉新智《ウーシンジー》、オーストラリアのアラン・ソーンらである。この進化モデルは東アジアのエレクトゥスの個体群にも適用できると見られているが、記録されたかれらの頭蓋容量ははるかに小さかったのだ。ジャワのもっとも新しい化石群でも、おなじことがわかる。この化石群には、ンガンドンのソロ川の沖積土台地で発見された一四個の頭蓋冠と二個の脛骨があり、それらの年代については議論を必要とする。カール・シュワイシャーのチームは五万四〇〇〇年前と二万七〇〇〇年前のあいだを主張するが、フランスの地質年代学者クリストフ・ファルゲールは二〇万年前か、それ以上だとさえ考える。さらに、ジャワでべつの頭蓋冠が出土している。サンブンマチャンとンガウィの頭蓋冠は明らかにンガンドンと同年代であり、前者の頭蓋容量は約一二〇〇立方センチ、後者の頭蓋容量は一〇〇〇立方センチと推定されている。

多地域進化説という仮説については、つねに以下の事実を考えなければならない。中国には、古典的なエレクトゥスと違う、三〇万年前から一五万年前の二個の化石がある（この誤差はかなり大きい）。一個は大茘で出土した頭骨で、顔を中心とした形態学的ないくつかの面で現代的な類型に似ているが、頭蓋容量は小さく、一一〇〇立方センチしかない。もう一個の金牛山の骨格の破片は、あまり説明されていないが、興味深い情報を提供してくれるかもしれない。こちらの頭蓋容量は一二六〇立方センチと推定されており、より大きいことになる。

ところで中国の大地に二個の化石があることを、移住という現象で説明できるかもしれない。アフリカからきた移住者が、中国で地元のエレクトゥスと交代したというわけである。ところが多地域進化説論者はべつの考え方をする。かれらの考え方では二個の化石はエレクトゥスであり、進化の段階でアフリカの遺伝子の作用を受けていたという。多地域進化説では、混交のほうが個体群の全体的な交代より優先される。しかし、移住説も多地域進化説も絶対的な確実性をもっていない。じっさいには大荔と金牛山の化石が、周口店の最後のエレクトゥスと同年代であることを証明する必要があるだろう。右の条件が満たされてはじめて、異なる二種の人類の類型が中国で共存したことが確実になるだろう。一方は地元に起源をもつだろうし（エレクトゥス）、大荔と金牛山の化石に代表されるもう一方は異国からきたことになるだろう。それに後者が年代的により新しいことが証明されれば、外部の遺伝子の作用を受けたエレクトゥスの地域的進化という仮説を擁護しやすいだろう。

中国が示す状況は非常にこみいっている。化石が少ないのに領土は広大であり、矛盾する仮説が横行する可能性がある。本書では情報がより蓄積された地域に限定し、よくわからない中国にはふれないようにして、こんな状態が長くつづかないよう期待しよう。たしかに周口店の最後のエレクトゥスから現代人が出現するまでの期間に、なにがおきたかはわかっていない。もつれた糸を解きほぐすには、ほどけた糸から手をつけるほうがいいだろう。われわれはそれらのうちの二本を、とくによく知っている。それはネアンデルタール人と現代人のことである。だから、進化のこの二本の糸を引きだすことにしよう。一方は子孫の種を生みださずに絶滅し、一方は子孫の種を生みだしてはいないが生きつづけている。

本書ではまず前者、つまりネアンデルタール人を検討することにしよう。

ニューヨークの地下鉄に乗っているネアンデルタール人の見わけ方

いつごろだったか、ネアンデルタール人は現代人によく似ていたといわれたことがあった。流行の服を着てニューヨークの地下鉄に乗っていても、気づかれないだろうというのである。アメリカの人類学者カールトン・クーンは、一九三九年の著作に収録して評判になったイラストで、ワイシャツにネクタイ姿でフェルト帽をかぶったネアンデルタール人を描き、この冗談の後押しをした。わたしは地下鉄でネアンデルタール人に会ったことはないが、シマ・デ・ロス・ウエソスの化石をもとにした頭部の再構成に参加したことがある。そのあと同僚のひとりの顔に、ネアンデルタール人の顔の複製をあててみた。その効果がすごかったことは保証できる。たとえばアウストラロピテクスのような原始的なヒト科を再構成して同じことをしても、目のまえに出現する生き物はともかく見慣れたようすをしているので、それほど衝撃的ではないだろう。二足歩行のチンプは実在しないが、その生き物はチンプを連想させるだろう。ところがネアンデルタール人でやると驚くのは、それがわれわれにそっくりであると同時に、まったく違うせいである。現実にネアンデルタール人とおなじ生き物はいないので、再構成されたかれらにばったり出会えば、じつにおもしろい経験になるだろう。ネアンデルタール人をいわば「個人的に」知ったわれわれの祖先も、きっとそのような経験をしたにちがいない。

ネアンデルタール人と現代人は、どんな点で違っていたのだろうか。かれらははじめて会ったクロマニヨン人に、どんな印象をあたえたのだろう。まずネアンデルタール人はぬけるように色が白かったが、クロマニヨン人はそれほど白い肌をしていなかった。ところで、化石の肌の色がどうしてわかるのだろうか。それは思ったより簡単なのだ。たとえば赤道に近い地域に住む色白の肌をもつ人間は、直射日光にあたると危険を冒すことになる。用心をおこたりたえず日射にさらされるヨーロッパ人とおなじく、致死的な皮ふガンにかかることさえあるかもしれない。この点で南仏の人たちは、表皮の深い層にあるメラニンという色素で生物学的に保護されている。アフリカの小部族もオーストラリアのアボリジニーも――たがいになんの関係もないが――肌は濃い褐色を呈している。自然人類学者でハーバード大学教授だったアーネスト・フートンは、一九三六年につぎのように書いている。

「白い人種のある成員は、狡猾で奇妙な心理学に追いたてられて肌を陽に焼き、髪をちぢらせて身体的苦痛に耐えている。それでいながら、自然にちぢれた髪や色素の沈着した肌を人種的劣等性のあらわれとして考える」

われわれの考えをとりあげてみよう。表皮の真下にある真皮という層は、骨形成に欠かせないビタミンD_3をふくんでいる。このビタミンD_3を合成するには、真皮の細胞に十分な量の紫外線をとりこまなければならない。だから高緯度に住むアフリカ人は、肌の色に関係なくビタミンD_3不足におちいることがある。このビタミンD_3が不足すると、くる病のような後遺症を引きおこし、女性のばあいは重篤な出産障害の原因になることがある。色白の肌の人は少ない紫外線をより以上に活用するので、放射の弱い状況でも支障なく生存する。だから中緯度や高緯度のヨーロッパで進化したネアンデルタール人は、アフリカからきたクロマニョン人より――少なくとも新しいヨーロッパ人がこの環境に適応するまで（これは数千年かかる過程だが）――白かっただろう。古人類学者ビヨルン・クルテンが書いた唯一の小説『虎のダンス』は、われわれの推論に一致する。ここではネアンデルタール人は「白い人」と呼ばれ、現代人は「黒い人」と呼ばれている。

ネアンデルタール人はまた非常に発達した眼窩上《がんか》に、骨の隆起（ラテン語で「トルス」という）をもっていた。この眼窩上隆起はハビリスではあまり目だたなかったが、エルガスターになって、より大きく突出するようになった。現代人は眼窩上隆起をもたない唯一の種だが、一〇万年前のホモ・サピエンスのなかには、まだ完全に失っていないものもいた。それでも、ネアンデルタール人の眼窩上隆起はじつに特徴的であり、目のまわりの二個のアーチが目のあいだと鼻の上の空間でくっついていた。眼窩上隆起をもつほかの種では曲線はこれほど一定していなかったし、眉弓《びきゅう》のあいだの中央に陥凹《かんおう》があった。

ネアンデルタール人の眼窩上隆起の上には、現代人より平たい額がのぞいていた。じつをいえば、この眼窩上隆起の役割はわかっていない。たぶん、いろいろな役割があったのだろう。上からくる物体から目をまもったのだろうか。それとも咀嚼のときに骨に生じる応力を吸収したのだろうか。咀嚼に付随する応力が歯から上方に伝わったと考え、頭骨ののこりの面が隆起の部分で応力から解放されたと考えれば、補強用だったという仮説が有効になる。これは顔の隆起が少ない現代人に典型的な高い額が果たしている役割だろう。両者を比較すると、現代人の高い額は応力を弱めているのだから、ネアンデルタール人の突出した眉弓とおなじ役割をしているのだろう。

突きだした眉弓と平たい額をもっていたネアンデルタール人は、隆起のない高い額をもつクロマニョン人にくらべて、粗野でアルカイックだったと思われやすい。ところがネアンデルタール人の立場に立つビヨルン・クルテンは、目を保護した高い眉弓に大きな利点があったと主張し、このためワシのように精悍に見えたと考える。そのように考えればネアンデルタール人は、小顔で額が高く、顔に隆起のない現代人を自分たちの子どもに似ていると感じたかもしれない。たしかに哺乳類では、すべすべして出っぱった額と隆起のない小顔は、すべて幼児的形質を演出する。それらは成獣の優しさと保護感情をかきたて、幼獣にたいする攻撃性を抑制する。こうした形質はまた女性的であり、たとえば、漫画やぬいぐるみの動物では共感をかきたてるために、幼児的形質が強調される。この形質はまた、女性の画像で性的形質を表現するときにも強調される。このようなメカニズムが（すべての哺乳類の遺伝子とおなじく）われわれの遺伝子にも組みこまれていれば、ネアンデルタール人はある優しさをもってクロマニョン人を見たにちがいない。たいへん残念なことに、かれらはそのあと、外見の裏に隠された行動と性格に気づいたかもしれないが。

現代人とおなじくクロマニョン人では、脳を収容する頭骨（頭蓋冠）が球状になる傾向があったので、ここにもまたべつの幼児的・女性的形質があったのだ。しかしネアンデルタール人の頭蓋冠は非常に長く、後頭骨は後方に突きでていた。さらにネアンデルタール人の頭蓋冠には、ほかのどの化石にも見られない生まれつきの一連の特色があったのである。この特色には細かくふれないが、頭が禿げていなければ気づかれなかっただろう（頭の禿げたネアンデルタール人がいたかどうかわからないが、哺乳類は年をとるにつれて体毛を失う傾向があるので、たぶんいただろう）。しかし、古人類学者の目はこれらの特色を見逃さなかった。かれらはネアンデルタール人がまったく特異な、同年代のほかの人類の枠外で進化した人類だったと指摘したのである。

ネアンデルタール人は顔面部の頭骨でも独特の形態をもっていた。手短にいえば鼻の穴は、現代人にくらべて顔の側面のずっと前方に位置していた。鼻腔を形成する鼻骨は前方に大きく張りだし、平べったくなっていた。頬骨と頰骨は鼻の穴の左右で平らな面を形成し、顔にとがった楔《くさび》形のような感じをあたえる方向を向いていた。水平に輪切りにしたネアンデルタール人の顔面部の頭骨は、ジェット戦闘機の三角翼のようだった。

すでにあげたアラン・ソーンは、かつてわたしにネアンデルタール人の顔を、大気に突入するのにふさわしい「高速用の顔」だったと説明してくれた。そんな目的にあわせた顔でないことはいうまでもないので、わたしはべつの説明を捜さなければならなかった。それ以外の説明では、生体力学的仮説と気候に関連する仮説が信頼できそうに思われる。生体力学的仮説によれば、突きでた顔の形態は門歯の集中的な使用で顔面の上方に生じる応力を、両サイドに移動させる役割をするという。たしかにネアンデ

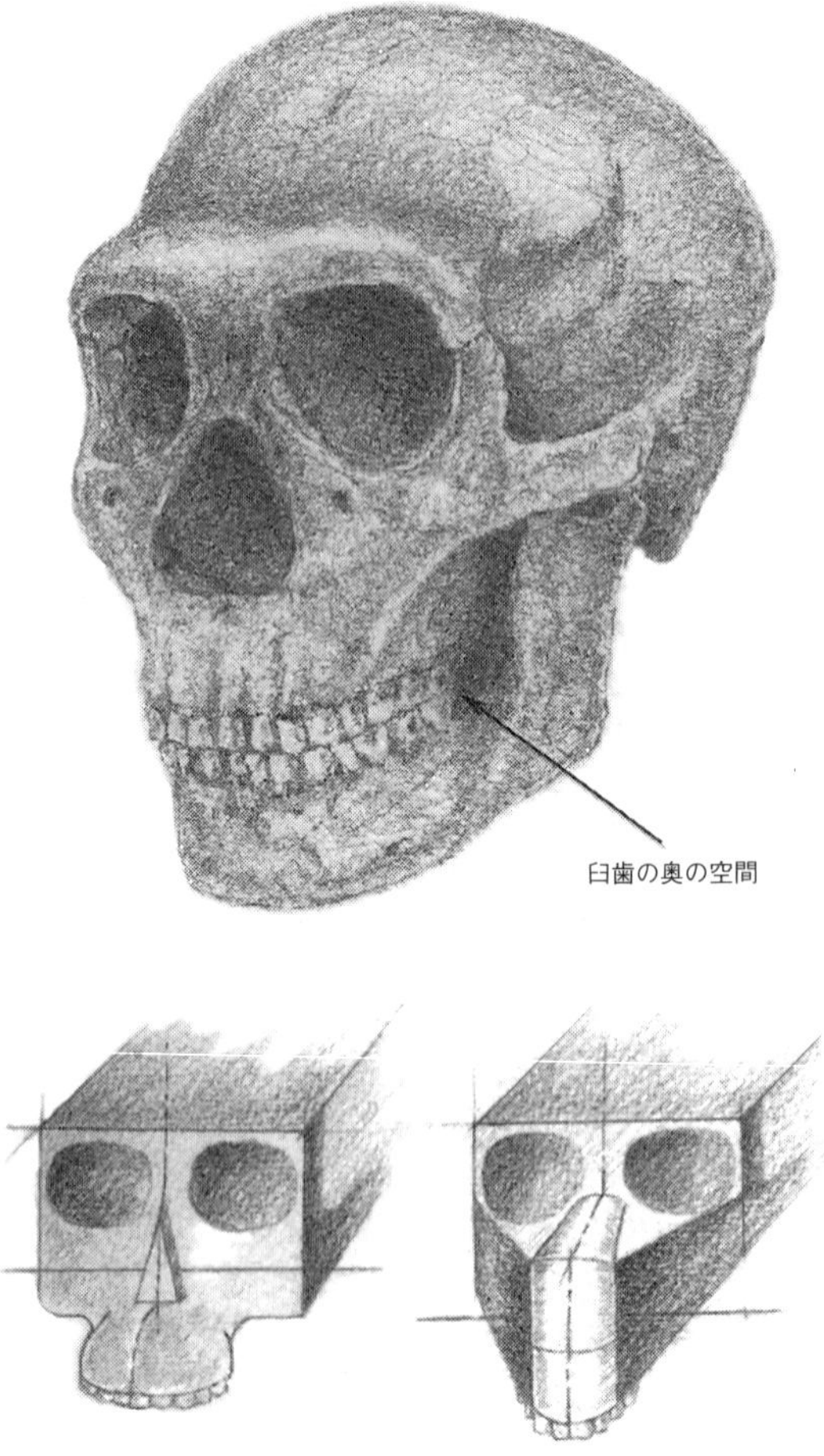

図10　ネアンデルタール人の頭骨。下の比較図の右はネアンデルタール人の形態，左はそれほど特殊化していない仮定的なヒトの祖先（Rak 1986 による）。

ルタール人の門歯は、若いうちからひどく損傷していたように思われる。かれらが前歯を集中的に使った理由はわからないが、咀嚼や食べ物のせいでなく、物体を確保したり、うしろに引っぱったりするときに「第三の手」のように使われたのかもしれない。

一方の気候に関連する仮説では、ネアンデルタール人の顔は極度に低い気温や、さらには極地に近い気温に適応するための形態だったとされている。大きな鼻孔は凍てつくような空気が肺にとどくまえに、加湿し加温するラジエーターのような作用をしたのだろう。両サイドと上方で異常に発達した頬骨と前頭洞のせいで、中空の仮面のように変形した顔は、外気と脳のあいだの断熱材の役割をしたのだろう。

このほかエリック・トリンカウスが提唱した仮説があり、「高速用の顔」が文字どおり説明される。ネアンデルタール人は大きな特徴となる突きでた顔をもつようになったので、顔のより側面の空気が後方に逃げたというのである。この事態はつぎのようにおきたらしい。まず、うしろに押された顔の周辺部が、咬筋と側頭筋という主要な咀嚼筋を支える部分になったのに、歯のついた中央部は位置を変えなかったという。これでネアンデルタール人の下顎骨の第三大臼歯の奥に、大きな空間があることが説明されるだろう。この空間は顔の安定した咀嚼部分と、後退した筋肉組織の分離の結果だろう。

イスラエルのヨエル・ラクが主張する仮説は、トリンカウスの仮説に対立する。ラクは顔の中央部にたいして周辺部が後退したとは考えない。その反対に、より上方におきた生体力学的な要因のせいで顔が改造され、配置関係が変わったと考える。また第三大臼歯の奥の空間は、もうひとつべつの原因でできたという。顎の大きさが変わらなかったのに、大臼歯が小さくなったというのである。右の過程の力学的結果として、ネアンデルタール人に特有の臼歯のあいだの隙間ができたのだろう。

ネアンデルタール人はクロマニョン人のおとがい（あご先）を見て、きっとびっくりしたにちがいない。どんな機能をもつか正確にはわからないが、そのおとがいは下顎骨の前方部分が異様に突きだしていたからである。ネアンデルタール人の下顎には、こんな部分は見られなかった。その点でわれわれ現代人は、ネアンデルタール人にくらべて独特の形質をもっている。

ヨーロッパの人類進化がたどった道筋を考えれば、ネアンデルタール人の顔ができた理由がわかるだろう。クロマニョン人までの人類進化が調査されて以降、ヨーロッパの更新世中期でもっとも完全な頭骨の化石は、シマ・デ・ロス・ウエソスで発見された頭骨5とされている。多少なりと顔の保存状態のいいヨーロッパの更新世中期の化石には、ドイツのシュタインハイム、フランスのアラゴ、ギリシアのペトラロナのそれぞれ一個の化石がある。ネアンデルタール人の顔の形態を比喩でいうなら、かれらがオーバードライブだったのにたいして、かれらの祖先は二速か、せいぜい三速で走っていたことになる。祖先の顔の形質はあまり誇張されていなかったというか、そんなにうしろに「引っぱられて」いなかったのである。シマ・デ・ロス・ウエソスの頭骨5と、そのほかの化石にも親不知《おやしらず》の奥の空間があるので、ネアンデルタール人の祖先だったことがわかる。われわれは頭骨5のおかげで、ネアンデルタール人の顔の頭骨の進化にかかわる論争に決着をつけることができる。最初に紹介したふたつの仮説は部分的にあたっており、はじめに臼歯のサイズが小さくなって、そのあと顔が改造されだしたのである。シマ・デ・ロス・ウエソスの化石は、まさに進化のこの段階を示している。つぎのある段階で下顎骨の部分的な後退の過程がおこり、そのあと咀嚼筋が追加されたのだ。

グラン・ドリナから出土した八〇万年前の化石は、ネアンデルタール人と現代人の共通の祖先にもっとも近い。グラン・ドリナのもっとも完全な一一歳の子どもの化石が、のちのネアンデルタール人の顔よりずっと現代的だという奇妙な事実に注目しよう。この子どもの顔はわれわれに似て、すでに現代人の顔の形質をもっている。現代人が出現したときに、この顔は変わらなかったのだ。ネアンデルタール人から見れば、クロマニョン人はどう見ても子どもだったのである。ネアンデルタール人の頭骨をこまかく分析すると、かれらの形質の大部分が、フランスのビアシュ・サン・ヴァーストの遺跡で発見された約二〇万年前の二個の化石にもあることがわかる。ドイツのエーリングスドルフのようなほかの遺跡からも、ネアンデルタール人によく似た形質をもつ頭骨の破片が出土している。しかし年代は確実でなく、一二万七〇〇〇年前から一二万年前のあいだとされたり、約二五万年前とされたりするが、最後の数字があたっている可能性が高い。

結論としていえば、ネアンデルタール人の頭骨の形質は最初のうち目だたなかったが、そのあと更新世中期末にしだいに明確になったのである。おかげで、すでにふれた人類進化のふたつの説明モデルの有効性に、同時に決着をつけることができる。それは多地域進化説という仮説と、技術的・文化的結びつきが生物学的境界をこえて確立されたという仮説である。わたしは更新世中期のアフリカの化石にもアジアの化石にも、ネアンデルタール人の頭骨の形質が、初期段階としてさえ見あたらないと考える。わたしの結論は、ネアンデルタール人の祖先と同年代のべつの個体群とのあいだに遺伝子交換がなかったというものになり、かれらはヨーロッパで遺伝的見地から完全か、ほぼ完全に隔離された状況で進化しつづけたのである。

「エルヴィス」の骨盤《ペルヴィス》

頭骨はネアンデルタール人とクロマニョン人を区別する唯一の指標でなく、じっさいには体型とからだの比率で遠くからでも両者を区別できただろう。それでもネアンデルタール人は、一般に思われているほどサルに似ていなかったのだ。プロローグでふれた古人類学者マルセラン・ブールは、誤ってネアンデルタール人が垂直の姿勢でなかったと推定した。ブールは、化石の折れまがったひざと少し前傾した首を見ただけでかれらを再構成したことを非難された。ブールの誤りはラ・シャペル・オ・サンの骨格のいくつかの形質を、病気で生じた病理学的なものと見破れなかったことにある。

人間のからだの形状にとり組む研究方法のひとつは、からだを円筒とみることである。最初に円筒の重量・体積・表面積が、高さと直径に左右されると考えることにしよう。そうすれば表面積と体積の関係は変化する。この関係は体温を一定の高さに維持しようとする、哺乳類の体温調節にとって非常に重要である。直径が等しい二本の円筒では、どんな高さになろうと側面積と重量の比は変わらない。ところが直径が長くなればなるほど、側面積（分子）と体積（分母）の比は小さくなるだろう。比率から見て表面積が小さくなれば、寒冷な気候のもとで生きる動物に非常に適切な状態になり、かれらはさらに毛皮を使って体温を失わないようにする。温暖で乾燥した気候のもとでは、その反対のことがおこる。このばあいの理想は、円筒の直径が短くなることにある。針金なら直径によって表面積が変わるというだけの話だが、人間ではこの違いが非常に重要なことがある。たとえば、違う体格でおなじ体積と体重（七〇キロ）をもつふたりの人間を検討してみよう。それぞれのからだの表面積は体格によって大きく変わることがある。片方が長身でやせていれば、皮膚の表面積は背が低くて太っているほうの一・七倍も大きくなることがあるのだ。前者は寒冷な気候で大量のカロリーを失うだろうし、後者は温暖な乾燥した気候では、大きな努力をはらって汗を流しても体温の調節に苦労するだろう。

個人のばあいは腰の最大幅を測れば、からだという円筒の直径をだすことができる。輪状にした人間の骨盤は、両サイドと前方にある寛骨と、背後で骨盤帯を形成する仙骨とでできている。骨盤腔の最大の幅は、寛骨の両上端の腸骨のあいだの長さになり、この直径はまた胴の平均的な幅の近似値になる。円筒の高さのほうは、もちろん個人の身長で測定する。しかし、骨盤腔の幅と身長を同時に測れるような古い骨格は非常に少ないので、最後の手だてとして大幅に不正確な推定値にたよらざるをえない。ところが、この点でも奇跡的な幸運によって、シマ・デ・ロス・ウエソスから骨盤の資料が豊富に見つかっており、もっとも完全な男性の骨盤は「エルヴィス」と呼ばれている。

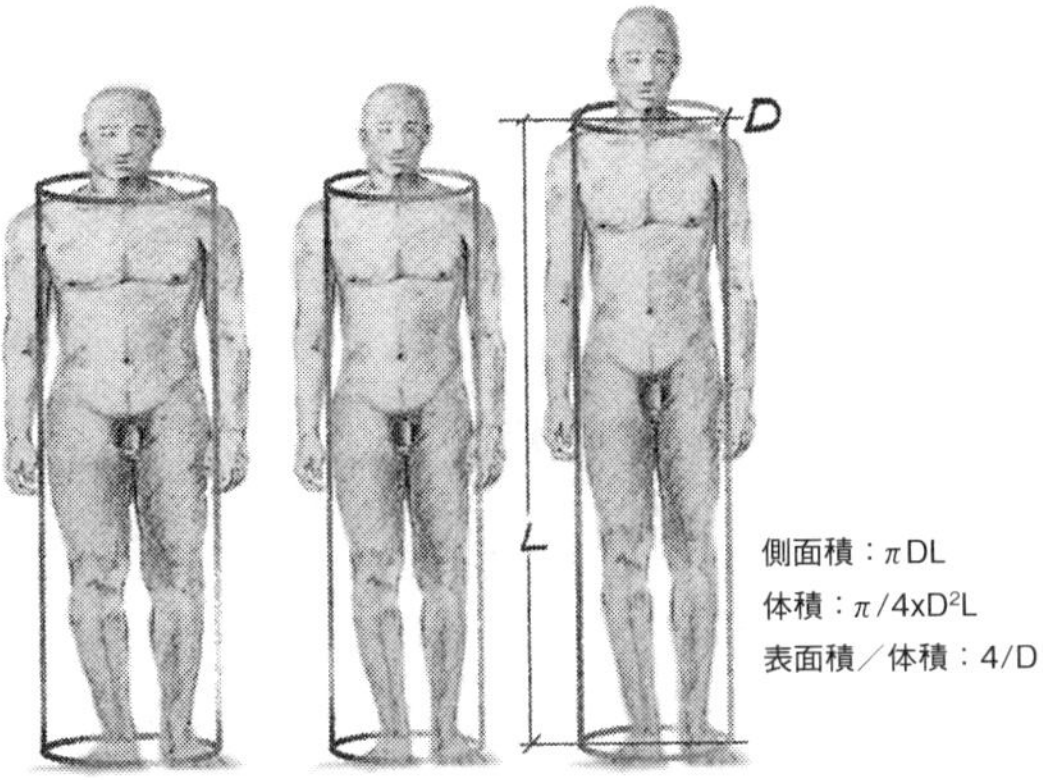

図11 円筒に見たてたからだ。相対的な体表面積は円筒の直径（D）が長くなるにつれて減少する。バーグマンの生物地理学のルールによって，寒冷な気候の個体群は温暖な気候の個体群より重くなり，体熱の消失を少なくする（Ruff & Walker 1993 による）。

わたしはホセ・ミゲル・カレテロやカルロス・ロレンソとともに、アタプエルカの人類化石で首から下の骨格がそろった資料を研究した。しかし、なかでもわたしがとくに熱中するのは骨盤であることを告白しておこう。それにわれわれのアタプエルカの発見のずっと前に、わたしの学位論文の主題となったのは骨盤腔だった。骨格のこの部分が選ばれることには正当な理由がある。われわれは骨盤のおかげで、人類の進化史上、直立姿勢が獲得されたことと同時に、この環状の骨を通過できる胎児の頭の大きさと分娩について研究することができる。またヒト科のさまざまな種の胎内における新生児の発育の程度を明白に学びとれる。そのうえ骨盤から化石の性別や死亡年齢までも知ることができるのだ。骨盤にはまた化石のヒト科の体重を推

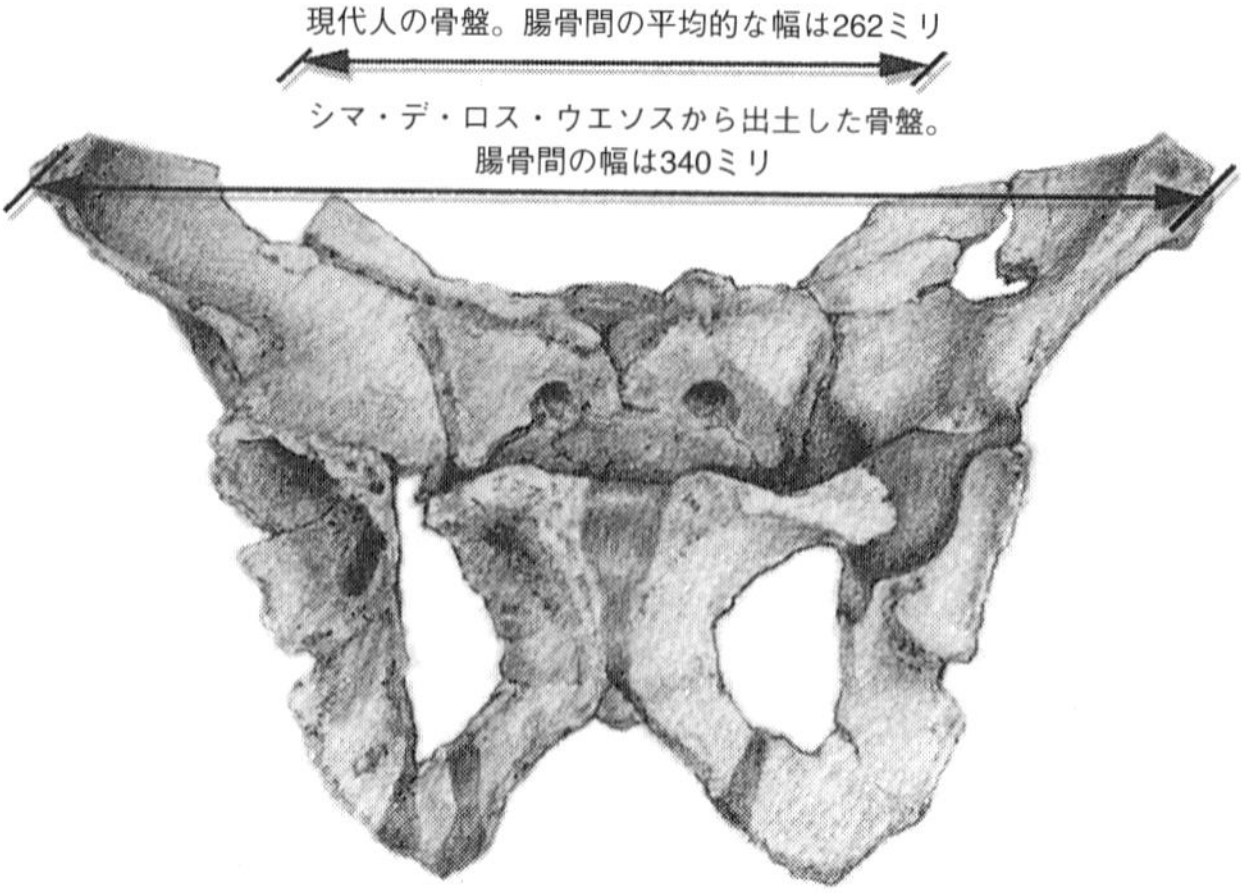
現代人の骨盤。腸骨間の平均的な幅は262ミリ
シマ・デ・ロス・ウエソスから出土した骨盤。
腸骨間の幅は340ミリ

図12　シマ・デ・ロス・ウエソスから出土した骨盤。異常な体力をもつ人類のものだが，個体群の規準には合致しない。この個体の背丈は176センチで，体重は約100キロだった。「エルヴィス」と命名されたこの骨盤は，知られるもっとも完全な骨盤の化石である。

定するキーがある。さらに骨盤の化石が極度に少ないという事情がくわわるので、人類進化を研究するには骨盤が頭骨とおなじく決定的に重要なことがわかるだろう。わたしは現時点では、骨盤は頭骨よりずっと重要だとさえいうだろう。

アメリカの古人類学者クリストファー・ルフは、人間では（太りすぎていない最良の体型の）個人の体重と、腰の幅と身長というふたつの変数のあいだに密接な関係があることを証明した。ひとたびこの関係が確立されると、生きている人間で算定された公式を化石に応用するだけで、もとの体重を知ることができる。ルフ、エリック・トリンカウス、トレントン・ホリデイが没頭したのは、このような仕事だった。

以下に、かれらの研究成果を見てみよう。ネアンデルタール人は現代人より非常に広い大きな腰をもっていた。それに反して身長はより低かったから、この体型の特徴を考えると、寒い気候に適応したとする仮説を採用したくなる。

かれらの前腕骨の尺骨や撓骨《とうこつ》と、下肢の脛骨はかなり短かったのである。厚い胴と短い前腕や下肢をもったネアンデルタール人は、クロマニョン人に頑丈そうな印象をあたえたにちがいない。この形態は哺乳類と人間で観察されたアレンの法則〔一八七七年にアメリカの動物学者J・A・アレンが発表〕に一致するように思われる。四肢（手足）は暑くて乾燥した気候帯で長くなり（たとえば赤道地帯）、北半球の高緯度ではより短くなる傾向があるというこの法則を一見すると、これまで暗示してきた側面積と体積の関係が、身体的な円筒の高さに影響しない点で矛盾する。しかし現実には矛盾しないのは、人間のからだはただ一本の円筒でなく、胴と四本の手足（さらには頭）という五本の円筒で成りたつからである。だから足と腕が長くなれば体重より体表面積に大きく作用し、放熱がより容易になるだろう。

　ネアンデルタール人で計算された体重はかなり重く、現代のどの人種の体重とくらべても平均的にまさっていた。男性の個体はたびたび八〇キロをこえたし、平均値は七六キロ前後だった。この体重から考えると、ネアンデルタール人の脳は体重に比例して、そんなに大きくなかっただろう。じっさいにルフらは、現代人より相対的に小さかっただろうといっている。

　わたしはある一点を明確にしなければならない。異なる体重をもつ近い種（たとえば哺乳類）をひとつのグループとして考えたばあい、体重の増加のペースは脳が増大するペースより早いことが観察されている。つまり動物が大きくなればなるほど、脳は相対的に小さくなるということだ。逆にいえば、ラットはゾウより相対的に大きな脳をもっている。多少なりと近縁の種の集団では、脳の重さと体重の関係を、$y=ax^b$という公式で表現することができる。yは脳の重さ、xは体重、aとbは胴の幅と身長を示す定数である。霊長類学者ロバート・マーティンが哺乳類で計算した結果、aは11・2で、bは0・76だった。ルフらによれば、ネアンデルタール人の脳はおなじ体重の哺乳類より（右の公式を使えば）四・八倍大きかったが、現代人の脳は予想値の五・三倍だった。以上の比率は脳係数として知られている。人類の種の脳係数は非常に高いのだが、現代人はそれより少し優位に立っている。本書の1章で説明したように、わたしは近縁種の頭蓋容量を比較するときになると、脳係数を使うことに慎重になる。知能レベルに変化がなくても、体温調節のようなさまざまな理由による体重の増減が、脳係数に作用するかもしれないからである。だから、わたしは種の進化の経路にとり組むほうを選ぶようにする。

シマ・デ・ロス・ウエソスで発見された骨盤の幅はかなり広い。またコレクションの何個かの大腿骨から見て、身長は一七〇センチと一八〇センチのあいだだったと推定することができる。身長と胴の直径からすれば男性の体重は重く、少なくとも九〇キロ以下ではなかっただろう。四〇万年前から三五万年前のアタプエルカの人類はネアンデルタール人とおなじく、現代人よりずっと発達した筋肉をもっていただろうから、わたしは実数で一〇〇キロに達していたとさえ考える。骨格の重量もまた、体重の約一五パーセントを占める現代人の骨格より重かっただろう。そこに脂肪を追加しなければならない。先史時代の人類は豊かな時期を待って、脂肪でエネルギーを備蓄した可能性が高い。だから良好な身体状況にあるプロのアスリートの体重と、先史時代の人類の体重を比較しても意味がないだろう。チータやライオンは最大速度を維持してガゼルやシマウマを捕獲しなければならない。これら高速の捕食者がスプリントを失えば、運命は決定的にならざるをえない。病気、怪我、老化などで早く走れなくなった獲物にもおなじことがいえる。しかし人類の狩猟能力はスピード記録でなく、力、耐久力、戦略、道具製作技術にもとづいていた。だからシマ・デ・ロス・ウエソスの人類は豊かな期間に大量の脂肪を身につけ、食料難の期間にやせほそったと考えるのが論理的である。

体重の重さを考えれば、シマ・デ・ロス・ウエソスの人類の脳は現代人やネアンデルタール人より小さかっただろう。このコレクションから一三九〇立方センチ〔頭骨4〕と一一二五立方センチ〔頭骨6〕という最大の頭蓋容量を選べば、おおよそ3・1と3・8のあいだの脳係数を推定することができる。しかし進化の経路にそって両者の知能を測ろうとすれば、年代的に古いヒト科の身体構成を知る必要がある。われわれが語れる最初の化石はアファレンシスのルーシーであり、彼女の腰の幅は低い背丈にくらべて非常に広かった。ハビリスの骨盤はまだ知られていないが、アウストラロピテクスに似た比率だったと推測することができる。エルガスターではナリオコトメの子どもの非常に完全な骨格があるが（WT15000）、これは八歳か九歳の子どもである。だから仮説だけをもとにして成体を計測する必要があり、じっさいには一八五センチまでの身長だったと考えられている。しかし最近、この子どもの脊柱が病気で短くなっていた可能性が指摘されたので、有効な計算ができなくなっている。やはり病気だったという仮説を無視して、身長を推定することは許されない。いずれにしても、われわれの問題にとって重要なのは、クリストファー・ルフとアラン・ウォーカーが、この個体を再構成したことである。そこでは細い腰と長い手足という細長い円筒が考えられており、この地域の現在の住民に似たバイオタイプ〔生物型〕が浮かびあがる。この類似性は暑くて乾燥した気候にたいする適応の結果だろうし、このことは約一五〇万年前のアフリカ人と現代人のあいだに、進化上の密接な関係があることを前提としない。これがあたっていれば、ヨーロッパに入植した個体群の成員はネアンデルタール人がくるまで、たぶん寒さにたいする適応として時間の経過とともに横幅を広げ、背丈を低くしたと推測できるだろう。またアフリカで進化したクロマニョン人は、のちのヨーロッパに細い腰と長い手足をもちこんだのだろう。

とはいえ、わたしは少なくとも骨盤（つまり腰）の幅については、おなじようには考えない。ナリオコトメの少年の骨盤腔は、信頼度の低い化石をもとに再構成されている。それを成人の骨盤腔に換算するには「拡大」が必要だっただろう。しかし本書の2章でふれたように、おなじ種の一個の単独の寛骨がシマ・デ・ロス・ウエソスの寛骨とあまりによく似ているので、両方の種の成人の体型は基本的におなじだったと考えることができる。わたしはここから、最後の二〇〇万年間にからだと脳の大きさに変化がおきた歴史を、以下のように再構成しようと提案する。すなわち頑丈な身体構成をもつエルガスターは非常に大きかったが、相対的に小さな脳をもっていただろう。人類はアフリカをでたあとも強い体質を維持したが、ヨーロッパの枝（ネアンデルタール人）とアフリカの枝（現代人）は独自に脳を大きくしたのだろう（このことは東アジアのエレクトゥスにはあてはまらなかっただろう）。ヨーロッパとアフリカの脳係数は、約四〇万年か三〇万年前に3から4に移行したのである。

そのあと、脳はふたつの枝で大きくなりつづけた。ネアンデルタール人の手足は寒さに適応して短くなり、からだの体積（胴の太さ）はたぶん低下しただろう。体重は軽く減少しつづけただろうから、脳係数は5に近づいただろう。アフリカの系統では身体構成が変化し、腰が狭くなって体重はネアンデルタール人よりずっと減少した。頭蓋容量はより小さかったが脳係数はふえつづけ、5より少し高いレベルに達しただろう。わたしは以上のデータから、ふたつの結論を引きだすことができる。ひとつはシマ・デ・ロス・ウエソスの化石と同時代のアフリカとヨーロッパの人類の脳係数は、ネアンデルタール人や現代人よりかなり小さかったということである。もうひとつは現代人の進化の系統が、ネアンデルタール人より発達した脳をもっていたとはいえないということだ。

イスラエルのプロトクロマニョン人の二か所の埋葬地から、現代人型の初期骨格が出土している。ジャベル・カフゼーの洞窟とスフールのロックシェルターのことで、どちらも約一〇万年前のものと考えられている。しかしアフリカにも、南端のクラシーズ川河口から出土した化石のように、それほど完全でなくても一五万年前から一〇万年前のより古い化石がある。古人類学の証拠では現代人の発生地はアフリカだとされており、この推定は現在の個体群を研究する分子生物学者のデータと矛盾しない。イスラエルの二個の骨格には現代人のバイオタイプと細い腰が見られ、どちらにも現代人の細い骨盤が明示されている。骨盤の測定では、最初に骨盤の上端で腸骨間の広さが測定され、より下方で二本の大腿骨の上端と骨盤を結ぶ寛骨臼の間隔が測定される。より幅広い腰は胴のより長い直径と関連し、現代人では暑さにたいする適応として狭くなったのだろう。このことは現代人のアフリカ起源説と両立する。しかし、骨盤の上部が狭くなるにつれて下部も狭くなり、二本の大腿骨の上端の間隔も狭くなったのだろう。われわれは二足歩行だから、この過程で長距離の移動にたいする生体力学的な大きな利点を入手したのである。われわれが歩くとき、胴と両足の全重量は骨盤に支えられる大腿骨の上端の空間で回転する。腰が細くなるにつれて重心は骨盤の近くに移り、ひと足ごとに要するエネルギーが節約されただろう。

それと同時にエルガスターの時代から太く重くなっていた骨は、初期現代人で大幅に軽くなった。長骨の骨幹内を走る髄管は広くなり、頭骨の壁は薄くなって、頭蓋隆起も消えるか劇的に小さくなった。ネアンデルタール人のほうは、異常な握力をもつ大きな手をもっていた。大腿骨と橈骨は大きくまがり、腕や足と大きな関節で結びついていた。ところが初期現代人の骨格は、すべての変化の結果としてずっと軽くなり、この変化につれて筋肉組織も縮小した。ネアンデルタール人と「アルカイックな」ヒト科（現代人と対比するために「アルカイック」という表現を使用する）の身体特徴はさまざまな解釈を要求するが、すべての解釈はライフスタイルに必要な強い体力を反映する点で一致する。

初期現代人の骨格重量が減少したことを、どのようにして説明するのだろうか。ライフスタイルが変わり、体力がそんなに重要でなくなったと答えるのは容易だろう。しかし、現代人の祖先の形態的修正は技術上の変化と一致しない。その証拠として、たとえばカフゼーとスフールの現代人は、ヨーロッパや中東のネアンデルタール人の道具と似たムスティエ文化型の石器を製作していた。のちに見るように、これらのネアンデルタール人は年代的に見て、クロマニョン人よりあとの人類だったのである。

ヨーロッパにやってきた最初の人類は、標準的なネアンデルタール人にくらべて大柄でやせていた。しかし子孫にくらべれば、まだ強力だったのである。旧石器時代のあいだ、身長と頑丈さはしだいに低下し、その過程は中石器時代と新石器時代のあいだにも変わらなかった。ヴィンセンソ・フォルミコラとモニカ・ジアンネッチーニの研究は、約一万八〇〇〇年前の氷期のピークがくるまえの後期旧石器時代の初期に、クロマニョン人の男性の平均的な身長が約一七六センチで、女性は約一六三センチだったことを証明した。この測定値は現代の西洋の個体群の数値とそんなに離れていない。しかし一万八〇〇〇年前から一万年前の後期旧石器時代後期になると、男女の平均値は一六六センチと一五四センチまで低下し、このペースは中石器時代に加速して一六三センチと一五一センチになった。このような傾向は一九世紀に逆転し、われわれの子どもはしだいに大きく、頑丈になっている。後期旧石器時代初期の祖先が伝えた遺伝子の潜在能力が、粗悪な食物と個体群の濃厚な近親関係のために現在まで抑制されていたのに、いまになって大手をふって爆発したかのようである。新しい世代のより良質の食料とより大きな移動力によって、われわれはまたクロマニョン人にもどっているのだろうか。

第二部　氷河時代の生活

第4章　にぎやかな森

あの感動的な反応、われを忘れたい欲求、緑の光のなかで、なにかわからないものを聞きとるために、あんなにたびたび立ちどまった誘惑。それらは荒れ地の魂がわれわれに伝えるもの、さらにはわれわれの魂をかすめるものからやってくるのだ。

ウェンセスラオ・フェルナンデス・フローレス『にぎやかな森』

オークの森のなかの霊長類

人間は現在、地球上の全域に住んでいる。人間がどこにでもいることは明白だし、もっとも多様な風景と気候のもとに住んでいることもたしかである。しかし、われわれが属するサルと霊長類という動物学のグループが、非常にかぎられた環境のなかで進化したことと、いちども汎存種〔全世界に広く分布する種〕に数えられなかったことに注意しなければならない。霊長類は六五〇〇万年以上にわたって森林で暮らしてきた。だから、人類は深い歴史的な関係で森林に結びついている。人類が霊長類となにを共有しているか、ほかの動物とどう違うかを考えてみよう。われわれが樹間で動きまわることができたのは、形態的な適応のおかげだった。人類をべつとすれば、ほかの霊長類はまったく木のない環境に適応することができなかった。かれらはそんな準備ができなかったのである。じつをいえば、このルールをはずれる何種かの霊長類がいる。たとえばエチオピア高原の草原にはゲラダヒヒがいるし、エチオピアとソマリアなどの乾燥した地溝帯にはマントヒヒがいる。また、西アフリカの木のない広いサバンナにはアヌビスヒヒとパタスモンキーが住んでいる。

現在のヨーロッパ大陸にも森林は繁っているが、人類以外の霊長類はいない。しかし、人類がやってくる以前の遠い過去には、霊長類がいたのである。そのころの気候はより温暖で、いまのような植物は見あたらなかった。これらの霊長類のなかでただ一種のサルだけが、現代人のようにヨーロッパの第四紀のきびしい気候を耐えぬいた。このバーバリーマカクも現在のヨーロッパでは絶滅したが、北アフリカではまだ自然環境のなかで生きている。いまのヨーロッパには、人間が人為的に導入した個体しかいない。

こんどは植物生物地理学の研究対象として植物の分布を考えながら、霊長類の地理的分布にとり組むことにしよう。地球上の植生を階層的システムにしたがって、相互に結びつく一連の単位にわけることができる。もっとも広いカテゴリーは「界」であり、そのあと「区」という区分がつづく。世界には六つの植物界があり、「旧熱帯界」と「新熱帯界」がほぼ完全に霊長類の地理的分布に一致する。旧熱帯界には、マダガスカルとサハラ砂漠以南のアフリカのほぼ全域がふくまれるが、「ケープ界」という名称で知られるアフリカ南端の植物界はべつとされ、そこにもサルが住んでいる。アジアでは旧熱帯界は、パキスタン、インド、バングラデシュが形成するインド亜大陸に広がっており、おなじくミャンマーと東南アジア大陸（タイ、ラオス、カンボジア、ベトナム）、および東南アジアの島々（インドネシアとフィリピン）が旧熱帯界に属している。

植物分布の「界」

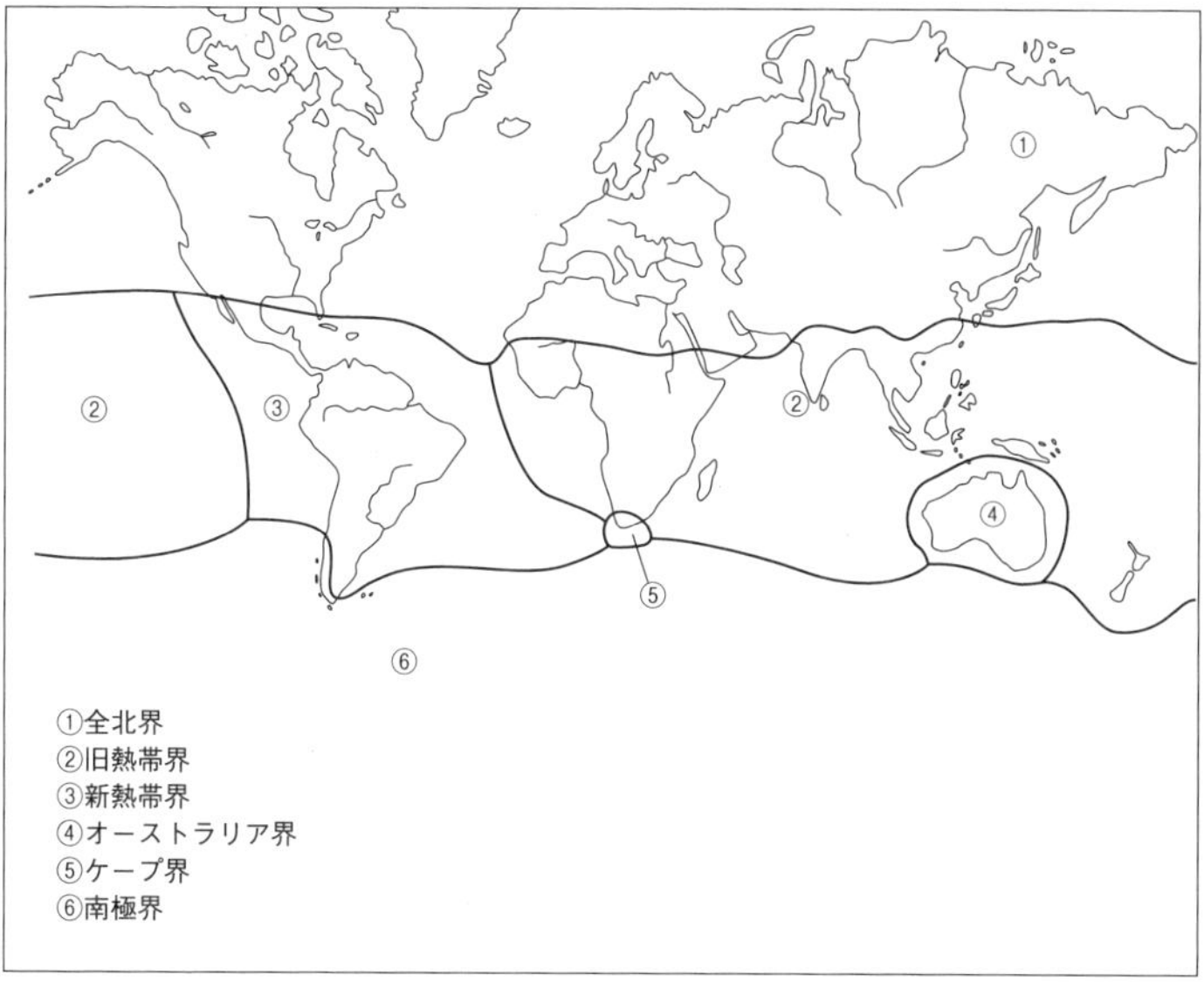

新熱帯界は中南米の全体をおおうが、南端は「南極界」の一部として除外される。旧熱帯界と新熱帯界は一様に暑く、大部分が北回帰線と南回帰線のあいだに位置している。熱帯以外にサルや類人猿がほとんどいない主因は季節的な気温変動にあり、この変動は赤道を離れるにつれて大きくなる。霊長類は果実、緑の葉、柔らかい茎と若芽、および昆虫がいなければ、長い期間を生きぬくことはできない。気候の季節的変動は地軸の傾きの変化の結果であり、この変化は小さくてもまったく見られない時期はなかった。しかし最後の数百万年の地球の寒冷化は、より劇的な季節的変動の結果であり、霊長類の現在の地理的分布のべつの主要な要因になった。気候の変動は季節の周期性を強め、寒暖のコントラストと、ときには季節の境目の突発的な交代感を強調する。それだけに、寒冷化という要因はいっそう重要になる。現在の赤道から離れた

土地の冬は、過去の冬よりも寒くなっている。

旧熱帯界と新熱帯界の北側には「北界」または「全北界」があり、北アメリカ、北アフリカ、ヨーロッパの全域と、旧熱帯界以外のアジアの全域がふくまれる。北界では霊長類は中国の一部、朝鮮半島、日本をふくむ東アジア地域にしか住んでいない。すでに書いたように、北アフリカにはバーバリーマカクが住んでいる。以上の地域をのぞけば北界にサルはいないが、風景は非常に多彩で、北極のツンドラ、北方針葉樹林、温帯性森林、地中海性森林、砂漠、およびステップがある。最後の「オーストラリア界」には、オーストラリアとタスマニアがあり、霊長類はここまで渡ったことがないのを指摘しておこう。

動物学者は地球上の広大な土地を、陸生の脊椎動物の種の地理的分布にしたがって界と区に区分する。一般に植物と動物の生物地理学の界と区が一致するのは、動植物の進化史が大筋で密接に結びついてきたからである。そもそも、すべての種には分散しはじめる以前に、中心的な原産地があったのだ。生物はどうして原産地以外の場所に住むようになったのだろうか。原産地以外の地域に住む生物には、まず祖先種か現生種が移住を求めた理由があり、さらに種の繁殖に必要な条件がそろわなければならなかった。これまで地球の陸地は地質学的変動を重ねて劇的に位置を変え、深い地殻の力の作用にしたがって離合集散した。生物の地理的分布は地殻の地質史を教えてくれる。

動物学者は生物地理学の界を「新界」「北界」「南界」という三つに区分する。中南米にあたる第一の新界は、数百万年にわたって島大陸だったので、動物相は完全に異質だった。三五〇万年前か三〇〇万年前にパナマ地峡が南北アメリカを陸つづきにしなければ、例外的な動物相でありつづけただろう。この地質学的な出来事で動物相は変化し、南アメリカにいた多くの動物が北アメリカからきた捕食者や競

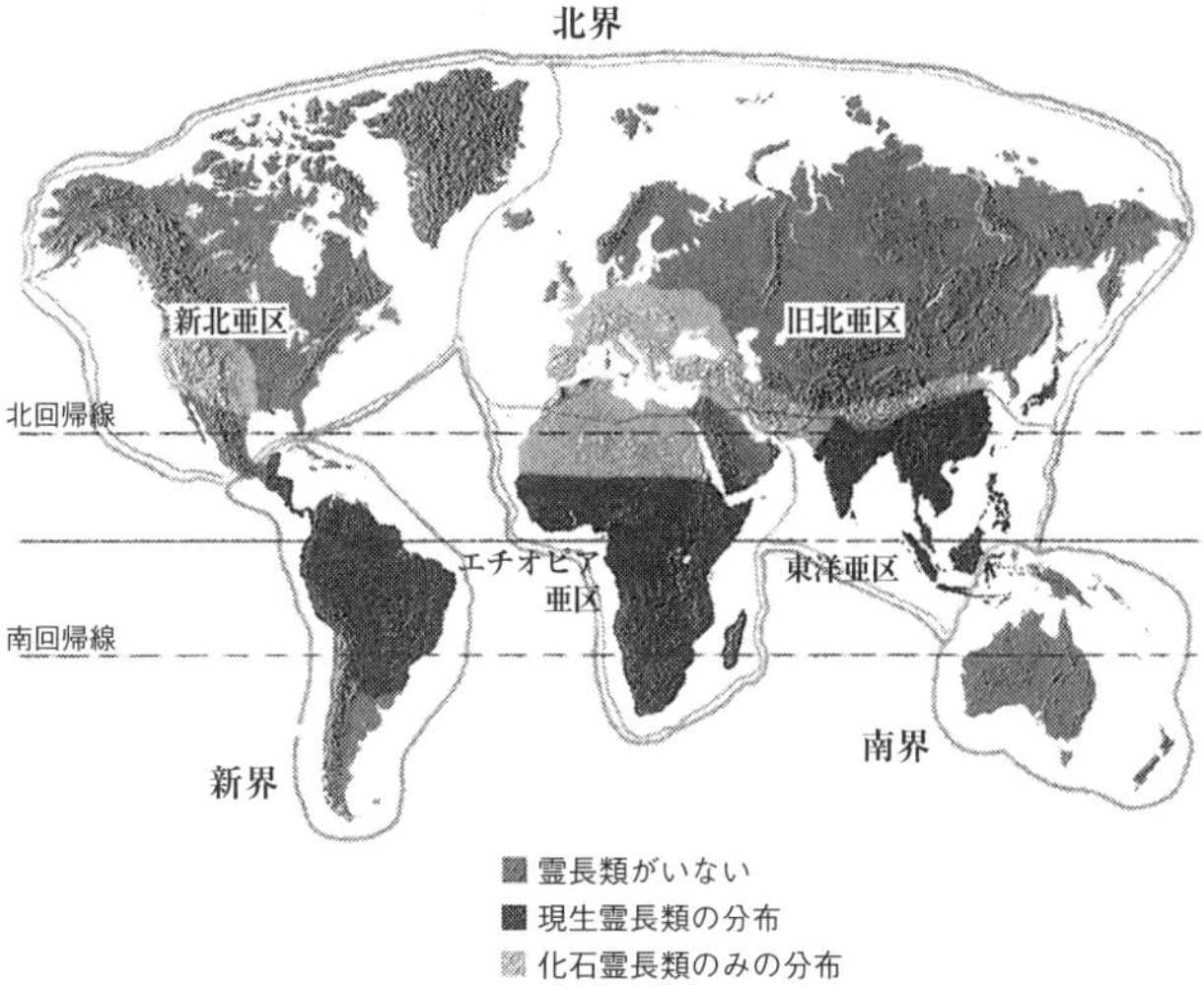

図13 現生霊長類と化石霊長類の分布。動物界と北界の境界も示されている。現生霊長類はふたつの熱帯地方を中心に生息するが，化石霊長類は過去に温暖だったはるか北方でも発見される。

合種のせいで絶滅した。絶滅しなかった南アメリカの種のなかにオマキザル類がいる。オマキザル類が最初に南アメリカにたどりついた方法については、これまで十分に説明されたことがなかった。たぶん数頭の個体が強烈なトロピカルストームのあと、倒木に乗ってアフリカの川をくだり、海にでて大西洋を横断したのだろう。

第二の北界には、ユーラシアの全体、アフリカ、北アメリカがふくまれる。動物学者はそれをさらに四つの大きな亜区に区分する。北アメリカの「新北亜区」、ヨーロッパ、北アフリカ、アジアのほぼ全域をふくむ「旧北亜区」、地中海周辺をのぞくアフリカ、アラビア半島、マダガスカルをふくむ「エチオピア亜区」、アジア大陸の南と東の熱帯地区、インドネシア、フィリピンをふくむ「東洋亜区」という四つの亜区である。霊長類はエチオピア亜区と東洋亜区に住み、バーバリーマカクとニホンザルをのぞけば新北亜区と旧北亜区には住んでいない。

第三の南界は、オーストラリア、ニューギニア、タスマニア、インドネシアの島々で構成される。この南界の動物相は、過去の長い分離の結果として大きく異なっている。人間をのぞけば、ウォレス線をこえた霊長類はほとんどいない。ウォレス線とはアルフレッド・ラッセル・ウォレス〔一八二三～一九一三、イギリスの博物学者〕が、東洋亜区と南界のあいだに提示した境界線のことである。

わたしはヨーロッパの植物相と動物相を総合して、バイオーム〔生物群系〕として知られる生態学的な大規模な単位に区分することを提案したい。この単位は風景の一般的な表示《ディスクリプタ》に相応する。まず北のバイオームには樹木のないツンドラがある。ツンドラに生息するもっとも典型的な哺乳類には、トナカイ、ジャコウウシ、ホッキョクグマ、多種類のノウサギ、ホッキョクギツネ、レミングなどがおり、小型げっ歯類のレミングの個体群は三～四年ごとに爆発的に急増する。以上の哺乳類はいずれも極周辺に分布したか、いまも分布しており、つまりユーラシア北部と、北アメリカからグリーンランドにいたる地域に住んでいる。ツンドラの南側では、タイガまたは北方針葉樹林帯が極をとりまく二次的な輪を形成する。タイガに典型的な哺乳類は、ヘラジカ、ワピチ、クズリなどであり、のちに説明するイタチ科の食肉動物クズリは、タイガに住む代表的な哺乳類である。ツンドラとタイガの動物種が極周辺に分布するのは、ユーラシアと北アメリカが非常に近いことによっている。両者はともに北極圏の高緯度に位置し、とくにシベリアの東端とアラスカの西端はベーリング海峡をへだてて至近距離にある。のちほど氷河時代に重要な役割をはたしたベーリング海峡にふれることにしよう。

ヨーロッパののこりのほぼ全体は、落葉性の温暖な森林か常緑性の地中海性森林におおわれている。のちにイベリア半島の二種の森林に話をもどすので、ここではそれらの森林に住む動物の種にはふれないことにしよう。ヨーロッパ東部から中央アジアと中国を経由してモンゴルにいたる地域には、広大なステップがつづいている。この草の海に住むもっとも典型的な動物には、モウコノウマともう一種のウマ科のオナガー、サイガやモウコガゼルとそのほかのガゼル類、イタチ科のステップケナガイタチ、アレチネズミのような数多くのげっ歯類、ナキウサギのようなウサギ類がいる。さらに南下すると、ステップがゴビ砂漠に変わるあたりに、最後の生きのこりの野生のフタコブラクダが住んでいる。

われわれは動植物の分布の調査結果から、すべての大陸の生活に適応した人間をのぞけば、ヨーロッパ大陸には霊長類に適した生息域はないと結論せざるをえない。すでに理解したように、アフリカ原産の霊長類グループのヒト科がヨーロッパにきたのは、比較的最近のことだった。かれらはアフリカの熱帯雨林で進化の揺籃期をすごしたあと、明るい森林と、低木や樹木の密生した開けた環境で人類になったのだ。アフリカは人類の最初の家であり、長いあいだただひとつの家だった。ヨーロッパについた人類は、先祖伝来の故国アフリカと大きく違う生態系に適応しなければならなかった。これもすでに理解したように、人類がヨーロッパに住んだときから、現在のような温暖な気候が、非常にきびしい長い寒期といれかわるようになった。気候の寒暖の変動で、動植物の生活はなにからなにまで変化した。要するに人類は、アフリカの森林しか知らない霊長類でいることはできなかったのである。ヨーロッパについたときから人類は大きく数をへらし、熱帯でない気候のなかで生き方を学ぶしかなかった。ヨーロッパにわれわれがいなければ、現在のスペインのオークの森やマツ林やブナの森に霊長類はいなかっただろう。

しかし、人類の進化が展開されたイベリア半島の環境をもっとよく知ってもらおうとすれば、植物のコミュニティという風景の生き生きした部分を、さらに目に見えるように説明しなければならない。

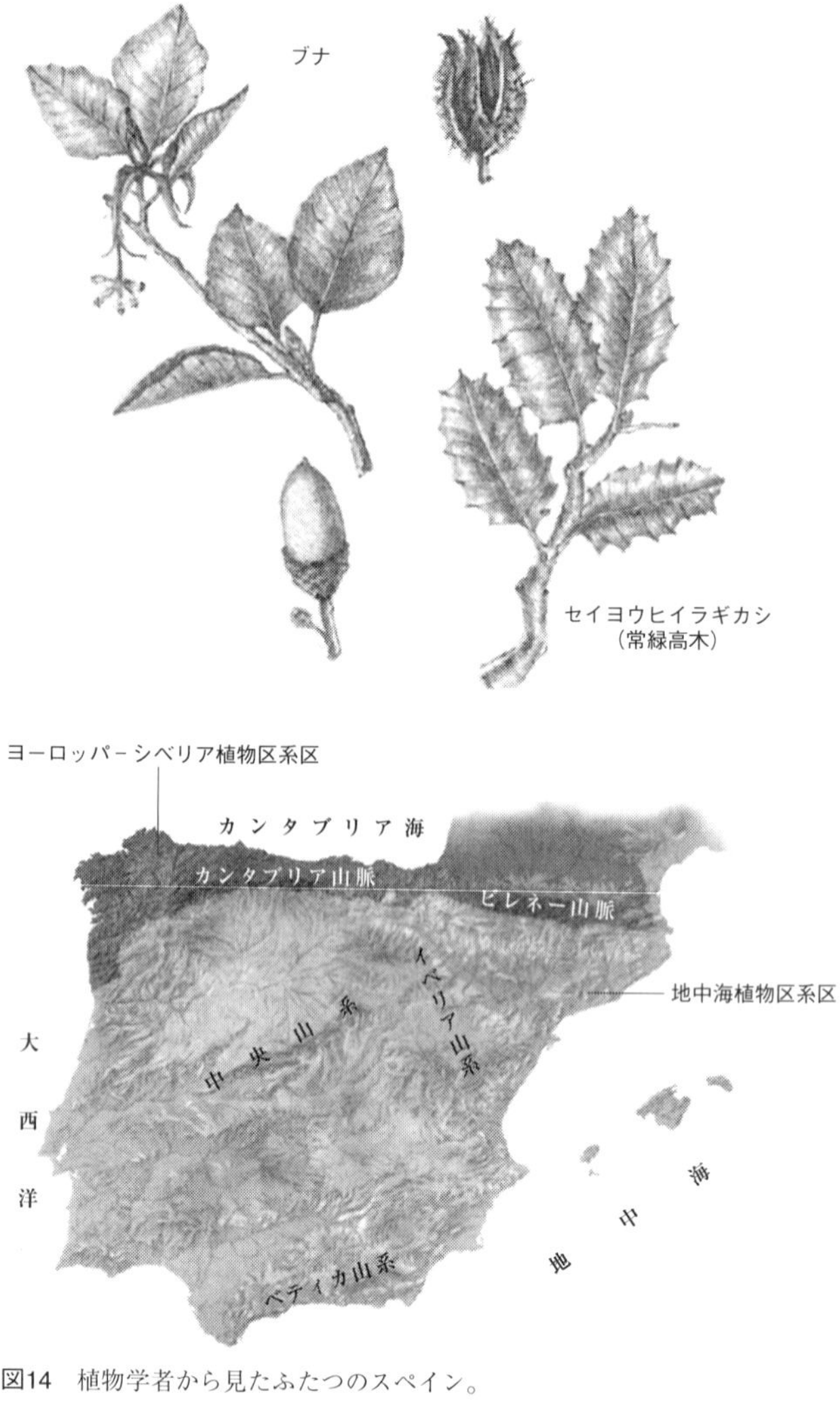

図14　植物学者から見たふたつのスペイン。

現在のスペインの植生のアウトライン

かつてイベリア半島の表面積のほぼ大部分は、森林におおいつくされていた。そのあと人間が火や斧を使って広い空間を切り開き、畑をつくり、家畜を飼育し、木材を使って仕事をした。農業活動や飼育活動による森林破壊は新石器時代からはじまり、そのあとも途絶えることがなかった。破壊活動は二〇世紀のあいだ、強く推進されさえした。しかし森林が攻撃を受けるまえは、過去に住んだ人類の種が、住みかの植生や風景を変えたことはほとんどなかった。人類は狩りをし、植物性の食品を採集して、分散した小さな集団を形成した。しかし、この時代に実現していた自然との調和は永遠に失われた。キリストの同時代人だったストラボン〔前六四頃〜後二三頃、ギリシアの作家〕のものとされる文章によれば、イベリア半島は森林でおおわれていたので、リスが木から地上におりないで半島を端から端まで渡れたほどだったという。これは冗談だが、ストラボンの時代には穀物畑や牧草地が自然の植生をかなり侵害していたとしても、森林が現在より広く半島をおおっていたことはたしかである。

植物学者は、スペインとポルトガルの「使命」は森林地帯でありつづけることだという決まり文句を使用する。かれらがいうのは、土壌が「要求する」基本的な植生はいずれにしろ森林だということだが、なかには木がまばらだったり、なかば破壊されたりしている森林もある。また一年の大半にわたって土壌が永続的に凍りつく高山の山頂は、樹木が生育しない唯一の場所となっている。そこで生きのびる植生は、低木叢林、アルパイングラス、夏になると湿地帯に生える草くらいのもので、なんとなく北極に近いツンドラの風景を連想させる。ツンドラでも山頂でも、もっとも暑い月の平均気温が一〇度をこえない場所では森林は消滅する。一般に森林の限界標高は、ピレネー山脈で海抜二三〇〇メートル、カン

スペイン全図

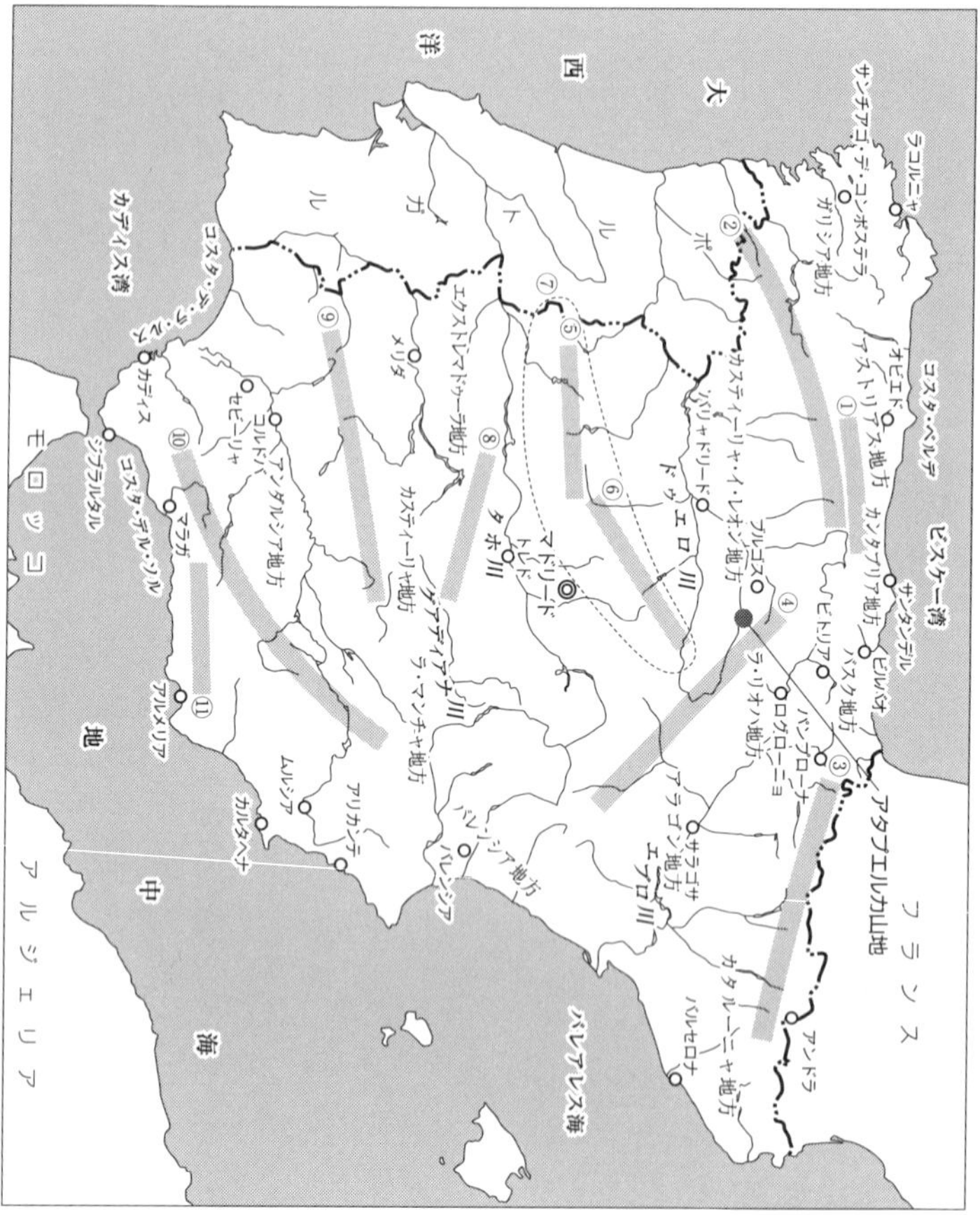

①ピコス・デ・エウロパ
②カンタブリア山脈
③ピレネー山脈
④イベリア山系
⑤グレドス山脈
⑥グアダラマ山脈
⑦中央山系
⑧トレド山系
⑨モレナ山脈
⑩ベティカ山系
⑪シエラ・ネバダ

タブリア山脈では約一七〇〇メートル、ベティカ山系、イベリア山系、中央山系では二〇〇〇メートルあたりに位置している。

さらにイベリア半島のいくつかの地域では雨があまりに少ないので、樹木はかろうじて生えているか、たがいに遠く離れている。そうでなければステップに似た風景を形成するにすぎない。アリカンテやムルシアと、とくにアルメリア（なかでもガータ岬地方）のような半島南東部の不毛の土地が、まさにそれに相当する。樹木がないのは強い暑さのせいでなく、水分がないことによっている。それでも灌漑施設を設置すれば、このような土地でも熱帯性植物の栽培に向くようになる。エブロ川中流域のいくつかの地方にも極度に不毛の土地があり、そのうえ大陸性気候に特有の冬の霜がおりる。ロス・モネグロス周辺の土地が、その好例となっている。もともと森林にあまり向かない土地の自然の不毛性が、不幸にも人間の破壊活動で強まったのである。

古い「ヒスパニア」〔イベリア半島の古代ローマ時代の名称〕の植生を、イベリアの境界をこえて広がるふたつの大きな植物区系区にわけることができる。最初の「ヨーロッパ－シベリア植物区系区」は、バスク地方の海岸、カンタブリア山脈、ガリシア、ポルトガル北部、ピレネー山脈にかけて広がっており、つぎの「地中海植物区系区」はのこりの部分をおおっている。ヨーロッパ－シベリア植物区系区のスペインは、北方という地理上の位置と、雨を運ぶ大西洋に近いせいで、一般に乾燥して暑い地中海地方より涼しくて湿度が高い。そこで優勢なのは、ブナ、オーク、カバ、ハシバミ、カエデ、ニレ、シナノキ、ナナカマドのような、季節によって葉をおとす広葉落葉樹である。これらの種は秋になると葉をおとすが、夏のあいだ湿度を失わない土壌を最大限に活用する。これらは「本体」が乾燥しても「根に湿度を要求する」樹木である。湿度の高いスペインの森林の風景は、季節の周期性を忠実に反映する。冬に裸になる木々は、春と夏がくると緑になり、秋には褐色に変化する。

落葉樹の森林の上方では、ピレネー山脈にモミとクロマツのような針葉樹林帯の広大な広がりがある。しかし下方に移ると、低い標高でモミとブナが混在している。クロマツはときにピレネー山脈の標高二三〇〇メートルの地点でも見かけるので、半島でもっとも高地に生育する樹木になる。これらの森林を構成する種は同一ではないが、森林の個体群を一見するとタイガの針葉樹の、細部でなく無限の広がりと比較することができる。タイガはユーラシア北部と北アメリカ北部の寒冷な土地で、ツンドラと接している。

バスクとカンタブリアの境界やガリシアの沿岸では、ストローブマツののこるレオン山脈とパレンシアの疎林をのぞけば、自然状態のマツの森は見あたらない。ガリシアのカイガンショウの森には自然発生らしいものもあるが、たぶん何回にもわたる再植林で豊かになったのだろう。じっさいにイベリアの大半の地に、数多く植樹されたカイガンショウが繁っている。カリフォルニア州原産のモントレーマツは、バスク地方の広い範囲にわたって生えており、ギプスコアでは森林の表面積の四六パーセント、ビスカヤでは六二パーセント近くを占める。これら自生でない森林は、ほかの針葉樹やオーストラリア原産のユーカリノキの広大な植林地とおなじく造林地だから、現実には森林として考えることはできない。こうした森林の生物多様性は、自然発生の森林にくらべてかなり劣る。自然発生の森林は山火事さえおきなければ、あらゆる意味で大きな価値をもっている。

わたしは再植林のせいで、バスク地方のビスカヤ県の多くの伝説が消えたことを知っている。たとえばビスカヤ県ディマ市の小さな町サマコラの住民たちは、すぐれた先史学者で民族学者だったホセ・ミゲル・デ・バランディアランに、年老いた異教徒の神がキリスト教の教会の鐘の音を聞いて逃げだしたそうだと語ったという。この地には「異教徒の橋」という自然の大きな石橋があり、バスク人がくるまえにいたという巨人族がつくったと思われていた。石橋は伝説的な過去を証明し、その近くにはバルソラという二か所の開口部をもつ洞窟がのこっている。その付近にアクスロルという先史時代の遺跡があり、バランディアランはここでネアンデルタール人の化石がのこるロックシェルターを発見したのである。わたしは一二、三歳ではじめてこの遺跡を訪問したとき、モントレーマツやユーカリノキがガルトクサゴリのような伝説の神の逃亡の原因になったと考えた。この小さな神は森の主のバサジャウムや、エレンシュゲという人を殺すヘビや、バスクの山々の洞窟に住む女神マリから、善良な村人たちを救ったのだった。バスク地方の神話の登場人物たちは、現在の単調な風景のなかに住居を見つけることができなかったのだ。モントレーマツとユーカリノキの変化にとぼしい植林地では、鳥の声も聞こえないし、シダも生えていない。魔法と謎は消えうせ、霧はもうブナやクリやオークの枝にかからない。

イベリア半島の地中海地方では、それほど多種類の木は見られない。それに反して森林の密度は足をふみこめないほどであり、小灌木や低木の下草は落葉樹の森よりずっと多彩である。支配的なセイヨウヒイラギカシとコルクガシは、小さな気孔のついた厚いクチクラでおおわれた、小さくて平たい堅い葉をつけている。この種の葉は夏の乾燥につきものの水分の消失にたいする適応であり、広葉樹の森は乾燥に耐えることができない。セイヨウヒイラギカシとコルクガシは常緑樹で、極寒の時期をのぞけば活動を中断することはない。だからオークの巨木のある風景は、湿度の高い森ほどはっきりと季節的な周期性を反映しない。

不毛の地方では、かならずオークの森がべつの種類の針葉樹にいれかわる。たとえば砂と粘土の土壌、砂利と小石の土壌、岩が露出した土地、および冬のきびしい寒さと夏のひどい暑さが対照的な大陸性気候の地帯では、オークの森は見られない。このような土地ではセイヨウヒイラギカシも、マツ、プリックリージュニパー、フェニキアジュニパーのような針葉樹と交代する。乾燥と熱に強く、土質にあまり関係しないアレッポマツとカサマツには、とくにふれておく必要がある。わたしの好みのスペインジュニパーについても書いておこう。このヒノキ科の針葉樹は恐ろしく禁欲的で、寒さと暑さと乾燥によく耐え、裸の土地でも生育する。半島の中心部の荒れ地の荒涼とした風景では、スペインジュニパーの明るい森が、渋く野生的で美しい色調を見せている。

しかし乾燥した地方と湿度の高い地方という区分は、そんなにはっきりした分類方法ではない。じっさいにカンタブリア地方の海岸では、非常に乾燥した土地と同時に、冬の凍結のない海の近くにセイヨウヒイラギカシの広々とした森がある。その反対に地中海地方にも落葉樹の森があり、一年をつうじて湿度が維持されている。たとえば、マドリードとセゴビアとグアダラハラのあいだのソモシエラ・アイロン山塊と、東のほうのタラゴナとカステリョンのあいだのベセイテ港の山々には、まだブナの森がのこっている。

おなじく、ふたつにわけたスペインに針葉樹が生えている。イベリア山系では、ソリアのセボレラ山とテルエルのグダル山にクロマツの小さな森があり、イベリア山系、中央山系、ベティカ山系には、ストローブマツが広く分布する。ピレネー山脈と、夏の乾燥がストローブマツの生育を不可能にする半島の東半分の山々では、クロマツの森が広がりを見せている。クロマツは地中海地方の中程度の高さの山々と、高山の寒くて乾燥する条件により適応する。

地中海地方の中央部にあるヨーロッパ－シベリア植物区系区の飛び地で最良の実例は、有名な針葉樹のスペインモミで構成される森である。特殊な種であるスペインモミは、マラガ地方のベルメホ山やニエベ山と、カディスのピナル・デ・グラサレマ山で生きのびており、降水を集めるに適した起伏をもつ、風雨のあたらない山岳地帯に集中的に生えている。この種の保存は絶対的な優先事項であることはいうまでもない。

このほか地中海イベリア地方の川岸では、土壌の湿度を利用して、ポプラ、アッシュ、ニレ、ハンノキの森が落葉樹とおなじ突端部を構成する。川の流れが不規則になる場所では、川岸の森はセイヨウキョウチクトウとギョリュウの小さな森にかわる。

生態学的視点から見て、二種類の森でイベリア半島の何種かの樹木の中途半端な性質がよくわかる。それはピレネーオークとガルオーク（小型のダーマストオーク）の森のことであり、ガルオークはセイヨウヒイラギカシにかなり似ている。この二種の樹木はヨーロッパ－シベリア植物区系区の地域と地中海地方で森林を形成しており、いずれも枯凋性である。つまり秋になると落葉樹のように葉を枯らすが、大半の葉は春の芽吹きを待ってから落葉する。

この中途半端な樹木の性質を考えると、イベリアの植生を大西洋勢力圏と、優勢な地中海勢力圏にわけるのが現実的な判断かもしれない。そこにさらに生態学的に見て中間的な性格をもつ、亜大西洋勢力圏か亜地中海勢力圏に属する半島内の広い地帯を追加することになるだろう。その意味ではイベリア半島が、連続的な平野でないことを認めなければならない。植生に見られるように一様性がないために、湿地帯と乾燥地帯のあいだの漸進的な移り変わりが見られないのである。つまり土壌と気候の多様性と同時に、山岳地形学的な複雑さが風景の多彩さを強めている。スペインは現在もなお、EU諸国のなかで最大の生物多様性を示す国となっている。この主題については、エドゥアルド・エルナンデス＝パチェコの著書の美しいパッセージを引用することにしよう。

「一般的な意味でも特殊な意味でも、ヒスパニアの起伏を特徴づけるのは、切り立って険しい、人を寄せつけない岩でおおわれた変化の多い山々の景観である。半島の端から端にかけて、つまりピレネーの高峰からアンダルシアのアルプハラス山岳地帯にかけて、また雨の多い青々としたガリシア地方からアルメリアの乾燥した不毛な海岸にかけて、さらにカタルーニャの高い丘陵からポルトガルの大西洋側の暗礁にかけて、山脈と山塊が相互に連綿としてからみあっている」

第四紀の先史時代の狩猟者は、この生態学的多様性のおかげで、狭いテリトリーのなかでもたいてい多種多様な動物を見つけることができたのだ。獲物は岩場や山頂に典型的に見られる動物や、森林と草原に住む動物や、草の生えたサバンナに住む動物たちだった。この多種多様な生息域が一か所の遺跡で結びつくので、研究者たちは化石をただ一種類の環境にまとめることができない状態でいる。それは捕食者や人類が、多様なコミュニティの草食動物を集めて消費した痕跡かもしれない。一例としてアルタミラでは、トナカイの化石といっしょに、森林に住む典型的なシカ科のノロの化石を見ることができる。トナカイはむしろ、タイガと境を接するツンドラにいたと考えられている。

失われた世界

以上に書いたように、現在のスペインの植物相は気温と降水量という気象条件に支配されている。しかし植物相は気温と降水量の年間平均だけでなく、月ごとの降水量の配分と氷点下の気温の配分でも決定される。たとえば地中海地方で猛威をふるう夏の非常に長い乾燥期は、ひとつの決定的な気象条件になる。気象条件については、植物のコミュニティは北か南かという緯度と、山か海かという標高でも変化する。だから、地中海から北極に向かうときに一連の気候と植物のコミュニティがつづくことを理解するには、山の高さに目をむければ十分だろう。山頂の植生と北方の植生を比較できるようにするのは段階的な標高と緯度の区割りであり、過去のイベリア半島では、この両方の並行関係が顕著に見られたものだった。現在の気候では高い山に避難所を求める何種かの植物が、はるかに寒冷な気候の期間には低地に生えていたのである。

植物の種の分布ではまた、土壌のタイプが基本的な役割を果たすべつの要因になる。植物のなかには下層土に関係しない種類もあるが、ダーマストオークやスペインクロマツのように、半島に広く露出する石灰石の土地に生育するものがある。その反対にピレネーオークやレジンパインのような多くの木は、石灰分のない土地で繁ろうとする。いずれにせよ土壌のタイプは、最後の一〇〇万年間にも実質的には変わらなかったのである。イベリア半島の植生はもっぱら気候上の変動に応じて変化してきたのであり、人類という要因がかかわったのは数千年前からのことにすぎない。

包括的に見れば、二四〇〇万年前から五〇〇〇万年前までの中新世の気候と、五〇〇〇万年前から一七〇万年前までの鮮新世の気候は、一七〇万年前以後の第四紀の気候よりも温暖だった。湿度もまた第四紀以前のほうが高く、その結果、イベリア半島の植生は現在とはまったく異なっていた。いわばより「熱帯性」だったわけであり、さまざまな種類のサルや類人猿が住んでいたのである。

中新世と鮮新世のイベリア半島では、オーク、ブナ、アッシュ、シラカバ、ハシバミ、ハンノキの森が、現在では見られなくなった多くの種の木と共存していた。しかし人間が保護したカナリア諸島、アゾレス諸島、マデイラ島のようないくつかの地帯では、いまだに「雲霧林」〔熱帯山地の上方にある森林〕と呼ばれる、氷期以前の半島の森林を思わす「熱帯性」の植物群落を見ることができる。これらの樹木はゲッケイジュに似た厚いクチクラをもつ堅くて光沢のある常緑の葉をつけており、年間の安定した温暖な気候と、雨と霧による恒常的な湿度を必要とする。現実のスペインでは、こんな条件が満たされることはないが、氷河時代の寒さが変動した時代には、さらに満たされなかったのだ。ゲッケイジュは、よく霧がかかり、独特のミクロクリマ〔微気候〕を形成するカディス地方の南の斜面など、とくに好適ないくつかの場所には生えていても、森をつくるまでにはいたっていない。ツツジ科のアルブツス属のマドローヌも第三紀の常緑広葉高木林の残存種であり、ゲッケイジュとおなじくカナリア諸島に近縁種が生えている。失われた第三紀の世界のべつの残存種はロロ（ゲッケイジュの仲間）という低木で、これまたイベリア半島とカナリア諸島で繁茂し、温暖で湿度の高い避難地をつくっている。最後に鮮新世のスペインの山々には、現在では庭園に植樹されるセコイアオスギも生えていたのである。

イベリア半島の氷河時代

ヨーロッパの気候は二万一〇〇〇年前から一万七〇〇〇年前までの最寒冷期のあいだ、非常にきびしかったにちがいない。海洋の水位は現在とくらべて、一二〇メートルも低くなった。三キロメートルの厚さの氷冠がスカンジナビア半島をおおい、イギリスでは一・五キロメートルの、アイルランドでは二キロメートルの厚さの氷河ができた。氷山はリスボンまで南下し、イベリア半島の年間平均気温は、現在より一二度Cから一八度Cも低かった。この気温の低下の意味を理解しようとすれば、つぎのように考えてみることだろう。つまり年間平均気温が北に二〇〇キロいくごとに一度Cさがり（緯度温度勾配）、大西洋から東に経度で一〇度離れるごとに一度Cさがり（経度温度勾配）、さらに山に一五〇メートルのぼるごとに一度Cさがる（標高温度勾配）ということである。この気候の変動の範囲をごく単純に説明すれば、半島が北に二〇〇〇キロ移動し、標高が一五〇〇メートル高くなったようなものだといえるだろう。

　イベリア半島を北に二〇〇〇キロ移せば、マドリードはスコットランド北部とおなじ緯度になる。緯度の差をべつにしても、イギリスの最高峰はスコットランドのネス湖の南側にあるベンネヴィス山であり、標高は一三四三メートルにすぎない。それにたいしてスペインの多くの山頂は、この高さをこえている。気候はいずれにせよ緯度、標高、大陸度（海からの距離）のような基本的要因だけでは決まらないので、海流もまた考慮しなければならない。海流の重要性を説明するために、ふたたびアイルランドとイギリスという島々にもどることにしよう。ふたつの島は北緯五〇度と六〇度のあいだにあり、カナダのラブラドル半島やハドソン湾の一部とおなじ緯度に位置している。ヨーロッパの大西洋側の気候が北アメリカの大西洋岸より温暖なのは、メキシコ湾流が延長部分の北大西洋の海流を経由して温かい海水を運んでくることによっている。ところが北アメリカの海岸は、北極からくるラブラドル海流の冷たい海水に洗われる。気候にたいする海流の影響は大きいので、学者のなかには三五〇万年前から三〇〇万年前のパナマ地峡の出現を、地球の全体的な寒冷化のはじまりに結びつける人たちもいる。しかし地域によっては、全体的な寒冷化が二八〇万年前におきたことが、明白に検出される場所もある。パナマ地峡が南北アメリカを結んで太平洋と大西洋を切り離したので、大洋の海流に劇的な変化がおこり、北の大地に大きな氷河ができたのだろう。

　ヨーロッパの最寒冷期の年間平均気温は、標高七〇〇メートル以上の高地では三度Cをこえなかったように思われる。イベリア半島でも、もっとも高い山々の山頂を万年雪がおおっていた。万年雪が山腹のどのあたりまで降りたかを正確に判定することはむずかしいが、この境目は氷期のインパクトをあらわす直観的な方法なので、いくつかの数字を示すことにしよう。レオン山脈やピコス・デ・エウロパでは、標高一五〇〇メートル以上の高さに大量の万年雪が堆積していたように思われる。中央山系西端のエストレラ山脈でも、雪の境目を確定することができるだろう。東のほうでは、グレドス山脈の境目が一七〇〇メートルの地点に達し、グアダラマ山脈では二〇〇〇メートル近くに達しただろう。シエラ・ネバダの境目ははるかに高く、平均高度は二四〇〇メートルだったと推定される。ピレネー山脈では、西側の地域で標高一五〇〇メートルでおわり、東側の地域では二一〇〇メートルで途切れただろう。万年雪の境目は西から東に並ぶ大きな山脈で高くなり、その高さは大西洋の影響の減少と並行していた。つまり、降雪の強弱と降雪頻度の減少に一致していたのである。

高山のとくに圏谷《カール》〔氷河にけずられた窪み〕や段丘にたまった雪は、ゆっくりと氷に姿を変え、そのあと氷は山岳氷河を形成した。段丘のかこいをはみだした氷河は氷舌となって谷底に流れこみ、間仕切りの岩や土壌をけずって谷底を変形させた。有名なピレネー山脈のオルデサバレーにあふれた巨大な氷舌は、谷底にまさに水槽のような形状を刻みこんだのだった。氷河は万年雪との境目から下方に数百メートルも流れでることがあり、流れの途中で巻きこんだ数多くの石や岩を引きずって、谷底や谷の縁や氷舌の先端に積みあげる。氷舌はそこで溶けて水に変わり、運ばれてきた物体は大量にたまって、氷堆石と呼ばれる起伏を形成する。氷堆石と氷塊がとおったあとにできた痕跡から、古い氷期のあいだの氷の前進と後退を知ることができる。

最終氷期の最寒冷期には、レオン山脈に台地氷河という小さな氷冠ができさえした。この氷冠から氷舌が広がったのだが、そのひとつがサン・マルティン・デ・カスタネーダ湖や、標高約一〇〇〇メートルで氷堆石にはばまれたソモラのサナブリア湖ができる原因となった。アンカレス山塊でも小規模な台地氷河が発達した。

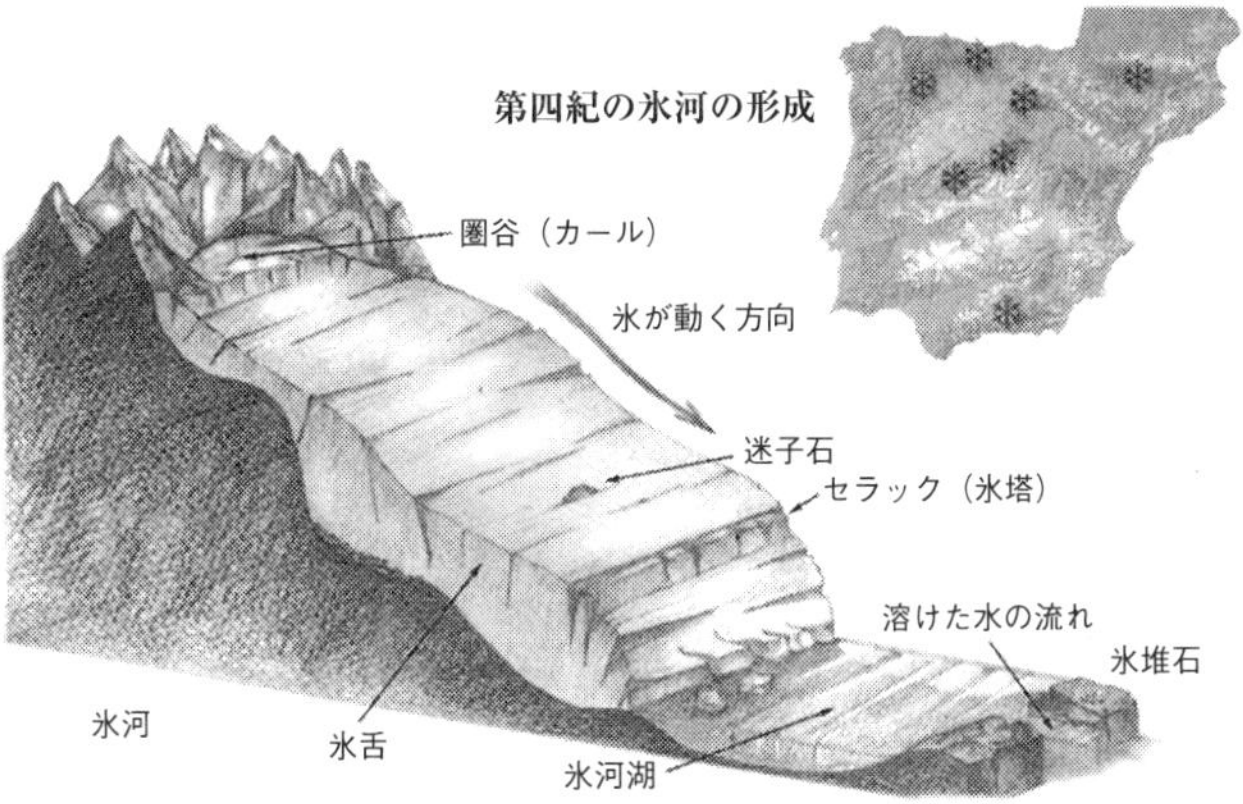

図15 氷河の形成。右上のイベリア半島の地図には，最終氷期に氷河が形成された山脈が記されている。

この時代の極寒のイベリア半島には、たくさんの山岳氷河ができた。ピレネー山脈、中央山系、シエラ・ネバダ、ガリシア山脈とレオン山脈、カンタブリア山脈、およびイベリア山系には圏谷氷河と谷氷河があった。とくにピレネー山脈の谷氷河は、アルプスにいまものこる谷氷河と似た外観を呈していた。なかには三〇キロメートル以上になった谷氷河もあり、氷の厚さはときに四〇〇メートルをこえることもあった。グレドス山脈の氷河は、半島の中心部という地理的位置にあったのに大規模な谷氷河となり、いくつかの山頂は氷帽〔山頂をおおう氷河〕でおおわれた。それに反してグアダラマ山脈と、モンカヨ、ラ・ダマンダ、ウルビオン、ネイラ、セボレラをふくむイベリア山系では氷河の規模は小さく、ほとんどが氷舌のない圏谷氷河か、稜線の岸壁にできた小さな穴のようなアルコーブ〔円形のくぼみ〕にすぎなかった。シエラ・ネバダにはヨーロッパ最南の氷河があり、数多くの圏谷氷河と谷氷河があることが特徴だった。それらのなかから、ランハロン川とジェニル川の水源にある谷氷河をあげておく必要がある。

ピレネー山脈、アンカレス山塊、カンタブリア山脈、エストレラ山脈の谷氷河のなかには、標高一〇〇〇メートル以下までくだったものがあった。その反対に氷河の先端は、グレドス山脈では最高で標高一四〇〇メートル、イベリア山系では一五〇〇メートル、グアダラマ山脈とシエラ・ネバダでは一六五〇メートルに達していた。現在のイベリア半島には氷河はなく、ピレネー山脈のいくつかの非常に小さな氷塊が例外となっている。ペルディド山塊のシリンドロ・デ・マルボレ山がその最良の実例である。

第四紀のイベリア半島で、氷河はなんど形成されたのだろうか。北半球に氷期がくるたびに形成されたわけではないように思われる。フーゴ・オーベルマイアーは中央山系のグアダラマ山脈とピコス・デ・エウロパで、ふたつの氷河の突端があった証拠を見つけたと考えた。かれはアルプスのパターンにしたがって、それらをリス氷期とウルム氷期という最後のふたつの氷期に編入した。右のふたつの山脈にとって、リス氷期は最古で最大の氷期だったのだろう。

中央山系の氷河を研究したハビエ・デ・ペドラサらのような地形学者たちは、大きなふたつの変動を考慮すれば十分だろうと考えた。かれらの考え方では、第一段階の氷期が最大の広がりを見せたのにたいして、第二段階は安定期を意味したらしい。これらの学者たちの主張によれば、第一段階の氷河が（ネアンデルタール人の絶滅した時代にあたる）最終氷期の決定的な瞬間に対応し、第二段階は更新世の最後にあたることになる。フアン・カルロス・カスタノンやマヌエル・フロチョソのようなヨーロッパの最寒冷期の専門家たちは、第二段階の氷期の変動のほうが大きかったと考える。そのとおりであればネアンデルタール人とかれらの祖先は、ピレネー山脈の氷河をべつにして、イベリア半島の氷河を知らなかった可能性が高い。かれらはクロマニョン人が耐えぬいたほどの寒さを経験しなかったのだろう。

ネアンデルタール人の祖先は非常に劣化した、つまり疑わしいいくつかの氷堆石を見ただろうし、シエラ・ネバダで指摘された氷堆石は、たぶんリス氷期に属するだろう。しかし半島の寒冷な気候に適した植物相がはるかに大きく広がったのは、クロマニョン人の時代だったように思われる。クロマニョン人はこの主題については、われわれの位置を強化してくれる。おかげでスペインの氷河時代は、クロマニョン人の時代に限定されつづけている。

第四紀の氷期が猛威をふるうたびにヨーロッパの風景は一変し、分厚い氷の層が北方の大地のかなりな部分をおおいつくした。海水が氷に変わったので海面は低くなり、現在のイギリスとアイルランドの海岸のあいだを歩いて渡れるようになった。両方の島の南部には氷冠はできなかったが、イギリス海峡のほうは干あがった。氷河全体の南側に広大な帯状の地帯ができたので、当時の気象条件を周氷河気候と呼んでいる。周氷河気候の風景では、とくに土壌の永続的な凍結が特徴となった。寒気が地表の下の土壌や、深さ数メートルの下層土にもしだいに浸透した。これを「永久凍土層」と呼んでいる。シベリアとアラスカの永久凍土層は三〇〇メートルもの深さに達することがあり、シベリアのいくつかの地方では、それ以上の深さにさえなることがある。そのような場所では、数万年前から氷結が溶けたことがない。

凍りついた地面に樹木は根をはれないので、永久凍土層が広がる範囲の土地はツンドラの風景で構成される。ツンドラの外見は貧相な荒れ地となり、コケややぶのような地衣類でおおわれる。それでも夏がきて温かくなると、気温は0度以上にあがることがある。そのとき地表は解凍作用を受け、それがときに深さ三メートルから六メートルの地下に達することもある。ツンドラには沼地のような窪みができて穴ぼこだらけになり、溶けた水は凍りついた深い地層にしみこめないので、たまりっぱなしになってしまう。周氷河気候の風景のなかの植生は、氷期の万年雪におおわれた巨大な山塊の麓に広がる風景によく似ていたと想像することができる。

それにツンドラの南側のヨーロッパ大陸の一部は、北のタイガのような広大な針葉樹帯におおわれていただろう。ステップの風景は海岸から遠い広い土地まで支配したので、海岸近くの温暖な気温の恵みを受けることがなかっただろう。だから、大陸性気候が樹木のないステップの原因となったと考えるべきなのだ。土壌は植生を保護することはできなかったし、風は氷成堆積物から生じた大量の砂塵を運んできただろう。風がのこした氷河の砂塵は積み重なり、「レス」（黄土）と呼ばれる細かい泥土の深い堆積物（シルト）を形成した。レスは現在の肥沃な穀物栽培地を支えている。

イベリア半島南部のより温暖で湿度の高い飛び地では、ダーマストオークやブナのような落葉樹林が生きのびていた。おなじく生きのびたセイヨウヒイラギカシは、地中海周辺のもっとも温暖な海岸をおおっていた。オークとブナは新しい気候の揺りもどしがきたときに勢いをとりもどし、寒冷なツンドラやタイガやステップに進出しようと待ちかまえていたのだろう。

イベリア半島は氷河と周氷河の以上の段階でつねに変化した。たしかに氷期のインパクトは北の地方にくらべて弱かったが、氷期の最終段階から現在までの植生の変化は、これらの衝撃の影響を明白に証明する。植生の変化は泥炭層や湖底や洞窟の遺跡にのこる、化石化した花粉と胞子を研究すれば検出することができる。カンタブリア山脈とレオン山脈は、二万一〇〇〇年前から一万七〇〇〇年前まで四〇〇〇年間もつづいた最寒冷期には荒れ地だった。だから一〇〇〇メートル以上の高さになると、植物は生育しにくかったのだ。常緑の鱗状の葉をつけたジュニパー類の茂み、ひねこびた匍匐《ほふく》性の灌木、ストローブマツとクロマツのようなマツ類、およびシダレカンバなどにまざって、わずかな数の樹木だけが生きのびることができたのである。

なかでも谷底を見おろす南むきの斜面には、カバノキが生えていたにちがいない。露出した斜面は動物や人類が見捨てた不毛の冷えきった土地だったが、いくらかの大型哺乳類が短い夏を利用して草を食べていただろう。四本足の捕食者や二本足の狩猟者も、その時期を利用していたと推測することができる。万年雪を数百メートルもくだった地方でも、状況は似たようなものだっただろう。

ヨーロッパ大陸の多くの地方の標高はそんなに高くなかったが、海抜七〇〇メートルまでの台地が形成された。イベリア高原、カスティーリャ高原、ラマンチャ、アルカリア、シエラ・ネバダがこの範囲にはいるだろう。すでに説明したように、これらの土地の典型的な風景は、まばらな木が生えた寒々としたステップの風景に似ていた。それと対照的に半島の内陸部の低地では、はるかに密生した針葉樹の森が豊かな空間に広がっていた。要約すれば、樹木のなかでもマツ類が、氷河時代の支配的な種だったといえる。それでもカンタブリアの端の海に近い斜面と、大西洋側の好ましい飛び地には風雨からまもられた地帯があり、オーク、ハンノキ、ハシバミ、アッシュ、ナナカマド、ニレ、カエデ、ブナなどが生えていた。東側の海岸の非常に狭い帯状の地帯だけが、地中海性の植生を保護することができた。最終氷期にあたる更新世末から完新世にはいった一万年間には、半島のほぼ全域に落葉樹の混成森林と、セイヨウヒイラギカシやコルクガシの森が広がり、針葉樹の森林を圧倒するようになった。つまり針葉樹は寒冷な気候、水不足、やせた土壌、またはこれらの要素の組みあわせによる、最小の利点しかない地方に追いやられたのだった。いずれにしてもたしかなのは、この過程の最後にイベリア半島が大きな森になったことである。

われわれはこの章で気候の変化がどのようにイベリア半島の植生に作用し、住民たちが見た風景をどのように変えたかを理解した。こんどは、おなじ生態系に関係した動物たちを紹介しなければならない。

古生物学では慣例とされているように、われわれは化石から動物たちを知っているにすぎない。われわれの手にはまた、べつのふたつの要素がある。それは化石の例外的なジャンルである何種かの動物の凍った死体と、祖先がのこしてくれた芸術表現のことである。

第5章　トナカイがやってくる！

カザン川下流のナヒクタルトルヴィクという浅瀬の近くに、このあたりの地名のもとになった「見はり台」という小さな岩山がある。この頂上から、北に向かうトナカイの最初の群れを、ひと目で見つけることができる。その時がくると付近の狩人たちはみな、近くの野営地からソリを引きだし、この幸運な出来事を見逃すまじと岩山に駆けつける。われわれが野営地のひとつにたどりつくとすぐに、ソリでもどってきた人たちが雪よけ小屋のなかで、「トナカイがくるぞ」と大きな声をあげた。

カイ・バーケット＝スミス『エスキモー』

極寒の土地からきたマンモス

一九〇一年五月三日、サンクト・ペテルブルグ駅で三人の旅客が、シベリアのバイカル湖岸の町イルクーツク行きの列車に乗った。イルクーツクはモスクワから、ジュール・ヴェルヌの小説〔一八七六年〕の表題になったミハイル・ストロゴフが向かった地だった。この皇帝の密使はそのあと、フェオファル汗と軍の将校イワン・オガリョフが指揮する「タタール人の反乱」のため、言語に絶する困難にぶつかることになった。ところがヴェルヌの小説と違って、三人の旅客にとってはイルクーツクは目的地でなく出発地だったのだ。

三人の旅客とは、遠征隊長を務める動物学者オットー・ヘルツと、地質学の学生D・P・セバスチァーノフと、剝製師E・W・フィッツェンマイヤーだった。かれらは秘密情報部員ではなく、サンクト・ペテルブルグのロシア帝国科学アカデミーで研究する科学者たちだった。遠征の目的は前年の八月半ばに、ラムート族の猟師がベレゾフカ川の近くで発見した冷凍マンモスを掘りだし、サンクト・ペテルブルグに持ち帰ることだった。ベレゾフカ川は北極海に流れこむコリマ川の支流である。三人は、ロシアの財務大臣から計画を遂行するために支給された一万六三〇〇ルーブリをもっていた。以下の要約は、一九〇二年にヘルツが発表した著書『マンモス発掘』によっている。

三人の遠征隊員はイルクーツクを出発した。かれらに提案されたのは、まず馬車に乗ってレナ川のほとりのヤクーツクの町までいくことだった。三人がたどらなければならない距離は、二八〇〇ベルスタだった。一ベルスタは約一〇六七メートルだから、このときだけでも二九八七・六キロの旅程になった。シベリアの大河レナ川に到着した一行は、蒸気船でアルダン川の河口までくだり、そこからさらに上流にのぼった。六月二二日、タンディンスカヤで下船した三人は、こんどはウマに乗って一〇〇〇キロ離れたヴェルホヤンスクに向かい、七月九日に目的地に到着した。そこからウマと小舟を乗りついだかれらは、さらに二二九四キロの道のりをたどり、八月三〇日にムィソヴァヤについた。そして、ここからまた一三九キロの旅程をたどって、九月九日に、ついに巨大な動物に対面したのだった。オットー・ヘルツとふたりの隊員はヴェルホヤンスクをでるとき、二〇頭のウマと、ふたりのコサックと、三人のガイドをつれていた。しかし、ガイドのひとりはアルダン川の支流を渡るとき、ウマもろともに流れにのみこまれて姿を消した。

マンモスを見つけた一行は、とりわけふたつの難問にぶつかった。それはマンモスをどのようにして保存し、どのようにして運ぶかという問題だった。ヘルツは野外で乾燥させるか、それともミョウバンと塩を使って処理するかという、ふたつの可能性を検討した。しかし手持ち時間が少なかったので、かれはべつの決断をくださざるをえなかった。それはマンモスを切りわけ、ウマとトナカイが引く一〇台のソリに乗せて、死体が解凍しないような短時間で、サンクト・ペテルブルグまで帰ろうという決断だった。かれらはこのため、日に夜をついで歩こうと計画した。

遠征隊は一〇月一五日に歩きはじめたが、往路よりずっと深刻な問題がもちあがった。一トン六三六キロという冷凍マンモスの重量のほかに、シベリアの秋と冬の悪天候が追いうちをかけたからである。一二月半ばの雪の積もったヴェルホヤンスク山脈を越えたときは、零下四〇度Cから零下五〇度Cという気温が骨身にしみた。かれらは徒歩で歩きながら、力をつくしてソリを引くやせこけたトナカイを支援しなければならなかった。勇気ある遠征隊は、ついにイルクーツクにたどりついた。そしてそこからは、貴重な積み荷を最終目的地までいく列車に乗せた。ベレゾフカマンモスはこうしてサンクト・ペテルブルグ動物博物館に到着し、剝製師の手で再生された。われわれはいまも、この剝製のマンモスを見ることができる。一九〇二年二月一二日、特別列車の蒸気につつまれてサンクト・ペテルブルグ駅に着いた三人の隊員は、大歓迎を受けた。それは当然のことだったのだ。列車と蒸気船の旅をべつにしても、かれらは一〇か月のあいだに、ソリに乗った六四〇〇キロの旅と、ウマに乗った三二〇〇キロの旅を敢行したのである。

ところで、これほど特異な化石はどのようにしてできたのだろうか。冷凍マンモスは氷の塊に閉じこめられていたのではなかった。北極の地でも、マンモスを閉じこめるような巨大な氷塊はできないのである。マンモスはツンドラの土壌のなかにできる「永久凍土層」という氷のしたに埋まっていた。マンモスの死体は人間の活動か川の浸食作用によって地表に顔をだすまで、永久凍土層のしたにあったのだ。

大昔のある日、一頭のマンモスが日の射さない薄暗い川床で死ぬか、理由はわからないが死体が川床に流れついたと考えてみよう。死体は凍りつくような寒さのなかで乾燥し、いわば自然にミイラ化したにちがいない。シベリアのごく短い夏のあいだ、太陽の熱で永久凍土層の表層の氷は溶けるだろうが、下層が凍りついているので、溶けた水は土中にしみこむことができない。そこで水びたしになった表層の土壌は斜面を流れおち、やがて川床にたどりつく。土壌流として知られるこの現象は、周氷河の環境では非常に重要な過程なのだ。こうして土壌流がなんどかおきるとマンモスの死体は埋まり、現代まで凍りついた状態がつづくことになる。

以上に説明したような過程で、マンモスの骨格だけでなく、皮、毛、肉、内臓のようなのこりの部分も、ある程度は完全に保存される。さらには内臓から死の直前に食べた餌まで知ることができるのだ。最初の冷凍マンモスがレナ川のデルタのバイコフスキー半島で発見されたのは、一七九九年のことだった。もうひとつの有名な発見は、一九七七年にキルギリア川流域で発見されたマンモスの幼獣の死体である。生後六か月か八か月で死んだ小型のオスのマンモスの主食は母乳だったのだろうが、すでに歯がすりへっていたことを見ると、牧草も食べはじめていたことがわかる。胃は空っぽで体脂肪もなかったので、最後の数日はひどい空腹にさいなまれ、ついに飢え死にしたのだろう。迷子になったのか、それとも母親が死んだのかもしれない。

この原稿を書いている日に、四番めの冷凍マンモスが発見されたというニュースが報道された。フランスとロシアの遠征隊がシベリアのタイミル半島で、一頭のマンモスが倒れていた場所にたどりついたということだった。隊員たちは回収した完全な標本を、低温博物館の予定地とされているハタンガまで運ぼうとした。しかし、シベリアの冬の悪天候がきたので計画を実現できず、なんとか運べたのはマンモスの頭部だけだった。この毛深い大きな動物が、イベリア半島の全域に住んでいたのである。

スペインでクロマニョン人が見たマンモス(*Mamuthus primigenius*)は、現在のアフリカゾウほど大きくなかった。しかし小型でも威圧的なこのゾウは、スパイラル状に巻いた曲がった巨大な牙をもっていた。頭はとがったかたちをし、肩甲骨の上部のかなり目だつ隆起は、尻にかけて急角度でさがっていた。ほかの長鼻類にくらべて耳はとても小さかったが、これは寒い気温にたいする適応だったのだろう。極に近い地方では、大きな耳は保温効率を悪くする。マンモスはまた防寒用の毛でおおわれていた。冷凍標本の体色は薄い褐色か黄色っぽい色なので、マンモスを再現する人たちは、この系統の色を選ぶ傾向がある。しかし、人間のミイラをふくむ長期間乾燥保存された死体は時間の作用で褪色し、髪や体毛の黒い色素まで赤茶ける。だから、マンモスも黒っぽかったと考えるほうが無難だろう。それにふさふさした毛が全身をおおい、なかには一メートル近くもある長い毛があったのである。表皮にも毛が密生し、断熱用の脂肪層は数センチという厚さだった。

言い伝えによれば、ベレゾフカ川の遠征隊の隊員はマンモスの肉を食べる祝宴を提案したという。しかし、このエピソードのもう少し平凡なバージョンを信じれば、隊員のひとりが科学のために適切な味つけをした肉を一口のみこんだが、胃のほうがあまり長く受けつけなかったらしい。このもっとも勇敢な研究者でさえベレゾフカマンモスから手を引いたのに、長期保存されたバイソンの死体の肉を味わった科学者たちがいたのである。アラスカの永久凍土層に埋まっていた、三万六〇〇〇年前と見られるバイソンが発見されたのは、一九七六年のことだった。土壌のミネラルの化学反応で死体の表皮が青みがかっていたので、このバイソンは「ブルーベイブ」と呼ばれるようになった。それはアルタミラなどの多くの洞窟に描かれたバイソンとおなじく、*Bison priscus* という種だったのだ。

バイソンの種については、ヨーロッパバイソンとアメリカバイソンという近縁の二種がおり、この両種を交配すれば繁殖能力をもつハイブリッドを出産する。二種のバイソンがいることを理解するには、氷河時代に両大陸を結んでいたベーリング海峡を通って、バイソンがアメリカ大陸にはいりこんだことを知る必要がある。氷期の拡大期間に海面は大きく後退し、干あがった大陸棚はユーラシアと北アメリカを結ぶ陸橋になった。現在でさえ両方の海岸の最短距離は、八五キロ程度なのだ。氷河時代のベーリング海峡は、シベリアのレナ川からアラスカのユーコン川まで広がる広大な地域の一部だった。人類はブルーベイブの祖先にならって、ずっとのちの約一万三〇〇〇年前に、ベーリング海峡を渡ってアメリカ大陸にたどりついた。人類はまたバイソンのようにアジアからもやってきた。その証拠は南北アメリカの人間と、ベトナム人、中国人、コリアン、日本人のような東アジアのモンゴロイドの個体群とのあいだに類縁関係が見られることにある。完新世末に海面はふたたび高くなった。ユーラシアとアメリカのバイソンの個体群は永続的に切り離され、人類の系統とおなじく別々に分化した進化の過程をたどりはじめたのである。

読者はたぶん、ブルーベイブの肉が食用に適したかどうか知りたいだろう。ブルーベイブの焼肉の試食に参加したビヨルン・クルテンのいうとおりなら、答えはイエスだったのだ。かれは青みがかった表皮のしたに赤い新鮮な肉があり、それが少し土のにおいの混ざった好ましい風味であることを知ったのである。しかしビヨルン・クルテンの古人類学者のチームは、ブルーベイブの肉を味わった最初の経験者ではなかった。三万六〇〇〇年前にブルーベイブを倒したライオンの群れが、遺体につめと歯の跡と、おれた裂肉歯をのこしていたからである。だから、ライオンとマンモスがともにベーリング陸橋を渡ってアメリカ大陸にいったと考えるのは無理なことではない。ライオンははるかなペルー国境までいって、そのあとアメリカ大陸で絶滅したのだった。ブルーベイブを倒したライオンの群れは、たぶん夜になってひどい寒さのためにこごえてしまい、死体を食べつくせなかったのだろう。凍って堅くなりすぎた死体は捕食者に食べられずに見捨てられ、かなり完全なかたちをとどめたにちがいない。どれだけかあとに自然に埋葬されたバイソンは、現代まで永久凍土層のなかで保存されたのだろう。しかし死体が完全に埋まるまえに、べつのライオンが凍った肉を食べようとして裂肉歯をおり、それがバイソンの表皮に刺さったままになったのだろう。

トナカイの時代

マンモスは氷河時代にもっとも特有の動物種であり、のちにふれるように最終氷期とともに、ほぼ完全に絶滅した。ケサイ（*Coelodonta antiquitatis*）という毛につつまれた大型哺乳類も、おなじく更新世の氷期の融解期に絶滅した。これら大型草食動物は氷期のあとの気候変動に適応できなかったのである。その反対にトナカイやジャコウウシのような氷河時代の証人たちは、現在まで北極圏内に避難場所を見つけることができた。トナカイはいまもユーラシア、グリーンランド、北アメリカに生息しているし、ジャコウウシはグリーンランドと北アメリカで生きている。ジャコウウシは名まえや外観と違って、ウシやバイソンなどの仲間ではない。オスの体重はときに四〇〇キロをこえることがあるが、ヤギやヒツジやシャモアのほうに近い。氷期のもう一種の生きのこりのホッキョクギツネは、しばしば絶滅した草食動物の化石とともに発掘される。またカリブーと呼ばれる北アメリカのトナカイは、年に二度の大規模な移動で知られている。アメリカ先住民やイヌイット（エスキモー）はヨーロッパの先史時代の人類とおなじく、致死的な餌不足のために移動するトナカイの大群を不安げに待ちかまえたものだった。マ

図16　ケサイの復元図（右下）とショーヴェ洞窟（3万2000年前）の壁画。壁画はライオン，ケサイ，マンモスのような恐ろしい動物を描いている。

ンモスやケサイもトナカイのように、温暖な地域のあいだを行き来したと想像される。凍りついたツンドラを離れた動物たちは、より温暖な地域を求めて移動し、夏になると北方の草の繁る土地や山岳地帯にもどったのだろう。

4章で説明したように、海の影響は気候にとって非常に重要な要因だった。海は気温の調節に関係するだけでなく、降雨に必要な湿度を供給してくれる。海岸から離れた地域ほど大陸性気候になり、降水量がへって乾燥する。気流がその地域に達するまえに、水分を放出してしまうからである。さらに大量の海水によって気温コントラストが緩和されないので、気温の寒暖の差が強くあらわれる。現在のような間氷期になると、中央ヨーロッパの海岸はバルト海と北海の海水に洗われた。バルト海は狭い通路をつうじて北海と結びつき、現実に塩水湖になっている。氷期の中央ヨーロッパのひどい寒さの要因は、とりわけバルト海と北海が完全に凍りついたことにあり、このため海面は低くなった。つまり海の影響が小さくなったので、大陸性気候が強まったのである。それにスカンジナビア半島の巨大な氷冠と、それほど大きくないイギリスとアイルランドの氷河が接近したこともつけくわえておこう。中央ヨーロッパの気候が乾燥してきびしくなり、極度に寒い冬がくると、乾燥したステップの南側までツンドラが広がった事情がわかるだろう。

以上にあげたトナカイ、ジャコウウシ、マンモス、ケサイのような動物たちは、ツンドラとステップの動物相の一部だった。寒冷なステップにはまた、更新世のヨーロッパ全域に広がったサイガという種が住んでいた。本物のレイヨウよりシャモアに近いサイガは、移動の季節になると巨大な群れを形成した。奇妙な印象をあたえるサイガの短めの鼻はステップの砂塵を除去するために使われる。サイガは一九三〇年代に数百頭に減少し、絶滅寸前に追いこまれた。手厚い保護策がとられたおかげで、現在では二〇〇〇万頭以上にふえており、ヴォルガ川の西岸からモンゴルにいたる広大な地域に住んでいる。

氷期のあいだのピレネー山脈の北側は非常に寒く、大陸性気候になったが、この時代のイベリアは現在のような半島だった。海岸線は現在より少し後退していたが、まわりの海は凍ったことがなかった。イベリア半島の大陸棚は非常に狭く、傾斜は急峻である。このため海面が一二〇メートル低下しても、海岸線はそんなに遠くならなかったのだ。それでもマジョルカ島とメノルカ島は陸つづきになり、地中海のいくつかの海岸線はいまより数十メートルも後退した。たとえばバレンシア平野の海岸では、一〇〇メートルの測深線のカーブが五キロ以上も遠くなった。現在では海岸の暗礁の上方の絶壁の洞窟にあるいくつかの遺跡が、氷河時代には沿岸の広い平地に面していたことがわかるだろう。それでもイベリア半島の面積は広くならなかったし、半島の内陸部でも大陸性気候はそれほどきびしくならなかった。とくに半島が南よりに位置していたので、気候は中央ヨーロッパ、オランダ、北フランスほど寒くなっ

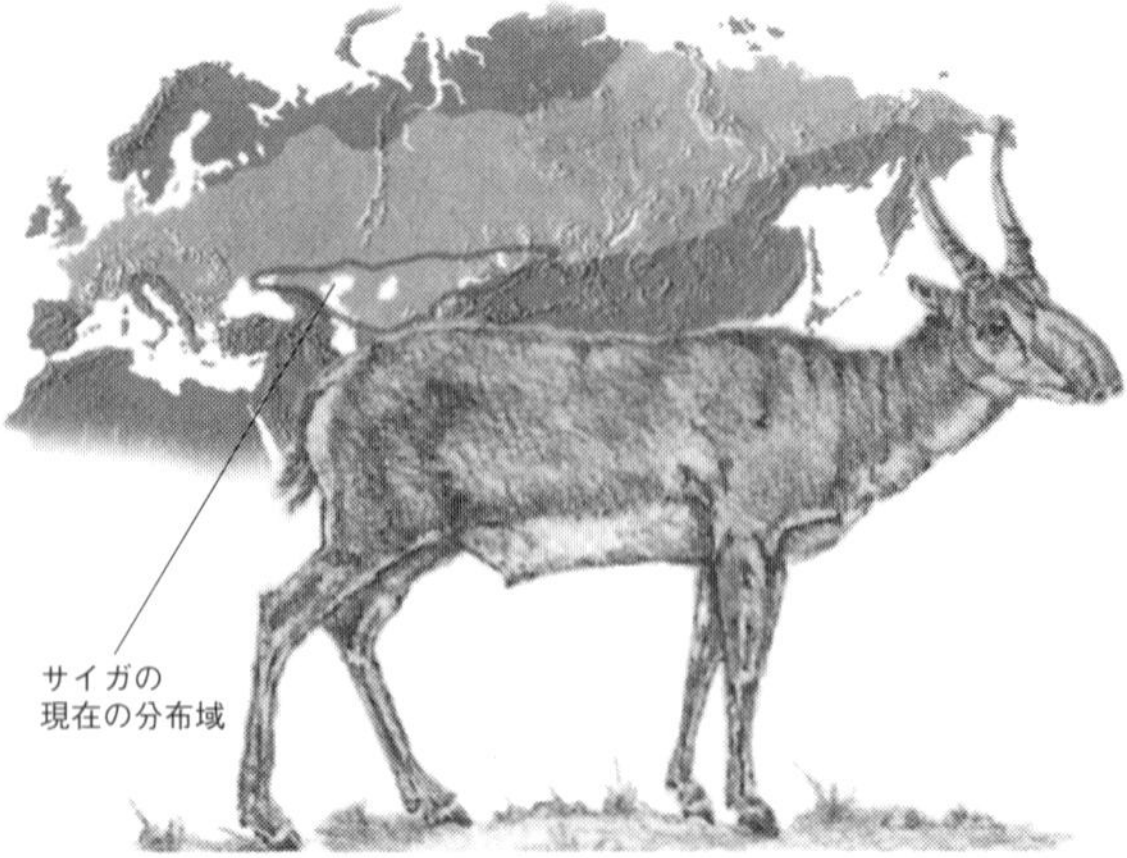

図17　最終氷期のあいだのサイガの最大分布域（薄い色の部分）。

たり乾燥したりはしなかった。

シベリアや中央アジアからヨーロッパに、マンモス、ケサイ、トナカイ、サイガなどがやってきた。これらはウルム氷期に典型的な動物相だったが、遺跡によっては、これらの種のさらに古い氷期にさかのぼる化石が発掘されることがある。この意味で、ジャコウウシの化石が発見されるのは非常に興味深い。ジャコウウシはまず更新世のユーラシアのステップの生態系に住んでいたらしいが、そのあとウルム氷期の寒冷な気候に適応し、北極圏の種になったからである。またホッキョクギツネも、おなじように進化したと考えて誤りはないだろう。

われわれの祖先と共存していた動物たちを知りたければ、化石の研究以外にも調査方法がある。それは岩場の洞窟の壁面（ロックアート）、板状の岩片、骨、象牙、角など（ポータブルアート）に描かれたり彫られたりした動物の絵を研究する方法である。このような表現方法を考えついたのは、いずれもクロマニョン人だった。われわれはいまも先史時代の人類の目で再構成された神秘的なマンモス、力強いケサイ、おそろしげなライオン、大きなホラアナグマを見ることができる。これらの動物たちが旧石器時代の芸術を情熱的なものにしている。この点に着眼したビヨルン・クルテンは、われわれの科学は遠い時代に「死んだ」存在でなく、「生きていた」存在を対象とする、と書いたことがある。ロックアートを見たこの古生物学者の目には、氷河時代の大型哺乳類の化石が「生き返ったように」見えたのだろう。

その意味でフランスとスペインは、旧石器時代のロックアートの最大の所有国として特別視されてきた。スペインではカンタブリア地方の海岸に集中していたが、しだいに半島のすべての洞窟で発見されるようになっている。この数年で見ても、イベリア半島では動物の彫られた絵のみごとなコレクションが見つかっている。ポルトガルのコア川沿岸、またそれほど大規模ではないが、おなじくポルトガルのマソウコや、サラマンカのシエガ・ベルデ、セゴビアのドミンゴ・ガルシアなどである。いっぽうポータブルアートのほうは、シベリアまでのヨーロッパの全域にわたる広大な地域で発見されている。

スペインの旧石器時代のロックアートとポータブルアートで、もっとも数多く描かれた動物は、シカ、ウマ、バイソン、ヤギと、ウシの原種となった絶滅種のオーロックスである。それにくらべれば、トナカイ、シャモア、イノシシ、マンモス、ケサイと、肉食動物の絵はもっと少ない。トナカイはツンドラやタイガのような極寒の環境の気象条件の指標となる動物だから、この動物の絵の地理的分布は非常に重要なのだ。トナカイはウルム氷期と密接に結びつくので、この時代を「トナカイの時代」と呼ぶほどである。トナカイがイベリア半島に住みついていたことを裏づける最近の発見は多く、たとえばカンタブリア地方の海岸ぞいの洞窟からも、トナカイの化石が発見された。この地方ではまた、ロックアートやポータブルアートにトナカイが描かれている。レオン山脈のプエブラ・デ・リロと、それほど確実ではないがガリシアのルゴ遺跡のア・バリーニャでも、トナカイの化石が発見されている。わたしの同僚

図18　最終氷期のあいだのトナカイの最大分布域（薄い色の部分）。

のホセ・ハビエ・アルコレアとロドリゴ・デ・バルビンのチームは、グアダラハラの標高八五〇メートルの地点にあった「トナカイの洞窟」と名づけた洞窟で、一点のトナカイの絵を発見した。おなじ地方の標高一〇五〇メートルのラ・ホス洞窟の壁面でも、一点のトナカイの絵が発見されている。かれらはまたシエガ・ベルデの野外の絵のなかからトナカイの絵を採集した。これらの発見はトナカイが半島内陸部の南部の高地にまでいっていたことの補足的な証明になる。

カンタブリア海岸のさらに南で化石が発見されたケサイについても、おなじことがいえる。わたしの弟のペドロ・マリアは、マドリード地方のアロヨ・クレブロ遺跡から出土したケサイの頭骨を研究した。ケサイには二本の角があり、前方の角は非常に長くて一三〇センチ以上になることもあった。また、かなり堅かったからだは、現在のシロサイに匹敵するくらい大きかった。大型のオスの体重は二トン以上だっただろうし、全長は一八五センチ以下ということはなく、ときにはそれ以上だっただろう。マンモスとおなじくミイラ化した死体が多いので、ケサイのこまかい研究ができる。ケサイの絵では少なくとも三点が知られている。すでにふれたグアダラハラのラ・ホス洞窟に近いロス・カサレス洞窟の絵、シエガ・ベルデの一部の野外の岩絵、研究者ソレダド・コルションがアストゥリアスのラス・カルダス洞窟で同定した、平らな石に描かれた絵の三点である。

化石を分析すると、マンモスがイベリア半島の大部分を歩きまわり、西のガリシアやポルトガルばかりか、南のグラナダに近い標高一〇〇〇メートルのパドゥル泥炭地までいっていたことがわかる。しかし、マンモスの絵のほうはそんなに多くのこされていない。アストゥリアスのピンダル洞窟とカンタブリアのエル・カスティーリョ洞窟に一点ずつと、すでにふれたラス・カルダス洞窟に、ケサイといっしょに描かれた何点かの板状の岩片がある。正確さに問題はあるが、グアダラハラのロス・カサレス洞窟、アストゥリアスのラ・ルエラ、カンタブリアのラス・チメネアスとラ・パシエガ、ブルゴスのオホ・グアレーニャ、マドリードのエル・レゲリーリョを追加しておこう。ピンダル洞窟の赤いマンモスは、胸のうえに赤い心臓を描かれているので非常に特異である。地中海地方には、寒帯の動物相の種は深くはいりこまなかったように思われる。ただカタルーニャのエブロ川の北側のあちこちの地層から、マンモス、トナカイ、ケサイの後期旧石器時代にさかのぼるいくつかの化石が見つかっている。

最近では考古学者ピラール・ユトリラが、ナバーラのアバウンツ洞窟で六個の化石を発見しており、イエズス・アルトゥナとコロ・マリエスクレナは、それらをサイガに分類した。おなじく後期旧石器時代にさかのぼる地層から、トナカイの化石も出土している。アルトゥナはそれ以前にも、バスク地方のギプスコアにあるアルトクセリ洞窟の二点のレイヨウ類の絵をサイガと判定したが、なかにはシャモアだと考える学者たちもいる。サイガがイベリア半島近くまできていたことは、はるか以前から知られて

図19　最終氷期のあいだのマンモスの最大分布域（薄い色の部分）。

いた。北バスクのバス・ナバール〔低ナバーラ。フランスのピレネー＝アトランティック県に属す〕のイスチュリッツ遺跡と、フランスのランド県南部地区のやや北にあるデュフォールで、サイガの化石が発見されている。トナカイとサイガはウルム氷期のあいだ、ピレネー山脈をこえたフランス南西部のアキテーヌ地方の広大な平野に、たいへんな数で住んでいた。ところでアルトゥナとマリエスクレナがサイガに分類した六個の化石では、五個が指趾骨で一個は中足根骨だった。ふたりの研究者はこれだけの指標から、人類がアバウンツ洞窟まで毛皮を運びこんだだけであり、サイガがここまでくることはできなかったと推測する。アバウンツ洞窟は現実にはサイガの繁殖にあまり適さない岩場であり、サイガは見通しのいい空間や広大なステップを好むのだ。

イベリア半島の考古学的文脈で検出されたマンモス、ケサイ、サイガの化石は、現代人の存在と一致して、いずれも後期旧石器時代の地層から出土している。しかし長年にわたって、バスク地方とカンタブリア海岸の遺跡の動物相を辛抱強く研究してきたイエズス・アルトゥナは、ネアンデルタール人が居住した地層（ムスティエ期）から三個のトナカイの化石を同定した。それらはビスカヤのアクスロル、ギプスコアのレセトクシキ、ナバーラのアバウンツにあった化石だった。オーベルマイアーも、エル・カスティーリョ洞窟のリス氷期にさかのぼる地層にあった四個のトナカイの化石にふれている。

カンタブリアの遺跡群では、ネアンデルタール人とクロマニョン人が居住した地層からオオツノジカ（*Megaloceros giganteus*）の化石が検出されている。オオツノジカは見栄えのする動物で、大きなからだと、長さ四メートル、重さ四五キロに達することもある枝角をもっていた。この大きな角からすれば、大型のオスが木の枝に角をからませないで、自由に森を動きまわれたとは考えにくい。見通しのよい、たぶんより寒冷な環境に住んだと考えるほうが合理的だろう。アイルランドの泥炭地からも大量のオオツノジカの化石が発見されたので、「アイルランドヘラジカ」とか「沼のオオジカ」と呼ばれることがある。しかし、オオツノジカは現在のヘラジカと類縁関係はないし、現在のシカの仲間でもない。この種やもっと古い別種のオオツノジカは、更新世のイベリア半島にずっといたようだが、数はそれほど多くなかっただろう。たしかにロドリゴ・デ・バルビンとホセ・ハビエ・アルコレアが考えたように、シエガ・ベルデの絵はまさにオオツノジカの一種だが、オオツノジカを描いたり彫ったりしたのは、これまたクロマニョン人だっただろう。いずれにしてもオオツノジカは、更新世末に絶滅したのである。

最後のウルム氷期のイベリア半島には、以上の草食動物のほかに、森林があったことの明白な証拠となるノロと、いまのウマより小型の *Equus hydruntinus* という絶滅したウマ科の動物がいた。この動物はロバと類縁関係はないが、ロバとほぼおなじような大きさだった。この時代にバーバリーマカクという、ヨーロッパの人類以外のもう一種の霊長類がいたことを忘れないようにしよう。バレンシアのコバ・ネグラ遺跡から出土したバーバリーマカクは、最後の最大の氷期のきびしい寒さがくるまえにさえ住んでいたのである。地中海の種だったバーバリーマカクは、更新世の全期をつうじてヨーロッパの多くの場所に生息していた。この種はドイツやイギリスのような北のほうまで進出したが、それはきまって間氷期のことだった。バーバリーマカクと、たとえばカバのような多くの「間氷期の種」は、たぶん運命をともにしたのだろう。これらの種は完新世の温暖な時期に、春がくるとヨーロッパに再入植したにちがいないが、人類はかれらの共存を許さなかったのである。

最終氷期を生きた肉食動物のなかには、ヤマネコ、オオヤマネコ、アカギツネ、オオカミのような身近な動物たちがいた。ところが、ほとんどの人がアカギツネやオオカミと類縁関係にあるドール（アカオオカミ）のことを知らないらしい。しかし、ドールはラドヤード・キプリング〔一八六五～一九三六、イギリスの小説家〕の『ジャングル・ブック』のとりわけ悲劇的な章に登場するので、われわれの幼年時代の遠い記憶のなかに眠っているのだろう。モーグリ率いるオオカミの群れと、アカイヌの群れの壮烈な戦いを思いだしていただきたい。アカイヌは赤茶けた体色からそのように呼ばれたドールのことである。ドールはイベリア半島からしだいに姿を消し、更新世末以前にあっけなく絶滅したが、かれらがいたことはムスティエ期のネアンデルタール人の時代の遺跡か、それ以前にさかのぼる時代の遺跡でも明らかにされている。クロマニョン人の時代の唯一の発見は、ギプスコアのアマルダから出土した後期旧石器時代の地層の化石だが、この遺跡ではトナカイの化石も発掘されている。現在では、オオカミより小型のドールはアジアにしか生息していない。ドールの群れはおそるべき獰猛さを発揮することがある。

イエズス・アルトゥナはまたアマルダでドールやトナカイの化石とともに、後期旧石器時代にさかのぼるホッキョクギツネの化石を同定した。何個かの骨片と歯しかないので、アカギツネと区別するのは困難だが、ホッキョクギツネがいたとすれば、たしかに極寒の気候があったというゆるぎない証拠になるだろう。

イベリア半島にクズリがいたことは、さまざまな証拠で証明された。クズリはイタチ科最大の動物であり、この科にはマツテン、ムナジロテン、イイズナ、オコジョ、ミンク、アナグマ、カワウソなどがいる。現在のクズリはスカンジナビア半島からカナダにいたる北極圏に住んでいる。クズリの化石もまた、レセトクシキの後期旧石器時代の地層から発見されており、この遺跡からはケサイの化石も発掘された。アラバ県のマイルエレゴレッタでも一個のクズリの化石が発掘されているが、考古学的な前後関係はわからない。それにグアダラハラのロス・カサレス洞窟の絵は、たぶんクズリの一種を表現したものだろう。グアダラハラのハラマ川上流のハラマⅡ号洞窟からも、象牙に彫られた動物の頭部の彫刻が発見されており、イエズス・ホルダはクズリだと考えている。寒帯の動物相の代表的な種であるクズリが、マンモスという寒帯の動物の象牙に彫られたのだろう。

ロス・カサレス洞窟では、後期旧石器時代の高地のなかでも、とくに高い場所で送られた生活のようすが明らかになる。この遺跡からネアンデルタール人の住居跡とともに、寒冷な気候と中程度の標高に住んだ動物相を反映する多様な動物の化石が発見されている。そこにはマーモット、ビーバー、イノシシ、アカシカ、ノロ、シャモア、ウマ、ヤギ、ステップサイ、ヤマネコ、オオヤマネコ、ヒョウ、ライオン、キツネ、オオカミ、クズリ、ドール、ヒグマ、ホラアナグマ、ブチハイエナ、オーロックス、バイソンなどがいたのである。ネアンデルタール人の右手の小指の中手骨も発掘されている。ネアンデルタール人はそのあと絶滅し、遅くとも一万五〇〇〇年後にクロマニョン人がやってきたのだろう。クロマニョン人は野外で見た動物のいくつかを、洞窟の壁面に描いたり彫ったりした。ウマ、オーロックス、シカ、ヤギ、ケサイ、マンモスらしい動物、クズリらしい動物、オスかメスのライオンらしい大型のネコ科の動物などを見ることができる。ここにはまた相当ゆがんだ線で、一連の人間の姿が描かれている。ケサイのほかに、マンモスとクズリがいたことが証明されれば、クロマニョン人の時代の高地の気候が寒冷だったことを示す異論のない指標になる。また、これらの広大な高地では、ウマの大群がステップで牧草を食べていた。シカまでいたことは森林があったことを示すが、たぶん谷間に森林があったのだろう。一見したところ両立しないように思える種の共存を説明できるのは、スペインの土壌の変化の多い起伏にとむ地勢だけだろう。ロス・カサレス洞窟にはトナカイの絵はなかったが、標高一五〇〇メートルのラ・ホスに近い洞窟では、一頭のトナカイの絵を見ることができる。

ネアンデルタール人もクロマニョン人も、ヒョウやライオンとライバル的な関係をつづけていたが、石器時代のスペイン美術には、ネコ科の見栄えのする表現は見あたらない。洞窟の「本物の」ライオンを見たければ、フランスのショーヴェ洞窟の衝撃的なリアリズムの絵を見にいくしかないだろう。ロス・カサレス洞窟をふくむスペインの知られたどの絵でも、ライオンはたてがみをつけずに描かれている。

ホラアナグマは穴居性だったので、「洞穴のクマ」を意味する *Ursus spelaeus* という学名がつけられている。最初にホラアナグマと現在のヒグマをくらべてみよう。ヒグマの平均体重は性別や種に関係なく二六〇キロ前後に達するが、スペインのヒグマは小型なので、オスでも体重が二〇〇キロ以上になることはめったにない。現在のスペインでは、カンタブリア山脈にわずかな数のヒグマがいるが、ピレネー山脈では絶滅に近い。いまの世界最大のヒグマはアラスカとブリティッシュコロンビアにいるグリズリーで、とくにアラスカ湾のコディアック島には巨大なヒグマがいる。サケを食べあさる時期のヒグマは四〇〇キロか、それ以上にさえなることがある。ホラアナグマのオスの平均体重は四五〇キロ前後で、

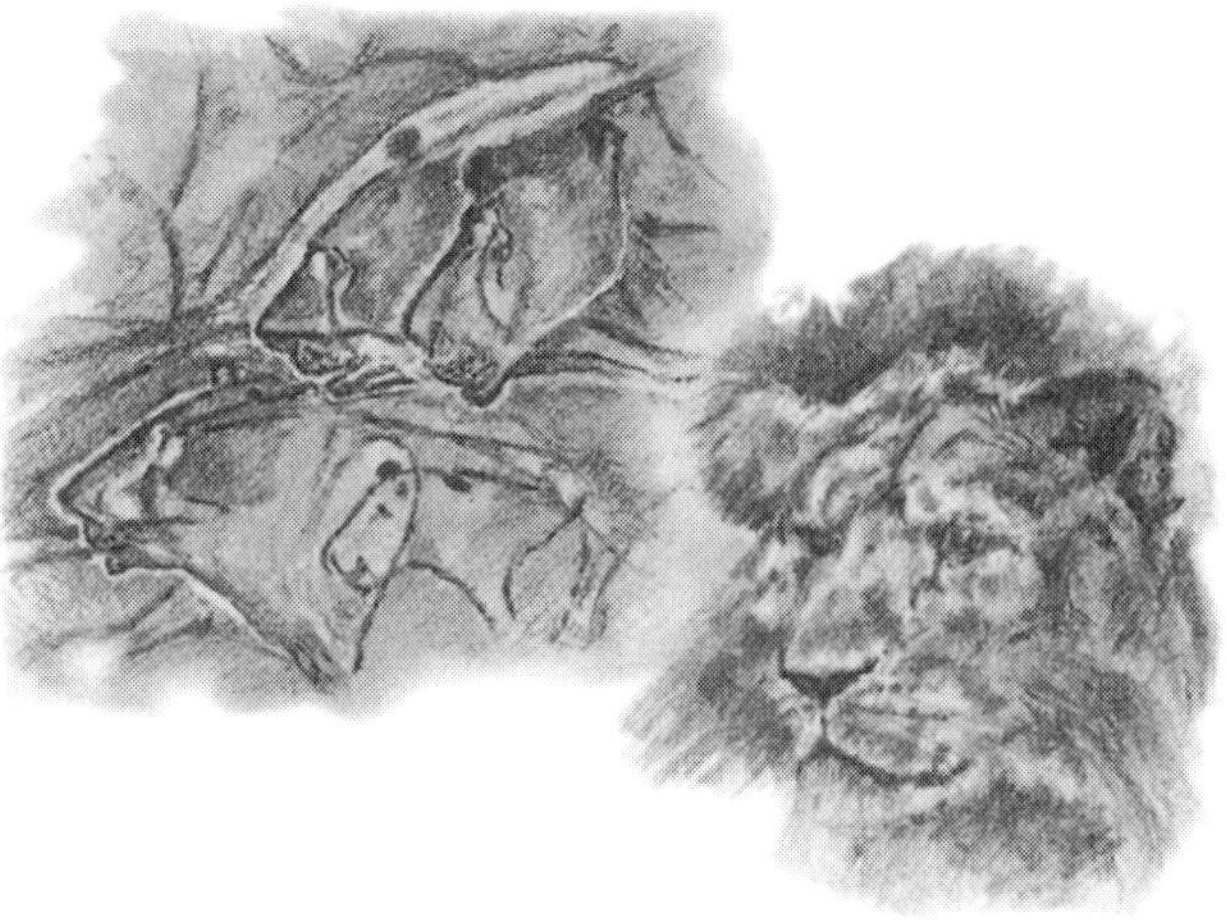

図20 左はショーヴェ洞窟の壁面に描かれたライオン。

メスはそれより小さかったが、それでも三〇〇キロ以上あったものと思われる。ホラアナグマは現在のヒグマよりずっと巨大だったのである。しかし、肩高は一二〇センチ前後だったと推定されるので、この絶滅した蹠行性《せきこうせい》動物の肩高はそんなに高くなく、巨大な肥満体だったのだ。

ホラアナグマは現在のヒグマのように洞窟のなかで冬眠した。冬眠中に死んだホラアナグマの数多くの死体が洞窟の地中の窪みにのこされており、数百個から数千個もの骨格が山積みになっていることもある。ホラアナグマは威圧的な外観をもっていたが、腕のいいハンターでなく、大きな臼歯は現実には肉を切り裂くより、果物を咀嚼するほうに向いていた。みごとな犬歯は切れ味が悪く、獲物を殺す以外の目的に使うしかなかったのだ。それでも巨大なクマと「住居」をはりあうのは、あまり愉快なことではなかっただろう。

ほぼヨーロッパにしかいなかったホラアナグマは、大陸の温暖な森林と寒冷なステップに住んでいたが、地中海世界にはいなかったように思われる。イベリア半島ではピレネー山脈、カンタブリア地方、およびガリシアと、ふたつのイベリア高地以外では発見されていない。マドリード近郊のエル・レゲリーリョ洞窟が、最南端の遺跡となっている。第四紀のヨーロッパでホラアナグマと祖先のクマが、そんなに化石の多くないヒグマと共存していたことがわかる。ギプスコアのエカイン洞窟の二頭のヒグマの絵のうち、一頭は頭が描かれていない。ビスカヤのサンティマミーニェ洞窟では、ヒグマが鮮やかに描かれている。ホラアナグマの前足は後足より長いので、ヒグマとホラアナグマは見わけやすい。ホラアナグマの背中の線は肩から尻にかけて急角度でさがっていたため、背中のかたちが独特なのだ。ビスカヤのベンタ・デ・ラ・ペラ洞窟には、ホラアナグマのみごとな彫刻がある。最終氷期の終期になると、ホラアナグマはヒグマのライバルでなくなり、氷河時代の最後の霧につつまれて永遠に消えてしまったのである。

最後にネアンデルタール人もクロマニョン人も、ブチハイエナとたびたび死肉を争わざるをえなかったことに注意しておこう。ブチハイエナも人類のように、狩りのときに強力な効果をあげる集団を組織した。最終氷期の時代のブチハイエナは、いまより大きなからだをもっていた。シマハイエナのほうは、人類にとってそれほど脅威ではなかったが、それでも死肉を争う強力なライバルだっただろう。シマハイエナは少なくともイベリア半島では、ブチハイエナほどいなかったように思われる。シマハイエナはポルトガルのフルニンハのムスティエ期の遺跡からしか発見されていない。

魔法の山アタプエルカ

われわれはこれまでネアンデルタール人やクロマニョン人とともに、最終氷期の気候変動を生きた大型哺乳類を概観してきた。ところで最初の人類やネアンデルタール人の祖先が入植してきたころ、ヨーロッパにはどんな草食動物と肉食動物がいたのだろうか。それを知るにはブルゴスにいって、アタプエルカ山地に登ってみる以外にいい方法はないだろう。スペインの古人類学者と考古学者のチームは、ここで関心を引く時代の大部分を理解するために、もっとも重要な化石のコレクションを研究してきた。

　アタプエルカ山地は隆起した石灰石でできている。この石灰石は恐竜の時代である中生代最後の白亜紀という、八五〇〇万年以上前の海底で形成された。のちに哺乳類の時代となった新生代第三紀のうちの漸新世〔三七〇〇万年前～二四〇〇万年前〕に、地殻の内部で巨大な力が作用し、海底の石灰石の層を荒々しく押しあげた。この過程で石灰石の層は変形し、最後に横臥褶曲《おうがしゅうきょく》とか背斜構造と呼ばれる小さな山ができた。そして海水が引いたあとに浸食作用がはじまり、最終的に現在のような最大標高一〇八二メートルというアタプエルカの平らな山頂ができあがったのである。そのあとの中新世〔二四〇〇万年前～五〇〇万年前〕に、現在のドゥエロ高原〔イベリア半島中央部にあるスペインの約半分を占める高原台地〕が、海に面した出口のない広大な盆地になった。というより、この大陸盆地はまわりをとりまく山々の浸食で生じた堆積物で満たされたのだった。山々とは北のカンタブリア山脈、東のイベリア山系、南の中央山系、西のレオン山脈とトラス・オズ・モンテスのことである。エドゥアルド・エルナンデス・パチェコは、カスティーユ高原にあるドゥエロ盆地を、山岳の壁で保護された山岳砦にたとえたものだった。

　アタプエルカ山地はイベリア山系の一部をなすシエラ・デ・ラ・デマンダから、数キロたらずのドゥエロ川流域の北西の一角に位置し、カスティーリャ高原にはいるラ・ブエレバという細い山道にかこまれている。カスティーリャ高原にはいるべつの二本の通路には、南東の隅にあるソリアの山道と、南西のシウダード・ロドリゴの通路がある。ドゥエロ川はシウダード・ロドリゴからポルトガル国境のアリベス地方をとおって、最後に大西洋に流れこむ。標高約一一三〇メートルのペドラハ峠をこえて、アタプエルカ山地の少し向こうにいけば、エブロ川流域にたどりつく。キリスト教三大巡礼地のひとつサンチアゴ・デ・コンポステラにいく道は、二本の川のあいだの自然な通路の先にあり、これでアタプエルカ山地の戦略的な位置がわかるだろう。アタプエルカ山地はカスティーリャ地方の人類の存在を強化し、持続させることに役だったのだろう。

ドゥエロ川流域にたまった堆積層は厚かったので、中新世末のアタプエルカ山地は周囲の平野のまんなかで、わずかに顔をだしているだけだった。盆地全体に点在する小さな湖には、海洋起源でない大陸起源の新しい石灰石がさらに堆積した。堆積作用の最終段階で蓄積された石灰石は褶曲を受けずに、現在の「パラモ」として知られる水平の台地を形成した。台地の高さはアタプエルカ山頂とほぼ等しい。

ドゥエロ盆地の埋め立ては、中新世につづく鮮新世になってから停止した。イベリア半島の中心部が隆起したので、できあがった河川網は数百万年にわたって蓄積された堆積物を浸食し、大西洋に流しはじめた。この過程はいまもつづいている。川の浸食作用はすべての流域でパラモの石灰石の表層をくずし、下層の柔らかい粘土と泥灰土をむきだしにした。つまりカスティーリャ高原では、大きく違うふたつの地層を区別しなければならない。一般に石灰石でできた、部分的には耕作にあまり適さないパラモの古い地層と、より肥沃で居住に適した谷底の新しい地層である。ふたつの地層は「ケスタ」と呼ばれる険しい斜面で結びついている。

アタプエルカ山地に面したイベアス・デ・フアロスという高地の町を流れるアルランソン川の左岸から、パラモとケスタの起伏の地勢上の特徴を見ることができる。右岸にはアタプエルカ山地があり、アルランソン川はブルゴスの町から数キロ上流にのぼった、アタプエルカの南側の斜面近くを流れている。アルランソン川は川の例にもれず、上流の大きな岩をひきはがして押し流し、角をけずって丸石に変えた。現在もなおアルランソン川が増水すれば、浸水した平地に大量の砂利や小石が堆積することになる。この川は中新世をつうじて、ドゥエロ盆地にたまった粘土や泥灰土のような透水性をもつ堆積物を、時間をかけて少しずつ深々と掘りこんだ。しかし、傾斜した面には小石まじりの古い平地がのこっており、地質学では、このような石灰質の起伏を段丘と呼んでいる。もっとも高い堆積物は現在の川の水面から八五メートルの位置にあり、標高九九四メートルという高さはアタプエルカの山頂に非常に近い。先史時代にアルランソン川が流れた段丘のうえの道をたどれば、遺跡のできた時代のアタプエルカ山地の洞窟が、川岸の近くにあったことがわかるだろう。アタプエルカ山地の斜面に住みついた先史時代の人類が、遠くからアルランソン川の流域や、現在も小さな支流のピコ川が流れるバルホンドの窪地で、のんびりと草を食べる草食動物を観察した姿を想像することさえできるだろう。

浸食過程の話にもどれば、アタプエルカ山地の基層をなす海洋起源の石灰石には、もともと高い透水性があったのだ。だから地下水路網、地下道網、洞窟網が形成され、水圧で水が循環するようになった。この水路網は石灰石の地域の地表に落ちる雨水を、最終的に排水しつくした。雨水が石灰石を溶かして水路網をつくる現象を「カルスト」と呼んでいる。河川網が石灰石を浸食すれば水位は低くなり、カルストの自由地下水層または地下水面が低くなるので、涸れ谷のような網状組織だけがのこる。同時に洞窟の天井のあちこちがくずれて、外部につうじる穴があいた。浸食作用はまた斜面をけずり、洞窟の横に入り口ができた。ここではじめて肉食動物や人類が、洞窟のなかにはいりこめるようになったのである。

これまでの大半の発掘作業は、グラン・ドリナ、ガレリア、シマ・デ・ロス・ウエソスという三つの遺跡で実施されてきた。三つは非常に近い位置にあり、最初のふたつはとくに近い。三つの遺跡には、約一〇〇万年前から二五万年前の化石があった。われわれはアタプエルカ山地のほかの洞窟にあった、二五万年前より多少は古い化石ももっており、それらは目下研究中である。多くの期待が寄せられるこれらの研究は、最古の地層を示すシマ・デル・エレファンテや、もっとも新しい地層が検出されたミラドール洞窟と、「ポルタロン」（大きな入り口）として知られるクエバ・マヨルで集中的に実施されてきた〔遺跡の位置関係については巻頭の地図を参照されたい〕。アタプエルカ山地の古生物学的・考古学的秘宝は枯渇するどころか、しだいに範囲を広げている。動物の化石を研究する古生物学者は、げっ歯類の専門家グロリア・クエンカ、肉食動物の研究家ヌリア・ガルシア、草食動物の専門家ヤン・バン・デル・マデ、古植物学者メルセデス・ガルシア・アントンである。四人の研究者はこれから、アタプエルカ山地の非常に古い生態系を案内してくれるだろう。

最初に遺跡の化石のコレクションをふたつの時代に大別するために、水生のネズミを目安にすることにしよう。前六〇万年と少し前に一種の水性のネズミ（*Mimomys savini*）が絶滅し、*Arvicola cantianus* という別種と交代した。後者は現在のミズハタネズミに近いが、げっ歯類という地位をのぞけば町にいるドブネズミとの類縁関係は薄い。さしあたり *Mimomys savini* とともに出土するすべての化石を、五〇万年以上前と結論することができる。グラン・ドリナでは *Mimomys savini* は地層3から地層8の下層のあいだで発見されるが、これは約八・五メートルの堆積物の深さに相当する。これらの堆積物は約一〇〇万年前から五〇万年ちょっと前までの時間差を示しており、地層3以下には化石は見あたらない。グラン・ドリナでは慣例に反して、地層が下層から上層に配列されていることに注意しよう。これはこの遺跡が一九世紀末に、鉱山鉄道のトレンチの掘削で切り開かれたことによっている。だから、地層の全体を完全に掘りさげなくても、層位がわかることになる。

この時代のアタプエルカ山地に住んでいた大型哺乳類の動物相は、現代の動物相にくらべて非常に多彩で壮観だった。草食動物のなかには *Stephanorhinus etruscus* という種の二本角の大型のサイ、イノシシ、ウマ、アカシカ、ノロ、原始的なオオツノジカ（*Eucladoceros giulii*）と、たぶんダマジカがいたのだろう。グラン・ドリナからウシ科の *Bison voigtstedtensis* という種のみごとな頭骨が発見されているし、地層7からは昔のジャコウウシの後足が発掘されている。これは現在のジャコウウシの祖先か、少なくとも同類だろう。すでに書いたように、当時のジャコウウシはまだ周氷河の生態系に適応できずにステップに住んでいたのである。アタプエルカの人類はアルランソン川とその支流で泳ぐカバの群れや、あちこちでダムをつくるビーバーを見ていたかもしれない。意表をつかれるだろうが、カバはたしかに最終氷期のピークがくるまでイベリア半島に生息していたし、ビーバーは半島では絶滅したが、ヨーロッパにはずっと住んでいた。

グラン・ドリナの最古の地層から発見された動物たちのなかに、とくにふれておく価値のある二種の大型げっ歯類がいる。最初にふれるヤマアラシ（*Hystrix refossa*）の近縁種は、現在のアフリカとアジアの暑い気候帯に住んでいる。バルカン半島、シチリア、イタリア半島の一部にもいるが、これはたぶん人間の手で導入されたものだろう。ヤマアラシは更新世のヨーロッパで、温暖な地域と温暖な時期の非常に一般的な動物だったのだ。アタプエルカ山地に生息していたふたつめの大型げっ歯類マーモットは、現在もアルプス山脈や、ポーランドとスロバキアの国境のニースケー・タトリ山脈に住んでいるし、ピレネー山脈に再導入されたマーモットは順調に繁殖している。高山の森林の下方の草地に住むマーモットは、巣穴のなかで冬眠する。九〇万年前から六〇万年前の最寒冷期のアタプエルカ山地では、もっとも高い地点にマーモットの好む樹木のない生息域があったのかもしれない。しかしシエラ・デ・ラ・デマンダに近い高山には、マーモットを捕獲するワシやワシミミズクのような猛禽類がいた可能性もあり、それらがアタプエルカ山地の巣まで運んだのかもしれない。また最後の仮説として、地上生の捕食者が持ち帰ったのかもしれない。

アタプエルカ山地の古代の生態系には、どんな捕食者がいたのだろうか。ここでは食材とエネルギーが循環する食物連鎖網のなかで、人類がどんな位置を占めたかという問題は考えないことにしよう。当時の最大の捕食者は、サーベル状の牙をもつケンシコ（*Homotherium latidens*）という大型のネコ科だった。ケンシコはライオン並みの大きさと、上顎に反り返った巨大な犬歯をもち、犬歯の両側にはこまかいギザギザがついていた。ヨーロッパでは五〇万年前に絶滅したが、近縁種の *Homotherium serum* は氷河時代末までアメリカで生きのびた。ケンシコ（*Homotherium latidens* と近縁種）が上顎の巨大な犬歯をどのように使ったかという問題には、いまだに答えは見つかっていない。学者のなかには短剣のように使って獲物を突き刺し、失血死させたと考える人たちがいる。また犠牲者の腹部の毛皮と近くの組織を突きとおし、そのあと口を閉じて大きな肉塊を引きずりだしたと推定する人たちもいる。獲物が逃げても追いかけて、失血死を待つだけだっただろう。いずれにしてもケンシコが使ったのは獲物に接触しないで嚙みつき、若いマンモスのような自分よりずっと大型の動物を倒す方法だったと見られている。

アラン・ターナーとマウリシオ・アントンの説明は、その反対のことを示そうとする。ケンシコの牙は右の仮説が仮定するような非常にはげしい衝撃に、耐えきれなくて折れただろうというのである。かれらは、牙の折れたケンシコは死ぬしかなかったと考える。ふたりの学者たちの判断の根拠は、獲物を倒して動けなくしたあとでしか、犬歯が使われなかったということにある。つまりケンシコは大きな危険を犯さずに、獲物ののどに牙を突き刺して窒息死させるか、首の何本かの太い血管を切断することができたのだろう。それは現在のライオンが、大型の草食動物を倒すときのような方法だったのだろう。
アタプエルカ山地のもっとも遠い時代のもう一種の大型のネコ科に、約四〇万年前に絶滅したヨーロッパジャガー（*Panthera gombaszoegensis*）がいた。大きさは *Homotherium serum* より小型だったが、現在のアメリカに生息するジャガーよりは大型だった。グラン・ドリナの最下層から、オオヤマネコという、ずっと小型のもう一種のネコ科の化石が発見されている。つまりアタプエルカ山地には、あらゆる大きさのネコ科の動物がいたことがわかり、オセロットがいた可能性もある。これらのネコ科のなかで最大の種がケンシコだったのだ。ヨーロッパにライオンがあらわれたのは約六〇万年前のことであり、その直後に大陸からケンシコが姿を消した。当時の生態系の支配的な捕食者の地位を争う競合の結果だったのだろう。

イヌ科のほうでは、二種の化石が発見されている。ホッキョクギツネの祖先だった *Vulpes praeglacialis* は、まだ周氷河の環境に適応していなかった。もう一種の小型のオオカミ *Canis mosbachensis* は、現在のジャッカルより少し大きかった。こちらのイヌ科の動物は約四〇万年前に大型化し、現在のオオカミに進化したのだろう。

またグラン・ドリナの最下層から、ブチハイエナのヨーロッパ最古の化石が発掘されている。この高度に社会化された肉食動物は、死肉でも生き餌でも人類の手ごわい競合相手だっただろう。特殊な歯をもつブチハイエナは、大型草食動物の骨を噛み砕いて髄をとりだすことができた。人類もおなじことをしていたが、岩か石を使って骨を砕いていたのである。ところがアタプエルカ山地の化石のコレクションには、現在までのところ、かつて *Pachycrocuta brevirostris* として知られていた最大種のハイエナはふくまれていない。ヨーロッパの同時代のほかの遺跡から発掘されているだけに、アタプエルカ山地で見られないことは意味深い。イベリア半島でも、グラン・ドリナより古いムルシアのクエバ・ビクトリア、グラナダのベンタ・ミケナ、ヘロナのインカルカル、マドリードのポントン・デ・ラ・オリバのような遺跡からも発掘されている。ヌリア・ガルシアは、アタプエルカで明らかなように、ブチハイエナはイベリアにきてから、まず南ヨーロッパからしだいに撤退するようになり、約四〇万年前に大陸のほかの地域でも絶滅に追いこまれたと考えている。

グラン・ドリナの最下層からはまた、古い種に属するクマの化石も数多く発見されている。それらはたぶんヒグマやホラアナグマの原始的なフォームだろう。

ガレリアやシマ・デ・ロス・ウエソスと、グラン・ドリナの地層8と11という新しい地層から、よりのちの時代の大量の化石が発見されている。化石全体の年代は五〇万年前より少しあとと二五万年前のあいだだろう。いまもウマ、ダマジカ、アカシカ、オオツノジカ、バイソン、サイのような草食動物の化石が発見されつづけている。バイソンの化石は少なすぎて、シンリンバイソンと呼ばれることが多い *Bison schoetensacki* なのか、ステップバイソンと呼ばれる小型の *Bison priscus* なのか区別できない。森林とステップという形容詞がついていても、バイソンは典型的な環境間の放浪者なので、化石は生態学的な明白な指標を示さない。発掘されたウシ科の化石のなかには、オーロックス（*Bos primigenius*）か、ときにスイギュウだとさえ思えるものもある。いまではスイギュウはアジアにしか生息していないが、かつてはヨーロッパにも住んでいたのである。しかし、かぎられた数の骨だけをたよりに、ウシ科のさまざまな種を特定するのはむずかしい。

この時代のアタプエルカには、とくにステップサイ（*Stephanorhinus hemitoechus*）という種のサイが住んでいた。ステップで草を食べていたこれらのサイは、ヨーロッパで長いあいだ、大型のメルックサイ

（*Stephanorhinus kirchbergensis*）といっしょにいたことがわかっている。後者は現生種にはかなわなかったが、高さ二・五メートルになることもあり、じつに堂々としたものだった。二種の化石種のサイは、多様な食料源の利用に適していたので共存できたのだろう。つまり両者は異なるニッチを占めていたから、競合することが少なかったのだろう。樹木を食べたメルックサイは、木本植物の葉、若芽、果実のような柔らかい部分も食べたので、より森林に出現した。アフリカでは現在も二種のサイの共存が見られ、おなじ地域でもクロサイは樹木や小灌木を食べ、シロサイは草原で牧草を食べている。ステップサイもメルックサイも温暖な気候に適応していたが、ヨーロッパでは最終氷期のはじめにネアンデルタール人と同時に絶滅した。しかし、イベリア半島ではステップサイはもう少し長く、最寒冷期がくるまで生きていただろう。すでにクロマニョン人が住んでいた時代にケサイがステップサイと交代し、この場所の支配者になっていたのである。

大型げっ歯類については、アタプエルカの第二期調査でマーモットや、*Hystrix vinogradovi* とは別種のヤマアラシが発見されつづけている。シマ・デ・ロス・ウエソスでも、数多くの肉食動物の化石が発見されたが、もっとも代表的な種はホラアナグマの祖先の *Ursus deningeri* である。ここではまたオオカミ、キツネ、ヤマネコと、現在のイベリアオオヤマネコの進化の系統に属するオオヤマネコが発掘された。ライオンと謎めいたネコ科の化石も見つかっており、大きさをもとに足の一個の蹠骨を観察すると、ヒョウかヨーロッパジャガーかもしれないと思われる。要するにシマ・デ・ロス・ウエソスには、大きさの違う四種のネコ科の化石があったことになる。忘れられがちだが、イタチ科の動物たちを無視することはできない。この遺跡を代表する二種のなかで、大型のほうはテンかマッテンに似ているし、小さいほうはイタチかオコジョに似ているようである。ガレリアの遺跡からは、ドールとアナグマの化石も発見されている。

アタプエルカ山地にハイエナがいなかったことは驚きである。これまでの発掘では、シマ・デ・ロス・ウエソス、ガレリア、グラン・ドリナの最上層のどこからも化石が発見されていない。ヌリア・ガルシアは、ハイエナが人類と敵対したため、アタプエルカ山地から追いはらわれたのではないかと暗示する。人類がハイエナにかなわない時代があったとすれば、グラン・ドリナの最古層でしか化石が見つからない理由の説明がつくだろう。当時の人類は少数だったか、十分な組織力をもてなかったか、地域によっては短時間しか定住しなかったのかもしれない。右にあげた遺跡に反して、のちの時代のイベリア半島ではハイエナがふえていたのである。人類は狩りを選ぶように進化したのにたいして、狩りより死肉あさりをするハイエナのほうは、戦いに敗れてニッチを奪われたのかもしれない。

アタプエルカの遺跡では、現在までに二個のゾウの化石が回収されているが、分類するには数が少なすぎる。一個はグラン・ドリナで発掘され、もう一個は「ゾウの穴」を意味するシマ・デル・エレファンテで発掘された。だからといってこのあたりに、古生物学的研究の対象となるような長期間にわたって、ゾウがいなかったという意味ではない。ヨーロッパに非常に多かったナウマンゾウ（*Palaeoloxodon antiquus*）は、カバのように間氷期に典型的な動物だった。高さ二・七メートルにもなったこのゾウの化石は、イベリア半島で数多く発見されている。おそらく、もっとも有名なソリアのトラルバとアンブローナの化石については、のちにふれることにしよう。ヨーロッパではナウマンゾウは、氷河時代に少なくとも極寒の地域から姿を消した。それにかわったのは、マンモスの祖先 *Mammuthus trogontherii* またはステップマンモスだった。*Mammuthus trogontherii* はヨーロッパの歴史で最大のゾウであり、体長四・五メートル、体重一〇トン以上にもなった。最後のナウマンゾウはステップサイやメルックサイとおなじく、地中海の半島では決定的な段階の寒さがくるまで生きのびたように思われる。この段階のヨーロッパでは、カバが絶滅すると同時にマンモスとケサイが出現した。

ここで少し植物にふれておくことにしよう。まずコナラ属に属するオーク、ガルオーク、セイヨウヒイラギカシ、コルクガシでは、まえの二種が落葉樹で、あとの二種は常緑樹である。アタプエルカ山地の花粉と胞子の化石の研究から、右にあげた四種の樹木が、ほかの樹木より生育していたことが証明されている。おなじ場所や、近くのシエラ・デ・ラ・デマンダの森林の現在の植生が、概して違わないこともわかってきた。何種類かの花粉から、イナゴマメ、ヨーロッパエノキ、野生のオリーブ、クロウメモドキ、ニュウコウジュが、現在の気候条件より地中海的な気候条件に適していたことも証明された。さらに、べつの時代には寒冷な気候に向くヒノキやビャクシンのようなヒノキ科と、モミや裸子植物が森を支配していたことがわかってきた。

化石の記録は更新世という時代のアタプエルカ山地に、動植物の異例の多彩さが見られたことを伝えている。多様な草食動物と肉食動物がこれほどたくさんいたことは、特別に多くの種がいた単一の生態系でなく、アタプエルカと近隣の環境が構成する変化にとむ生息域として説明できるだろう。そこには広大な平地のコミュニティと、水路や石灰石の露頭や連山のコミュニティがあったことがわかる。木材が伐採されなくなったあとは、ガルオークやセイヨウヒイラギカシが、鍬のはいったことのない石灰質の土壌で再生している。段丘にピレネーオークが生えている山の斜面になると、状況はそれほど好ましくなく、第三紀の土壌は穀物栽培のためにほとんど姿を消してしまった。ブルゴスの町から四〇キロしか離れていないアタプエルカ山地という自然の小島を、なんとかして保護することが重要になる。

アタプエルカ山地は世界でも独特の場所である。それはまさしく最後の一〇〇万年という長大な期間にわたる人類のテクノロジーと行動にたいして、気候と生態系がおよぼした影響を包括的に教えてくれる。ヨーロッパ最古の化石が発見されたのはこの場所であり、われわれが新しい種を同定できたのは、これらの化石のおかげだった。ここでは世界最古のカニバリズムという事実と、時間的にもっとも遠い時代の埋葬慣例が発見された。この異例の古生物学的・考古学的記録でアタプエルカ山地は世界最大の遺跡のひとつとなっており、それは過去のニッチとしてスペインの岩場のなかに位置している。要するに、こうしたすべてがこの山地を魔法の山にしている。

第6章　大絶滅

つづく数日のあいだ、われわれはマン山脈の南側の斜面をのぼってみた。おおかたの白人から見れば、この地方は荒廃した非情な「神が忘れた土地」だった。アボリジニーの見方はその逆である。アボリジニーから見れば、風景は豊かな興趣をかきたてる。木はただの木でなく、変身した過去の英雄たちのからだである。小川はただの水の流れる場所でなく、巨大なヘビがこの地方を蛇行して横切った跡なのだ。

チャールズ・P・マウントフォード

『褐色の人たちと赤い砂——野生のオーストラリアを旅する』

ひとつの強い性かふたつの強い性か

先史時代の人類の社会経済学の研究で慣例的に表現されるのは、狩猟採集生活者だったかれらが、くる日もくる日も、たえず食料を捜し求めて生きていたことである。これは植物食中心だったと考えられる初期ヒト科のアルディピテクス、アウストラロピテクス、パラントロプスのことではない。それはまた植物食に肉食をくわえた最初のヒト科だったハビリスのことでもないのだ。現代人に似たからだをしていた祖先たち、つまりエルガスター以後の本物の人類のことであり、かれらは二〇〇万年前のアフリカに出現し、そのあとアジアとヨーロッパに入植した。

更新世のヨーロッパには、あらゆる種類の動物たちがあふれていた。数も種類も多かった大型草食動物は、どんな捕食者にとっても潜在的な獲物だった。それでもやはり先史時代の人類が、どんな方法で豊富な獲物に近づいたかを知る必要がある。かれらがヤギ、アカシカ、ウマ、ウシ、バイソン、サイ、ゾウなどを倒したと考えるべきだろうか。あるいは自然死した動物や、肉食動物が殺した動物ののこりだけを食べていたのだろうか。われわれは本能的に、薄笑いのような不吉な鳴き声をだすハイエナにたとえられることを好まないが、この第二の仮説では、人類はライオンよりもハイエナのほうに近かったことになる。そもそも会社や軍隊やスポーツチームで、ハイエナをシンボルマークに選ぶところはないだろう。しかしハイエナは人類とおなじく、ただの死肉あさりでなく、非常に優秀な狩猟者である。

そこで第一の仮説を考えるまえに、狩猟者の男性と採集者の女性を対立させる伝統的な分割方法を検討してみよう。民族学者は昔から性別による作業区分を確立し、狩猟活動をもっぱら男性側の活動として認めさせてきた。この見方からすると、狩りの獲物は先史時代の人類の主要な食料源になり、この意味で中心的役割をはたすのが「強い」といわれる性になる。ところで男性がつねに身体面で最重要な役割を引き受けていたとしても、集団にカロリーを供給するときにも、やはり最重要な役割をはたしていたのだろうか。この見方を逆転して、植物性の産物の採集のほうを生存の基礎だったと考えれば、先史時代の尊大な狩猟者のイメージの正体は暴かれざるをえないだろう。先史時代の狩猟者は倒した獲物をかついで家にもどり、戸口で連れあいと数多くの子どもや、食料を保証していた親や義理の親の出迎えを受けたのだろうか。ベリー類を摘むには、あまり力が必要でないことは認めよう。それは女性、老人、乳離れをした子どもにもできる活動である。

狩猟者の右の紋切り型のイメージを、べつのイメージに置き換えることを提案したい。空手でもどってきた狩猟者が、集団のもっとも弱い成員が採集した植物にたよらざるをえない情景を考えてみよう。

先史時代の伝統的な図式を逆転すると、われわれ自身についても考えざるをえなくなるだろう。わたしはここで、のちに分析するクリステン・ホークス、ジェームズ・オコンネル、ニコラス・ブラートン・ジョーンズの仮説をとりあげることにしたい。三人の学者によれば、食料の獲得で女性が強い性になるのは、自然選択が人類の女性にあたえた固有の特色であり、この特色はほかの霊長類には見られないという。この独占的な特色とは閉経のことであり、この生理現象はほかの種のメスには見られないというのである。

三人の議論を追跡してみよう。かれらはまずあらゆる年齢の人間のライフサイクルと、もっとも近縁の二種のチンプのライフサイクルを比較する。人間の成長期間がはるかに長く、女性の思春期と性的成熟がより遅いことがわかるだろう。チンプの性的成熟は一三年か一四年以前には訪れないが、パラグアイのアチェ族とボツワナのクング族という現代の狩猟採集集団では、女性の性的成熟は一七歳から一九歳以前には訪れない。おなじように最長でも四〇年をこえないチンプにくらべて人間の死亡年齢はより遅く、右のふたつの狩猟採集集団では六〇歳をこえる人たちが珍しくない。

しかし人間のすべてのライフステージが、ほかの霊長類より一様に長いという結論を性急にくだすべきでなく、現実はこの仮定を強く否定する。チンプのメスは死の当日まで生殖能力をもっており、メスの生殖器官はライフサイクルの終期に、ほかの組織が受けるような老化に関係しない。ところが人間の女性は、生理的に老化するまえに非常に長期間の不妊状態になる。だから、右に引用した現代の狩猟採集社会の女性の四〇パーセントは閉経年齢の時期を生きる。人間の女性とチンプやゴリラのメスを比較すると、繁殖可能な期間は平均して三〇年前後とほぼ近いことがわかる。ただ人間の女性には、ほかの霊長類に見られない、かなり長い繁殖期間以後の時間がある。

ここでしばらく、クリステン・ホークスらが「おばあちゃん仮説」と呼んだ仮説を考えてみよう。この仮説は閉経の理由を、娘の子育ての援助にあると考える。遺伝子の永続性という視点に立つ三人の人類学者は、盛時をすぎた女性にとって、彼女の遺伝子の五〇パーセントをもつ子どもを生むより、二五パーセントをもつ孫を介して子孫を確保するほうが有利だというのである。彼女にはもう子育てをするだけの能力はなく、遅く生まれた子どもなら、成長を見とどけることさえできないかもしれない。それに娘が死ぬようなことがあれば、祖母とすごす孫の成長期間は非常に長くなるだろう。現代の人間が一〇〇歳近くまで生きる可能性があるといっても、先史時代の女性が五〇歳代で妊娠して、その子が成長するまで生きていたと考えることはむずかしい。

おなじく「おばあちゃん仮説」の考え方によれば、閉経を、人間の女性が最初に自分の子どもと食料をわけあい、のちに娘の子どもとわけあう過程の到達点と見る必要があるだろう。これが人間の女性とチンプのメスを実質的に区別する要点であり、チンプのメスは子どもとは餌をわけあっても、孫に関心をもつことはないのだ。三人の学者は、祖母が意図的に息子の子どもでなく娘の子どもを支援すると指摘した。これはたぶん娘の子どもが祖母の遺伝子をもつのにたいして、義理の娘には確実性がないということだろう。このばあいは義理の娘には、自分の母親に面倒を見てもらえということになるのだろう。

しかし以上の仮説を認めるためには、まず、ふたつの問いに答えなければならないだろう。(1)祖母の援助の可能性は、娘の子どもの生存にとってほんとうに重要なのか、(2)チンプのようなほかの霊長類に、どうしておなじ行動が見られないのか、という問いである。最初の問いにたいしては、子どもが母乳を確保できなくなった危機的な離乳期のばあいなら、祖母の援助は決定的に重要だと答えることができるかもしれない。子どもがまだ自立していない年齢では、母乳は栄養補給の面だけでなく感染症の予防の役割もする。問題をこのような視点で考えれば、祖母の援助は離乳期にはいる子どもの生存の可能性を高め、子どもの成長を支援して、娘の出産間隔を短くすることに結びつく。要するに、祖母は子どもをふやす役にたつのだろう。

わたしは以上の説明を非常に妥当だと考える。たしかにこれで閉経の理由、つまり女性の繁殖期間が寿命に近づかない理由を理解することができる。だが、三人の学者が問題を逆転させ、現実には女性を閉経させるために寿命が長くなったと結論をくだしたことには同意しない。三人は女性の寿命をのばすために選択された遺伝子は男性にも伝えられただろうから、その意味では男性も間接的な利益を受けただろうと主張したのである。

われわれの問題は、人類の進化史で閉経が出現した理由を知ることにある。まず寿命が長くなって繁殖期間が短くなったという仮説を受けいれれば、進化が二段階でおきたと考えざるをえない。チンプのメスが人間のように自然死の数十年前でなくても、数年前には繁殖期間を終えることも指摘しておこう。チンプとヒト科の共通の祖先の繁殖期間を、三〇年以下に制限した遺伝子が実在したと考えれば、進化が二段階でなく一段階だったことはたしかだろう。このばあい、現代女性の閉経は進化のただ一歩の産物だろうし、進化は寿命をのばしながら繁殖期間を変えずに維持したのだろう。わたしは進化の段階のあいだに可能な最短の道を見つけようとする仮説が、もっとも重視されるべきだと考える。進化生物学では、この経済的基準を「最節的原理」と呼んでおり、これは「極度の倹約」を意味する英語のパーシモニー（parcimony）の直訳である。

わたしは右の最後の論点では、クリステン・ホークスらについていくことはできない。つまり、自分が女性の閉経のおかげで高齢まで生存できることを認めるのに、ためらいがあることを告白しておこう。

三人の学者はさらにふみこんでいる。かれらは食料の最重要な部分を集団に供給するのは女性の役割だから、家族の経済にたいする祖母の寄与は非常に重要だと主張する。三人によれば男性は、この領域では完全に二次的な役割をはたしてきたし、いまもはたしているという。かれらは証拠としてタンザニアのハドザ族を対象としたフィールドワークのデータを提出する。かれらがハドザ族で確認したのは、男性が専業とする狩りは非常に重要なカロリー源になるが、それだけでは集団の生存を確保するのに不定期すぎるということだった。じっさいに狩猟者たちは非常な長期間にわたって獲物を倒せず、死肉も見つけられずに空手で村にもどってきたという。そこでクリステン・ホークスらは、つぎのように考えたのだった。弓と毒矢をもつハドザ族は、大型草食動物の豊富なテリトリーを動きまわる。そのハドザ族にもこのような状況がおこるとすれば、こうした技術のなかった古い時代の狩猟者たちに、最悪のばあい、おなじ状況がおきたと考えざるをえないのではないだろうか。

ハドザ族がとくに大量の果実と植物の地下器官を食べることを忘れるべきではないが、この民族が開拓した数多くの食料源のなかに、とりわけ重要な植物性の資源がある。それはハドザ族が「エクワ」と呼ぶ、地下深くまでのびる *Vigna frutescens* という植物の塊茎であり、かれらはこれを素朴な掘り棒を使って手にいれる。エクワは一年中手にはいるので、ほかの植物性の産物や狩りの獲物が不足する時期にも利用できる。乳離れしたばかりの子どもにはエクワを掘る力がないので、かれらにエクワをあたえるのは祖母の役割である。つまり、この民族は掘り棒を使って土を掘る人類に比較できる状況にあるのだ。それに人間の子どもは、ほかの霊長類の子どものように収穫に積極的に参加する。五歳の子どもでも母親の指導か援助さえあれば、一日に消費するカロリーの半分を自力で手にいれることができる。最後にハドザ族の栄養補給の説明を補完するには、男女が平等に採集できる非常に重要な産物である野生の蜂蜜を数にいれなければならない。

クリステン・ホークス、ジェームズ・オコンネル、ニコラス・ブラートン・ジョーンズがはじめて「おばあちゃん仮説」を発表したのは、アメリカの『カレント・アンスロポロジー』誌上だった。この科学的発表には慣例として基調論文のあとに、ほかの学者たちが見解をのべる追加論文が掲載された。提出された論考に関する考察を奨励するこの有益な慣例のおかげで、「おばあちゃん仮説」にたいするさまざまな論評を読むことができた。こうした論評のなかでとくに注目されたのは、寿命は成長期間に非常に密接に結びつくので、閉経のために寿命がのびたと認めることはできないという批判だった。人間がチンプより長く生きる理由は、人間の発育がより遅い理由とおなじだと考えるほうが論理的であり、人間の脳の大きさも、この過程と無関係ではないだろう。

もうひとつの異論のほうも考えなければならない。成熟した女性が繁殖能力を失うと、成熟した男性も完全に繁殖能力を失うのだろうか。つまり成熟した男性がつぎの世代に属する若い女性と、確実に子どもをつくる必要があるのだろうか。三人の人類学者が研究した狩猟採集社会では、どんな頻度でこのような事態がおきるのだろう。かれらは女性が閉経年齢に達する時期に、男性のほうも生殖活動を停止する高い可能性があるという。このばあいは生理的に閉経を迎えた祖母と、潜在的な繁殖者にすぎないか、現実に生殖をおえた祖父とのあいだに違いはないのだろう。ただしハドザ族の男性は獲物があれば集団でわけあうので、父親が子孫を維持するために娘を援助するとは考えにくい。父親も祖父も家族でなく集団を扶養している。

つぎの批判は、成人年齢に達した娘が集団から離れないで母親のもとにのこらなければ「おばあちゃん仮説」は機能しないと主張する。たとえば、チンプのメスは性的成熟に到達すれば群れを離れて母親と接触を失うし、ゴリラはオスもメスも群れをさっていく。オランは群れで暮らさない単独生活者であり、テナガザルはつがいで暮らしている。テナガザルはそもそも群れをつくらないので、群れを離れるかどうかを論じてみても意味がないのだ。つまり人類にもっとも近い種では、母方居住社会は見られないのである。母方居住社会では娘は性的成熟に達したあとも出自集団内にとどまり、オスのほうが出自集団から離れていく。さらに記録された大多数の狩猟採集社会は、かつてもいまも父方居住社会であり、息子が出自集団にいつづけるのにたいして娘は離れていく。多くの研究者は以上の証拠をもとに、先史時代のヒト科は父方居住社会だった可能性が高いと考えるが、ホークスらはこれに同意しない。

『カレント・アンスロポロジー』誌に発表された「おばあちゃん仮説」にたいする論評のなかで、強調されたもうひとつの議論を追加しておこう。「おばあちゃん仮説」のほぼ全体は、子どもがひとりで入手できないエクワの塊茎という植物資源に立脚する。しかし自然状態のエクワには毒があり、食用にするには焼く必要があることを忘れてはならない。つまり、この集団には火が必要とされる。ところで二〇万年前の狩猟採集集団が、組織的に火を使ったかどうかは確実でない。いずれにしても初期のデータでは火の使用の証拠は不確実であり、むしろ散発的に使われたのだろう。

それでは、どうして人間の女性だけに閉経がおきるのだろうか。女性の寿命がのびたのに、どうして繁殖期間は寿命に比例しないのだろう。「おばあちゃん仮説」は反論の的になりすぎていて、異議なく認めることはできない。この仮説はむしろ新しい問題を引きおこしている。わたしとしては「おばあちゃん仮説」の難点の中心が、自然選択の視点から個人間の競合というレベルで検討されたことにあると感じている。この見方をとる自然選択の支持者たちは、孫に労力と時間をかける女性のほうが、孫を援助しないで遅い子どもを生もうとする女性よりも遺伝子を共有する子孫を多くもつだろうと考える。

この解決の試みのもつ個人的性格が、わたしには十分でないように思われる。わたしなら対立しあう集団のレベルという、より高いレベルの選択理論の枠内で解決を求めるだろう。イグナシオ・マルティネスとわたしの『選ばれた種』という共著は、まさにこの研究路線を推進しようとした仕事であり、わたしの考えでは集団的行動に意味をあたえられる唯一の著作である。もっぱら孫のために根茎を掘る祖母の役割と、集団全体のために狩りをする父親や祖父の役割は、社会集団内で占める補足的行動として意味をもつ。

このほか、ハドザ族を人類進化の普遍的モデルとして理解すべきかどうかという、重要な問題が提起される。食事に占める植物の重要度は、個体群と地域によって変化する。たとえばパラグアイのアチェ族の食事では、主要な要素は動物質のカロリーで構成されるし、イヌイットでは狩りの獲物に依存する度合いがずっと高い。イヌイットの集団では、自力で栄養をとれない離乳直後の子どものおもな食料源は、角とひづめをもつ動物の肉だった。イヌイットに関する著作で知られるカイ・バーケット＝スミスは、一九二七年に、イヌイットの食事に占める炭水化物の量が、動物性脂肪と動物性タンパク質にくらべてわずかだと書いている。だから、かれらにとってクジラの肝臓が、グリコーゲン（炭水化物）にとむ貴重な食品だったのである。発酵した植物をふくむトナカイの胃についても、おなじことがいえただろう。

以上のすべてをふまえたわたしの個人的な結論は、狩猟採集という経済社会に属する人間が非常に高い適応性をもつということにある。問題はこの生態学的柔軟性が、どの時代から効力を発揮したかということだ。わたしはこの時代を二〇〇万年前に設定しようと提案する。人類はこの生態学的柔軟性のおかげで、アフリカという境界を乗りこえることができたのである。イベリア半島はハドザ族が住む赤道とイヌイットが住む北極圏の中間的な緯度にあるので、こんどは半島に住んだ先史時代の集団の経済モデルが、どのようなものだったかを知る必要がある。

食料の探索

われわれの疑問を解消しようとする出発点で、イベリア半島の植物質の産物を採集する可能性の幅を分析することになるだろう。霊長類が植物を食料源とすれば、大きな困難にぶつかることは、少し考えてみればわかるにちがいない。われわれはすでに最後の一〇〇万年間のヨーロッパ大陸に、バーバリーマカクしか共存した霊長類がいなかったことを知っている。

それでも、わたしはニッチに関連して選んだある哺乳類を主役として、植物質の食物の消費の可能性を探ってみたい。現在もこの哺乳類が占めるニッチは、狩りと同時に死肉と採集にたよった先史時代の人類のニッチによく似ている。この哺乳類とは、ヒグマのことにほかならない。現在のイベリア半島のヒグマは、ピレネー山脈の両側の山腹、アストゥリアス側のカンタブリア山脈、カスティーリャ・レオン、および周辺的にはカンタブリア地方とガリシア地方に生息する。現在では八頭になったピレネー山脈の個体は、ほぼ絶滅に瀕しており、それを防ごうとして中央ヨーロッパから何頭かのヒグマを移す「移植」が試みられている。わたしはそれほど楽観的に作戦の成功を予測できないので、ピレネー山脈のアイベックスやシロイワヤギのように、ヒグマが完全に絶滅するのではないかと危惧している。それにカンタブリア山脈のヒグマも六〇頭か八〇頭しかのこっていないし、しかも、それらはふたつのグループにわかれている。つまり東側のヒグマはサハ、フエンテス・カリオナス、リアノの保護区に集められており、西側のヒグマはおもにソミエドとアンカレス地区に住んでいる。

現在のイベリア半島のヒグマは、すべてヨーロッパ－シベリア植物区系区のスペインに生息するので、わたしが分析しようとするモデルは、この環境にしか効力を示さない。われわれは不幸なことに、かつて非常に多かった地中海のヒグマが絶滅したことを知っている。それは一四世紀前半のカスティーリャ・イ・レオンの王アルフォンソ一一世の命令でできた『狩猟術の書』の証言のとおりである。ヒグマがもっとも多かった山岳地帯の狩りを説明するこの物語は、大量のヒグマが南端のタリファとアルヘシラスにまで分布するほどだったことを証明する。王たちは首都マドリード周辺の広大なブナの森「モンテ・デル・パルド」（ヒグマの山）で狩りをしたのだから、首都の盾に地中海のヒグマが使われたことに驚くべきではないのである。一六世紀の年代記に書かれたように、フェリペ二世自身が「非常に広大な土地」に被害をあたえたという理由で二頭のヒグマを殺している。「慎重王フェリペ」は最初の一頭を石弓の一撃で倒し、つぎの一頭を旧式の火縄銃で射殺したという。

ヒグマの食性にかかわる以下の説明は、ラファエル・ナタリオ、ジェラルド・カウシモント、ロベルト・ハルタサンチェスのフィールドワークにもとづいている。わたしの目的は古い時代の生態系の可能性を追求することにあるので、ピレネー山脈とカンタブリア山脈の観察をとりまぜて紹介することにしよう。つまり、春がきたときからのヒグマの一年の歩みを追いかけることにしたい。春になって冬眠の巣穴からでたヒグマがメスだとすれば、一頭か二頭の子グマを生んだあとだろう。この説明で最初の大きな違いは、ヒグマが単独であたりを嗅ぎまわるのにたいして、われわれの祖先が集団で狩りと採集活動をしたことにある。

四月に巣穴をでたヒグマは、体脂肪の蓄えを使いつくして飢えている。そのうえ子づれの母グマは、子グマに授乳しなければならない。しかし、春先には飢えを満たすほどの餌が見つからないので、ヒグマは口にできるものを捜しながら、長時間にわたって動きまわる。かれらはピレネー山脈のブナの森のブナの実や、湿地に生えるイグサの一種スズメノヤリの葉などを食べる。またカンタブリア山脈のオークの森では、秋におちて雪のしたに保存されていたドングリを食べる。雪がとけると、冬のあいだに飢え死にしたり、雪崩で死んだりした動物の解凍したての死体が見つかることがある。

ヒグマは五月下旬になると山の草地を掘って、セリ科の双子葉植物で栄養価の高い、ハシバミの実大の塊根を捜す。コウザンネズミが蓄えた餌を見つければ、それも食べつくすだろう。ふつうは土を掘って「ベアガーリック」の球根、さまざまな植物の根、塊茎、地下茎のような地下の貯蔵器官を捜しまわる。また早春の採食行動のように植物の芽や若葉を食べつづけ、やわらかい草も見つけしだい食べる。機会に恵まれれば、野生や家畜の草食動物をためらわずに襲うだろう。初夏に見つけやすいサクランボは大の好物である。実をおとそうとして木にのぼり、よく枝をおることがある。

ヒグマはこのようにして八月まで広く徘徊する。おわかりのように植物質の餌は、ありあまるほどはないのである。しかし、八月になると夏がおわって秋がはじまり、糖分をたっぷりふくむ肉質の果実が熟しはじめる。野生のナシとリンゴ、何種かのナナカマド、サンザシ、ヒイラギ、スグリ、クロイチゴ、ジュニパーベリー、ラズベリー、ノイチゴ、ローズヒップ、プラム、ブルーベリー、スノキ、ツルコケモモ。晩夏に遅ればせに熟するセイヨウヤマモモの赤い実もつけくわえておこう。果実はヒグマの大きさにくらべれば、どれも小粒で重量はないが、ヘクタールあたりのキログラムで計算すれば巨大な量になる。豊作の年の野生のスノキは、ヘクタールあたり二〇〇キロの実をつけることがある。

秋のヒグマは一二月から四月までの冬眠にそなえ、体脂肪の蓄積につとめなければならない。秋のあいだに食べるおもな餌には、ハシバミ、ブナの実、クリ、クルミ、多種類のオークの実、および脂肪とデンプン質の豊富なナッツ類がある。

ヒグマは植物質の餌ばかりでなく、スズメバチの巣や、野生のミツバチと飼育されているミツバチの巣を執拗に捜す。岩を引っくり返してアリとアリのタマゴを見つけ、木の幹の朽ちた箇所にいる昆虫の幼虫も食べる。空腹にさいなまれれば木の幹の皮をはいで、樹皮の裏の甘い木白質や師部《しぶ》を食べることもある。ヒグマはまた、ほぼ一年をつうじて顔をだすキノコを食べ、秋と初冬には鋭い嗅覚を駆使してトリュフを捜す。

以上の説明でわかるように、植物質の産物は晩夏までは少ないが、秋になれば潤沢になる。ところで、秋は一年のうちの四～五か月にすぎない。十分な餌が見つからなければ、危機に追いこまれることはわかりきっている。ヒグマはヤマネ、ハリネズミ、マーモットのように一二月から四月まで冬眠を強いられる。これらは一定の体温を維持する哺乳類である。しかし、冬になって外気がたびたび氷点下になると、体温と身体活動を維持するために大量のエネルギー補給が必要になる。しかし必要なエネルギーをとる餌がないので、ヒグマの眠りは右にあげた小型哺乳類の眠りほど深くない。体温は三度か五度くらいまでさがり、脈拍や鼓動数も大きく低下する。それをハリネズミとくらべると、ハリネズミの体温は巣穴とおなじ四度までさがり、脈拍は一分間に二〇回、呼吸は一分間に一〇回になる。冬眠中のヒグマの生存は、山歩きのあいだに蓄えた生理的備蓄と脂肪にかかっている。前年の秋に油性植物の果実の実りが十分でなければ、春の芽生えを見ることができない危険性がある。自然はそのようなものなのだ。わたしの大学の生態学の教授のひとりがいったように、生命が氾濫するところには死もまた氾濫するのである。

地中海の森林の状況もまた、ヒグマの住む環境とそんなに違わない。じっさいにイベリア半島の南半分には、モミやエノキのような人間の食用に適する実をつける何種類かの木が生えている。それに反してこの地方では、スグリ、サクランボ、ナナカマド、プラム、リンゴ、ハシバミ、ブルーベリーは少ないか、まったく見あたらない。

すでにあげた何種類かの木、正確にいえばサクランボ、クリ、マツ、クルミは、氷期の自然発生の森の植生だったかどうかに疑問があるので、明確にする必要がある。それらは自生でなく、果実の経済価値を目的として、とくにローマ人の手で移植されたのかもしれない。先史時代のイベリア半島の人類は、これらの植物を知らなかったと考えられてきたので、移植された可能性があるといっておこう。クリ、マツ、クルミの化石を調査した結果では、ウルム氷期以前にも、これらの樹木があったことが証明されている。これらは極寒の気候の到来とともに消滅し、のちに再移植されたのだろうか。それともイベリア半島のいくつかの避難地帯で生きのびて、のちの再移植を待ったのだろうか。このばあいは明らかに、人間の主導性による助力があったのだろう。以上のふたつの仮説は、一考の価値をもっている。

われわれはゆるやかな足どりで、証明すべき目的に近づいている。要するに以上の説明で、氷河時代の植物資源が現在とおなじく少なかったことが証明される。最寒冷期に植物性の産物を採集しようとすれば、困難はいっそう大きかっただろう。一〇万年ごとにおきた寒冷化のピークが、イベリア半島にも作用したことを記憶しておこう。最終氷期がとくにきびしかったことは、なんどとなく指摘してきた。カンタブリア海岸の洞窟で、マリア・フェルナンデス・サンチェス・ゴニが調査した花粉の化石が、以上のことを証明する。これらの遺跡は海抜四〇〇メートルしかないが、樹木の花粉はまったく見られなかったのである。こうした証拠のすべてから、洞窟の外の風景が完全に開けていたことが示されるように思われる。それでも、とくに保護された地帯や海岸の近くに、いくつかの小さな森があった可能性はある。遺跡ではトナカイの化石にまざって、たびたびアカシカや、とくにノロとイノシシのような森林生の草食動物の化石が発見される。しかし幻想をもつべきでなく、これらの地帯は非常に狭かったにちがいない。

またホセ・カリオンと古植物学の研究者たちは、グラナダから南に四五キロいった標高約一〇二〇メートルのラ・カリフエラ洞窟で、植物にステップ特有の特色が見られることを証明した。つまりウルム氷期の極寒のもっとも乾燥した時代には、樹木は皆無だったのである。ところで人間は冬眠しないことを忘れないようにしよう。

以上の論証から、ヨーロッパで人類が生きのびるには、動物性タンパク質と動物性脂肪がつねに不可欠だったと結論することができる。氷河時代には、とくにそれらの重要度がましただろう。植物性の産物も重要な役割をになっていたにちがいないが、それはとくに晩夏と秋のあいだのことだった。そして森林の生態系が風景を支配した、それほど寒くない時代のことだったのである。

このほか、先史時代の人類の食料にアクセスするもうひとつの方法として、安定同位体を使う方法があり、これが古食事に適用される。しかし、この有用な方法を使うのには、化石の骨をこまかく砕かなければならないところに難点がある。さらに遺跡に人類の化石が非常に少ないことと、個人の食事のタイプから個体群全体の食事を推測できないことが複雑な問題になる。ところが、まさにこの難問を切りぬける方法があり、この方法は今後、われわれの注目を集めるだろう。バルセロナ大学の人類学者アレハンドロ・ペレス＝ペレスは、化石を無理に砕かない方法を開発した。かれは歯のエナメル質にのこる微細な溝を広く調査し、この独特の方法をシマ・デ・ロス・ウエソスで発見された大量の化石に応用したのである。かれは電子顕微鏡で観察した化石の歯の傷と、食事の内容がわかっている現在の個体群の歯にのこる傷を比較した。そして、この比較研究という方法でシマ・デ・ロス・ウエソスの人類が、種子、根、塊茎のような、一般に非常に磨耗性の高い植物を食べていたと結論することができたのだ。磨耗性をもつ食品は高い比率で二酸化珪素をふくんでおり、つまり土がまざっている。だから、かれらが食べていた植物は堅かったか、事前に砕かれていなかったか、清潔でなかったのだろう。裸眼で見ても、シマ・デ・ロス・ウエソスの人類の歯が、非常に早く磨耗していたことがわかる。肉を食べていれば、こんなに磨耗しなかっただろう。

われわれはこうしてアレハンドロ・ペレス＝ペレスの研究から、アタプエルカ山地の古代の住人の食事が植物起源だったことと、食事に占めていた植物の重要性を知ったのだ。しかし、それがどんな種類の植物だったかまではわかっていない。わたしはフリオ・カロ・バローハの『北部地方の人々』を読んで、七七年に完成されたローマの博物学者プリニウスの『博物誌』の以下のような引用に目をとめた。「今日のような平和な時代にあってさえ、多くの人にとって、ドングリが貴重品になることはたしかである。人々は穀物が少なくなるとドングリを干して皮をむき、粉にしてパンのかたちにする。ヒスパニアでは現在でも、ドングリをデザートの一部にする」

プリニウスはつぎのようにつづけている。「ドングリを灰のなかで焼けば、さらに甘くなるだろう」。プリニウスの記述を全面的に信頼したフリオ・カロ・バローハは、ストラボンの『地理書』（第三巻一五五節）まで引用した。引用箇所はガリシア人、アストゥリアス人、カンタブリア人、バスク人、ピレネー人というイベリア半島北部地方の人たちにふれた部分である。

「これら山岳地帯の住民たちは、そろって地味である。水を唯一の飲み物とし、地面に眠って、髪を女性のように長くのばすが、戦いにいくときは鉢巻きをしめる……かれらは一年の四分の三はドングリを食べる。ドングリをまず干して、それから粉にし、水で溶いて長く保存できるパンのようなものをつくる……山岳地帯の住民の生活方法は以上のようなものである」

大プリニウスといわれたガイウス・プリニウス・セクンドゥスは、二三年から七九年までの紀元後の一世紀を生きた人物である。かれはローマ帝国とヒスパニアの行政長官を務めたあと、ヴェスヴィオ火山の噴火の観測中に殉死した。科学的好奇心に駆られて接近しすぎたために、有毒ガスを吸ったという。地理学者ストラボンは前六三年か六四年に生まれ、後二三年ごろに亡くなっている。

ストラボンのいうように北部地方の人たちが「地味」だったとすれば、少なくとも木々がふんだんに実をつけた秋のあいだ、大勢の人たちがドングリを食べたと結論することができる。さらに先史時代の人類がドングリを干して粉にし、パンをつくって保存する方法を知っていたとすれば、この食料源が一年の大半を生きぬく支えになったかもしれない。先史時代の人類がこの方法を使った証拠はないが、ドングリをパンにする過程がむずかしいとは思えない。いずれにしてもヨーロッパとアジアの大部分のような強い季節的周期性をもつ生態系では、人類はドングリのパンとほかの植物性の食料だけでは生存できなかっただろう。氷期のあいだはもとより、現在のような温暖な時期でさえ生存が可能だったとは思えないのだ。もういちどいうが、この緯度にいた人類も、さらに北方にいた人類も、生きのびるためには肉中心の食物や動物性脂肪を絶対的に必要としたにちがいない。

そこで、ヒグマ以上に肉食性の動物と比較することが必要になる。イベリア半島では、オオカミと比較するのが最適だろう。ドゥエロ川の北側に住んだオオカミの個体群が、ヒグマとおなじ生態系を占めていたことはわかっている。オオカミは古代ヨーロッパに住んだウマ、ヤギ、ヒツジ、ウシのような野生種の家畜化された子孫と同時に、アカシカ、ノロ、イノシシのような野生の有蹄類を襲撃する。

最後に、これまでふれなかった動物性の食料があり、それは狩猟よりも採集の対象に近い。つまり軟体動物や甲殻類の採集と、川、入り江、潮汐地帯での漁のことである。先史時代の人類はたぶん、現代でも使われるモウズイカ、キョウチクトウ、ドクゼリ、タイマ、フェンネル、トウダイグサのような植物毒を川に流す違法な漁法を知っていただろう。魚を銛でしとめたり、たまたま手でつかんだりしたこともあったにちがいない。しかしクロマニョン人の時代だった後期旧石器時代に、漁が重要だったとは思えない。この時代には食料の裾野が広がり、ノウサギから貝類まで、食用にできるものの可能なすべての幅の変化が見られたし、それ以前の時代と違う幅広い植物が追加された。マドレーヌ文化終期の後期旧石器時代末ごろには、シカの角でつくった一列か二列の返しのついた、非常に美しい洗練された銛が発見されている。先史時代の人類は、これらを漁に使ったのだ。ヨーロッパのいくつかの遺跡からの情報によれば、この時代にも季節的な回遊をしたサケを中心とする河川の漁が、経済段階で重要になりはじめていたように思われる。

クロマニョン人の時代以前にも、貝類が消費されたことはかなり明白だったが、海の貝類が豊富になったのは後期旧石器時代以後のことだった。しかし、当時の海岸線は現在の海岸線よりずっと遠かったのである。海面がふたたび高くなって海岸の遺跡の大半を水没させたのは、完新世になってからだった。すでに完新世にはいっていた中石器時代のヨーロッパは氷から解放され、海岸地帯に定住した人類集団は巨大な量の貝殻を積みあげた。この貝殻の山は貝類が非常に活用された食料源だったことをはっきりと示している。なかでもタマキビガイ、カサガイ、イガイ、ムラサキイガイのような岩場の貝が、アサリやマテガイのような砂地の海底に生息する貝とおなじくらい重要だった。貝塚からはウニ、甲殻類、魚類の化石も同定されている。

中石器時代のいくつかの集団は、現在のアストゥリアス地方とカンタブリア地方のあいだの半島の北方地域に住み、海産物に大きく依存する経済活動を発展させていた。粗雑に打ち欠いた石がかれらの石器製作技術の特徴であり、岩にくっついた軟体動物をはがしたり、二枚貝をこじあけたりするのにそれらを使ったのだろう。もっとも特徴のある道具は、先端のとがった「アストゥリアスのピック」と呼ばれる石器だった。リスボンをさかのぼったテージョ川の支流ムージェ川の川岸でも、大きな貝塚が発見されている。リスボンの南を流れるサド川の流域には、約七〇〇〇年前というおなじ時代の大きな貝塚がある。海岸に住んだ中石器時代の人々は、ときどき釣り針と網を使用した。貝塚から海の沖の魚の化石が見つかるので、小舟で沖にでたとも考えられる。

狩猟者だったか死肉あさりだったか

すでに理解したように、もっとも高い（赤道から遠い）緯度に住んだ先史時代の人類は肉食性の食事をし、植物起源のカロリーをおぎなっていたにちがいない。しかし狩猟者が占めるニッチと、死肉あさりのニッチは異質である。わたしはすべての肉食動物が同時に両方の行動をとることは認めるが、それでも先史時代の人類がライオンに属していたかハイエナに属していたかという問題に無関心ではいられない。アタプエルカの洞窟からよく草食動物の化石が発掘されるが、草食動物は洞窟にはいって草を食べないのだから、これらは肉食動物か人類が運びこんだ死体だったにちがいない。以下にふたつのばあいを分析してみよう。

人類が死体を運びこんだ主役だったとすれば、草食動物の骨には、もっぱら石器を使った特徴のある痕跡がのこるだろう。人類は石器の刃を使って死体の皮をはぎ、腱を切り、骨と筋肉を引き離して、こまかく切りわけたのである。このような処理をすれば痕跡がのこり、それを化石の骨によく見られる自然の溝と混同することはありえない。ことに肉を切り離したり、四肢をはずそうとしたりした戦略的な箇所に傷があれば、処理の主役が人類だったことは疑いようがないだろう。

それに反して、肉食動物が骨にのこす痕跡は歯形である。人類が骨幹〔長い骨の中間部分〕を割るか砕くかして髄をとりだす方法と、肉食動物が上腕骨や大腿骨の上端を嚙み砕く方法が違うことは、ひとしく認められている。上腕骨とは肩甲骨と結合する骨で、大腿骨とは股関節と結合する骨のことである。ところがハイエナも骨幹を嚙み砕いて髄をとりだすことがあるので、このため解釈の仕事が非常に混乱することがある。

しかしこれだけでは、人類が洞窟に運びこんだ草食動物が、狩りで倒されたのか死肉の状態だったのかはわからない。人類か肉食動物が、事故死したか自然死した死体を見つけた幸運なばあいをのぞけば、遺跡にあった動物に最初に近づいたのは原則として人類だったのである。それを知るには、遺跡からでた骨のタイプを調べなければならない。化石が完全にそろっていれば、人類がとらえて丸ごと運びこんだことを示しており、死体が大きすぎれば切りわけただろう。股関節、大腿骨、脛骨、上腕骨、肩甲骨のような肉を支える部分の骨が見あたらなければ、人類が祝宴に遅れて到着し、残りものでがまんするしかなかったと推定すべきだろう。われわれの食べる牛肉は右にあげた骨についている。前半身の四分の一は肩甲骨に、後半身の四分の一は股関節か大腿骨か脛骨に、ロイン〔腰肉〕とリブロースは背骨についている。その反対に遺跡に有蹄動物の頭骨か足の先の骨しかなければ、遅れていった人類が狩猟者でなく、死肉あさりとして行動したとしか考えられない。

専門家は以上のような手がかりをもとに、遺跡にあった草食動物の骨を調査する。かれらの統計の前提には、たいへんな忍耐と良識が必要とされるだろう。かれらはまた草食動物の死亡年齢のようなデータを分析する。幼獣の化石が多ければ、洞窟に人類が住んだのは、動物のメスが出産した直後の春か夏だったと推定される。いずれにしろ洞窟は人類が獲物を運びこみ、ゆっくり味わうのに適した避難所だったのである。だから狩猟自体を詳細に調べようとすれば、われわれはサバンナにでていくしかないだろう。狩りのありさまを知るために利用できる数多くの遺跡のなかで、例外的なことを教えてくれる、もっとも数少ない遺跡だけを選ぶことにしよう。

一九九四年の春、『ネイチャー』誌で人類の一本の脛骨が発掘されたことが発表されたとき、イギリスのボックスグローヴ遺跡はいっきょに有名になった。この時点でボックスグローヴの脛骨はドイツのマウエルの下顎骨とともに、五〇万年前というヨーロッパ最古の人類化石になったのである。その数か月後の夏、われわれがアタプエルカ山地のグラン・ドリナで発見した人類の化石は、ボックスグローヴの脛骨より三〇万年も古かった。ボックスグローヴは九四年に一五分間のテレビ番組で報道されて脚光を浴びたが、先史学の領域では、その数年前から重要な遺跡とされていた。それは卵形のハンドアックスを中心とする数多くのフリント製の石器と、多くの種の動物の化石が出土したすばらしい遺跡だった。洗練されたソフトハンマーとして使うために手をくわえた、アカシカとオオツノジカの大腿骨と枝角も出土した。つまり骨と角でできたソフトハンマーは、石の大きなハードハンマーにかわって精巧な道具製作の最後の精密なしあげに使用されたのである。

ボックスグローヴはイギリス海峡に面した南側の海岸から、一二キロ離れたウェストサセックスにある。五〇万年前、この場所は海岸といくつかの絶壁のあいだの広々としたラグーンだったので、人類や動物がよく出現した。つまり、ボックスグローヴは見とおしのよい場所にある遺跡であり、先史時代の人類の活動を研究するには、もってこいの条件がそろっている。ラグーンのようどんだ静かな水のおかげで、数多くの化石と道具は長いあいだ、ほとんど打ち捨てられた位置と状態のまま維持されてきた。

つまり五〇万年前の人類はこの場所で道具をけずり、オオツノジカ、アカシカ、バイソン、サイのような大型草食動物を解体して食べていたのである。これらの動物たちが人類に狩られたのか、クマやオオカミのような捕食者に倒されたのかはわからない。クマやオオカミの化石もボックスグローヴ遺跡から発見されている。発掘を指揮した考古学者マーク・ロバーツは、大半の草食動物を倒したのが人類で、かれらは集団で行動したと確信している。ウマの肩甲骨を見つけたロバーツは、先のとがった木製の武器で突き刺されたとさえ考える。木が化石化することはほとんどないので、そんな道具は発見されていない。これらの動物が外敵に襲われずに死んだという、第三の可能性もないわけではない。この遺跡の年代の幅を決定することは困難だが、歴史的にかぎられた一時期ということはないだろう。現実に多くの歴史的段階の化石が集積されているし、おなじことは大多数の先史時代の遺跡にもあてはまる。ただ一か所の遺跡といえども、非常に長い過去に連続しておきた数知れない出来事が積み重なっている。

ロバーツは人類がほとんどのばあいに、肉食動物より先に肉を手にいれたと強く確信する。実際に肉食動物の歯の跡が、事前に人類が両面石器を使って肉を切りわけた跡に重なっている。人類がうまく獲物の死体に手をつけるためには、三つのばあいが考えられるだろう。たまたま自然死した動物に出会ったか、狩りで倒したか、捕食者が手をつけるまえに略奪したかである。この章のはじめにふれたハドザ族は、狩りと捕食者の餌をかすめとるという両方の手段で獲物を手にいれる。死肉捜しは意図的におこなわれないし、狩りや採集をしなくてよいほどの死肉はない。この狩猟採集集団は、たまたま見つけた死肉を利用する程度である。かれらは円を描いて飛ぶハゲワシを注意深く観察し、ライオンやハイエナの鳴き声を聞きつけて死肉のありかをつきとめる。

一九九八年にレスリー・アイエロとわたしは、マドリードの近くにある図書館と修道院と霊廟をかねた、一六世紀の壮大な宮殿エル・エスコリアルで夏季講座を企画した。そのとき、ジェームズ・オコンネルとクリステン・ホークスは、動物が倒した獲物のそばにハドザ族がいくと、ハイエナやヒョウやライオンでさえ獲物を捨てて人間にゆずると報告した。わたしが、

「ゆずらないときは、どうするんですか」

と質問すると、かれらは、

「矢を射かけます」

と返事した。ボックスグローヴの人類には矢がなかったので、さらに捕食者に近づかなければならなかっただろう。この問題にはあとで、もういちどふれることにしたい。いずれにしてもマーク・ロバーツは、草食動物を倒した人類が、そのあとボックスグローヴで食べたのだろうと主張する。

フランスのルシヨン地方のオタヴェルに近いアラゴ洞窟のF層とG層は、ボックスグローヴ遺跡の年代に近い。考古学者アンリ・ド・ルムレがアラゴ洞窟を発掘したのは、何年もまえのことだった。このときF層から八三体のムフロン（*Ovis antiqua*）〔ヒツジの原種のひとつといわれるウシ科の動物〕が出土し、G層からは四二体のムフロンが発見された。エルヴェ・モンショによれば、人類は狩りで倒したムフロンを丸ごと洞窟に運びこんで食べたという。ムフロンはたいてい若い成獣で、重さが一〇〇キロ以上あったらしい。モンショはアラゴの人類が死肉あさりでなく狩猟者だったと結論する。かれらはオオカミ、ネコ科、ハイエナが好んだ幼獣や老獣より、若い成獣の狩猟に精力を傾けることができた唯一の狩猟者だったというのである。スペインのサモラのクレブラ山に住むオオカミの獲物の研究では、アカシカの

若い成獣より、幼獣や老獣のほうが襲われる危険性がずっと高いことが証明された。この研究はアカシカとノウサギの幼獣の三五〜四五パーセントしか、一年半以上生きられないことを示している。

シェーニンゲンの槍

一九九七年一月、同僚のディートリッヒ・マニアの招きを受けてドイツのイエナ市にいったわたしは、有名なビルチングスレーベン遺跡を見ることができた。いっしょにいったエウダルド・カルボネルやヤン・バン・デル・マデとわたしの目的は、非常に重要な発見を現場で見ることだけでなく、その機会を利用してドイツのもうひとりの友人ハルトムート・ティエムに会うことだった。前年の夏にブルゴスで開かれた原始ヨーロッパ人に関するシンポジウムでかれを知ったわたしは、信じられない発見の話を聞かされたばかりだった。われわれを駅で迎えたハルトムートは、車で発掘作業中の遺跡につれていってくれた。シェーニンゲン遺跡はハノーヴァーから東に一〇〇キロばかりいったところにあった。その年の一月はものすごく寒く、ハルトムートの車は雪景色のなかの凍りついた自動車道路をスリップしながら走りつづけた。

遺跡についたわれわれは、ひどい寒さをものともせず、巨大な掘削機が昼夜をわかたず掘った大きな穴を見た。それは実際には露天掘りの採炭鉱だった。大型機械が最前部の地面を掘削し、行く手のすべてのものを飲みこんでいた。機械が掘りおこした土は穴のうしろに積みあげられ、坑木をあてられていた。ハルトムートが引率する研究チームは、何年もかけて大型機械の被害をまぬがれた考古学上の出土品を、できるかぎり回収する作業をすすめてきた。幸いにも考古学の発掘作業の利便をはかるために、石炭の掘削は何年にもわたって軌道修正されていた。

一月の寒さはきびしかったが、シャツ姿の研究チームが温室のような作業場で仕事をしていた。われわれはビニールでおおわれた半円形のトンネルのなかを歩いていった。わたしはこのときに見たものを生涯忘れないだろう。黒い泥炭の土壌とウマの骨盤のあいだから、木製の槍の先端が突きでていた。見えていたのは、一メートルばかりの部分だった。ハルトムートは微笑を浮かべながらわれわれを見た。かれはそれが歴史的発見であることを知っていたのである。

ハルトムートはそれまでにシェーニンゲンで保存状態のいい四本の槍を発見していた。一本めは一八二センチ、二本めは二二五センチ、三本めは二三〇センチの長さだった。その日、われわれが見た四つにおれた槍は、二〇〇センチ以上あった。四本の槍はドイツトウヒの若木の幹（枝でなく）をけずってつくられていた。ドイツトウヒは庭木にされることが多く、クリスマスツリーに使われる針葉樹である。イベリア半島に繋っているのは自生のドイツトウヒではないが、球果が枝から上向きにまっすぐつかずに、下向きにつくことをのぞけば、モミの木によく似ている。シェーニンゲンのドイツトウヒの年輪を見ると、寒冷な気候のせいで生長のリズムが遅かったことがわかる。それに花粉の化石の分析から、モミ、ドイツトウヒ、カバノキが点在した草原の風景が暗示される。

この木製の武器を表現するのに「槍」ということばを使ったが、槍には知られているように、ふたつの意味がある。つまり手で端をしっかりもって離れた的を突く道具だったのか、腕の力だけで投げた飛び道具だったのだろうか。ハルトムートはつくり方から見て、投げ槍だったと考えている。かれの仮説は、製作者にこれをつくるだけの知能があったことを意味している。重心を先端近くにのこしているのは、投げた槍の飛距離を最大にする目的があったことを証明するからだ。投げ槍の重さは二キロ以上あったが、当時の筋肉質のヨーロッパ人にとって重すぎることはなかっただろう。かれらは角やひづめの一撃を食わないようにして、遠くから獲物をしとめることができたのだろう。

シェーニンゲンの遺跡にはウマの化石が多く、それらには解体作業と骨から肉をはがした仕事の跡がついている。われわれは五〇万年前の人類集団が、襲撃の準備をしてウマの群れを待ち伏せた情景を想像することができる。ウマの群れが明け方の濃霧のなかからあらわれると、人類は音もなく接近し、至近距離まで近づいて投げ槍で刺しとおしたのだろう。作戦が成功すれば集団は数百キロの肉を手にいれ、それがこの寒冷な地方の生存に不可欠の備えになったのだろう。

高原のゾウ狩り

われわれはまだ地球上で最大のスケールのゾウの狩りにふれていない。この問題では世界のどの大学の先史時代の研究者も、トラルバ・デル・モラルとアンブローナという村を無視することができなかった。スペイン中北部のソリアに近いふたつの村の周囲から、数多くのゾウの化石と、両面石器やほかの石器が発見されている。ゾウの化石はとくにハロン川の支流で、マンセガル川とも呼ばれるアンブローナ川の流域で発見された。これまでゾウの化石をめぐる意見は二分されてきた。研究者の多くは人類がシェーニンゲンの槍の時代の直後に、ゾウを狩っていたと主張した。それに反して、なんども岩壁に描かれたゾウ狩りの「シーン」は、現実には存在しなかったと主張する研究者たちもいた。

ふたつの遺跡のありかがわかったのは、ある平凡な事件からだった。事件がおきたのは、マドリードとサラゴサを結ぶ鉄道をソリアに引くための鉄道建設がはじまった一八八八年のことだった。トラルバ・デル・モラル村に、本線と連絡する駅を開設することになったのである。駅の建設のための切り通しが開かれると、巨大な骨格があらわれて人々の興味をかきたてた。一九〇九年から一三年にかけて、セラルボ侯エンリケ・アギレラ・イ・ガンボアという考古学に情熱をもつ貴族と、フスト・フベリアスという聖職者の発案で科学的な発掘が実施された。セラルボ侯は一二年にジュネーヴで開かれた人類学と考古学の国際会議で、発掘の成果を発表した。一九六一年から六三年にかけて、わたしの友人で、アメリカの高名な古人類学者F・クラーク・ハウエルの指導下に発掘が再開された。さらに八〇年代はじめに、L・フリーマンの協力をえたハウエルは発掘作業を継続した。

遺跡から発掘された化石の大部分は、ウマとナウマンゾウの仲間（*Palaeloxodon antiquus*）の化石だった。草の生えたサバンナやイネ科植物の多いステップを好むウマは、たぶんナウマンゾウといっしょにいたのだろう。ナウマンゾウの食性は現在のゾウのように、たぶん非常に雑然としていただろう。草地で草を食べると同時に、木の葉や皮、小枝、果実なども食べていただろう。べつの動物にステップサイ（*Dicerorhinus hemitoechus*）がいたが、化石はそれほど多くない。ほかにアカシカ、ノロ、オーロックスも住んでいた。それに反して肉食動物は極端に少なかった。あちこちに数頭のハイエナやオオカミと、単独のキツネやライオンがいる程度だった。この地域の植物は高山性だったといわれてきたが、ナウマンゾウとステップサイは寒冷な気候では生息できないので、当時の気候は再温暖化の段階だったか、間氷期か亜間氷期だったと考えるべきだろう。研究者のなかにはマカク属がいたという人たちもいるが、これら地中海の霊長類は必要な植物資源がなくなるきびしい寒さに耐えることができない。たとえばクラーク・ハウエルは疑っているので、マカク属がいたというのは一致した意見ではない。

トラルバとアンブローナは高地の高原にかこまれており、遺跡は標高一一〇〇キロという高さにある。ふたつの村はまたドゥエロ川、タホ川、エブロ川の流域にかこまれた非常に良好な位置にある。動物たちは低地の牧草が枯渇したあと、この高さまでのぼって餌を捜したのだろう。マドリード－サラゴサ－

バルセロナ間の自動車道路を走る旅行者は、高地のメディナセリで車をとめて古い村とローマ時代のアーチを見物し、エブロ川支流のハロン川の戦略的な流れを眺めるだろう。そこから数キロのところにアンブローナ村があり、トラルバにいく道をくだれば左側にシマ・デ・ロス・ウエソスがある。一九一一年にセラルボ侯が試掘した高原の端の遺跡を、のちにクラーク・ハウエルが発掘したわけである。ここでは一九六三年に発見されたさまざまなゾウの骨格が、もとの場所に展示されている。長年にわたってアタプエルカの発掘を指導した尊敬すべきエミリアーノ・アギレが、化石を地味だが効果的に保存するために四囲の壁と屋根をつくったのだった。そこから数メートル離れた小さな博物館には、ほかの化石と石器が展示されている。木々がないのは気候のせいでなく人間のせいだが、周囲の風景は節度ある威圧感をもっている。遺跡の高みから緑の草原で草を食べる往時のゾウや有蹄類の大群を想像することができる。

当時もやはり現在のように沼地や湿地帯が点在していた。こうした風景の特徴を見ると、人類はゾウをおびえさせて水びたしの土地に追いこみ、泥にはめこんで捕まえやすくしたように思われる。しかし、不意に罠にかけようとしてわめきたてる人類の集団を見て、大きなナウマンゾウがどうしてパニック状態になり、暴走したのだろうか。クラーク・ハウエルはアンブローナだけで四七個のナウマンゾウの化石を発掘したが、これらが同時に死んだのでないことは確実である。火を使ってゾウを追いこんだと考えるのが、より堅実な推論だろう。マドリード国立考古学博物館のジオラマでは、このようなシナリオが解説されている。こうした組織的な大がかりな狩りが長期間にわたってくり返されたとすれば、トラルバとアンブローナの遺跡の大きさの説明がつくだろう。

ところが完全に違う基準にもとづいて、われわれから見て明白だと思える解釈とはべつの解釈が主張されてきた。たとえばリチャード・クラインは、ゾウの死亡年齢が大きく二分されることを基準としてとりあげる。かれはこの死亡年齢の特徴を、人類の無差別な狩りによる壊滅的な死でなく、時間の流れにそって解明できる自然死の結果だと考える。自然死を示す遺跡では、老獣の化石が大部分を占めるのにたいして、壊滅的な死をあらわす遺跡では、若くて繁殖能力の絶頂期にある成獣の化石のほうが多いのである。有力な研究者としてのクラインは、この遺跡に年老いた個体より若い個体のほうが多いのは、生存中の個体群でも老獣が少なかったせいにほかならないという。

もうひとりのすぐれた考古学者ルイス・ビンフォードは、石器については、ゾウよりウマ、アカシカ、オーロックスのほうに使われた可能性が高いと考える。かれの新しい研究は、アンブローナ川流域でゾウが大量虐殺されたという伝統的な仮説に重大な疑義を投げかける。かれは人類が自然死した何体かのゾウを見つけて食べたかもしれないが、それは組織的でなく、偶発的・散発的な活動の結果にすぎないと主張する。クラーク・ハウエルは組織的なゾウ狩りという仮説にたいするさまざまな批判に答えをもっているようだが、この論争に決着がつきそうに思えない。争点は何十万年かまえの人類が、狩りの複雑な戦略を発展させる知的能力をもっていたかどうかということにある。とくに季節的に予測される条件をもとに、計画を立案できたのだろうか。これは身体的能力をこえた問題であり、わたしは意識のもっとも重要な特徴のひとつである計画化を重要視する。

しかし、トラルバとアンブローナより少し実情がわかりやすい、ほぼ同年代のもうひとつの遺跡がある。それはマドリードのすぐそばを流れるハラマ川ぞいの段丘のうえに位置するアリドス遺跡のことである。そこでは二〇〇メートルの距離をおいて二頭のナウマンゾウの化石が発見されている。一頭はアリドスⅠの若いメスの化石で、もう一頭はアリドスⅡの年老いたオスの化石であり、骨格には肉食動物の歯跡がついていない。だからといって人類が倒したという証拠はないが、肉食動物より早く人類が単独でゾウに近づいたことには疑いがない。マドリードの先史時代の住人たちは、ハラマ川流域の大がかりな解体作業に参加したのである。

さらに、マヌエル・サントンハとアンヘレス・ケロルの指導を受けてアリドスで発掘作業をした考古学者たちは、人類がゾウの解体に必要な道具を現場で打ち欠いてつくったことを確認した。かれらは石核と剝片をもういちど組み合わせることに成功し、石器をつくる以前のもとのフリントの核や珪岩を再構成したのである。考古学者たちは、先史時代の人類が石器の刃の切れ味が鈍ると、現場で刃を立て直して解体作業をつづけたことまで確認した。こうして最初にゾウに近づいたところから死体を処理して立ちさるところまで、アリドスでおきた出来事の完全なシーケンスが再構成された。この過程の興味深い一面として、珪岩がハラマ川の川岸で手にはいりやすかったのにたいして、フリントは三キロも離れたマンサナレス川まで捜しにいく必要があったことがわかったのだった。このことは活動が計画化されたことを示している。たしかにフリント捜しは短期的なマイナーな計画だし、人類はたまたまゾウの死体にぶつかっただけかもしれないが、それでも計画が立案されたことに変わりはないだろう。

この意味でアリドスⅠとⅡの遺跡は、トラルバとアンブローナのような長期間にわたっておきたらしい多くの出来事の積み重ねでなく、地質学的時間で孤立したふたつの瞬間をあらわしている。つまりアリドスの遺跡が分析しやすいのにたいして、トラルバとアンブローナの人類が計画してゾウを狩ったという仮説は、あてにならないところがある。多くのデータと時間的な積み重ねがあるところに、たまたま地質学的現象が関係すれば、骨と石器の集積は変化したかもしれないからである。

人類はたぶんトラルバとアンブローナの遺跡の歴史で証明された、いくつかのエピソードに立ち会ったのだろう。しかし、どんな人類がどんな状況で立ち会ったのだろうか。この問いに決定的に答えることはできないが、マヌエル・サントンハとアルフレド・ペレス゠ゴンサレスの現在の研究が答えをだしてくれるかもしれない。アルフレドはまた、アタプエルカ計画の地質学研究の責任者も務めている。いまのところトラルバとアンブローナで大がかりなゾウ狩りはなかったという意味で、もっとも確かな仮説は、更新世中期のネアンデルタール人の祖先がときおりのチャンスを利用して、自然死したゾウの死体から肉を切りわけていたというものになる。

それに反して更新世中期末に、まだヨーロッパ大陸に結びついていたイギリス海峡の島ラ・コット・ド・サンブルラードで、人類がケサイやマンモスの大がかりな狩りをしていたという仮説は広く受けいれられている。当時の狩猟者たちは動物をおびえさせ、絶壁から突き落とすことができたようである。それはトラルバとアンブローナの遺跡よりのちの時代のことであり、狩猟者たちは異論なくネアンデルタール人だっただろう。

ところで大型肉食動物の狩りは、大型厚皮動物の狩りとおなじく危険だっただろう。約二〇万年前とされる出来事が復元されて、大型肉食動物の狩りがおこなわれたことが証明されている。ラ・コット・ド・サンブルラードからもカレーからも近いフランスのビアシュ・サン・ヴァースト川の川岸に、草食動物の大量の骨が捨てられていたのである。なかにはノロ、アカシカ、オオツノジカ、オーロックス、メルックサイ、ステップサイ、ウマ、小型の絶滅種のウマの骨などがあった。当時の環境は寒冷でなく、リス氷期のうちの亜間氷期だったので、ノロは疎林で小灌木の葉や木の葉を食べ、アカシカやオーロックスは広い草地で草を食べていたのだろう。ウマとサイはサバンナで牧草を食べ、開けた湿原ではオオツノジカが、障害物に枝角をひっかけずに自由に動きまわっていただろう。ところで、これらの動物たちはたぶん人類に狩られて食べられていたのだろう。おなじ遺跡から、明らかにネアンデルタール人の形質をもつ二個の頭骨が発見されている。

このビアシュ・サン・ヴァーストで、何個ものヒグマとホラアナグマの化石が発見されたのは驚くべきことであり、少なくとも一〇個の化石が基層Ⅱという単一の地層から出土している。それらは解体されて肉を切りとられ、骨は割られて髄をとりだされていた。要するに、完全に有効利用されていたのである。これらの化石を発見した古生物学者パトリック・オーギュストは、ネアンデルタール人の祖先がクマの死体を手にいれたのでなく、狩りで倒したと考えている。その証拠は大多数のクマが、自然死と推定される幼獣や老獣でなく、若い個体だったことにある。

更新世中期の人類と動物の関係を理解しようとすれば、さらに時間をかけて、この時代のほかの野外の遺跡を分析することができるだろう。たとえば、ビルチングスレーベンでは人類が野営地を設営し、大型草食動物を食べる高度に組織化された行動をとったことが証明されている。この仮説で、人類がすぐれた社会的狩猟者として、狩りに参加したことが理解されるだろう。

この論争に長くかかわりたくないので、自分の結論を手短に説明することにしたい。わたしはまず、冬と春に植物資源がほぼ完全に枯渇するヨーロッパの人類にとって、動物性タンパク質と動物性脂肪が不可欠だったと考える。人類は狩りか死肉あさりか、ときには両方の手段で肉を手にいれることができたのである。死肉あさりは狩りと採集の本格的な代案にならないし、人間はたまたま死肉を手にいれただけで、専門的な「死肉あさり」になることはできなかった。ハドザ族のように、補助手段として死肉を利用することはできただろう。ヨーロッパでは採集活動は季節的周期性に強く制約されるので、一年の大半にわたって狩りが中心的な活動になり、死肉あさりは補助的な手段にすぎなかった。

要するに、わたしは更新世中期のヨーロッパの人類に、強い身体的能力があったことに疑いをもっていない。それを証明したのが、シマ・デ・ロス・ウエソスの化石だったのである。この身体的能力は獲物を最短距離でしとめたいという要求と関係する。つまり、狩りにたいする適応の結果なのだ。わたしはルイス・ビンフォードのような学者たちが主張する見方ほど、ばかばかしいものはないと考える。かれらはネアンデルタール人をふくむ人類が防衛手段のない弱い生き物で、植物採集しかできずに、ときどき死体の最後ののこりを利用していたと信じている。そのように考えると人類は肉食動物をおそれながら、思いがけない拾い物を見つける幸運のおかげで生きのびたことになり、要するに生態系のなかでもっとも惨めな哺乳類になるだろう。人類はこれほど悲惨な生活をしていたのに、もっとも発達した脳をもち、ゾウに似た最長の寿命を享受していたのである！

わたしはこの問題をまったく違うふうに考える。狩猟者の集団は一〇〇キロ以上の体重と逞しい筋肉をもち、クマの毛皮を身につけていた。かれらは先のとがった木製の長い槍で武装して突進し、行く手にいたライオンを追いはらったのだ。

この時代の終わりごろにやっと出現したネアンデルタール人は似たような生活をし、祖先の身体的な力を維持していただろう。ヨーロッパ最初の現代人だったオーリニャック人は、ネアンデルタール人の別種としてより細い胴と腰をもっていたが、それでさえネアンデルタール人とおなじくらい強かったのである。スティーヴン・チャーチルはドイツのフォーゲルヘルトで発見されたオーリニャック人の上腕骨を研究し、かれらがネアンデルタール人とおなじくらい頑丈だったと証明した。いくらかの違いがあっても、上腕骨はオーリニャック人の腕力の強さを物語っているというのである。クロマニョン人の骨格は後期旧石器時代がすすむにつれて軽くなり、中石器時代にはさらに軽くなったが、この進化は投槍器と弓矢のような新しい狩猟の武器の出現で説明できるだろう。

更新世中期の投げ槍は先端をとぎすまし、そこに鋭くとがった石（尖頭器）をつけることもあった。そういえば、シェーニンゲン遺跡から出土したドイツトウヒの三本の槍のうち一本の先に、まさに尖頭器をつけるような割れ目がついていたのである。あれは木と石という異質の素材を使ってつくられた最初の武器だったのだろう。ネアンデルタール人もムスティエ文化の遺跡から発見される、非常に特徴のある石製の尖頭器を使っていたことに疑いはない。オーリニャック道具文化はシカ科の角と骨でつくった、アセガイという長い尖頭器をはじめて出現させた。木の柄の先にはめこんだ尖頭器は、たぶん腕の力だけで投げられただろう。

堅い木を加工した投槍器は、木製の槍を投げる道具だった。短い木の棒に長い槍の石突きをはめる細い溝か、フックのようなものがついている。狩猟者は投槍器の端を手でもちながら、溝に投げ槍の根元を押しつける。この道具を使えば腕を長くのばして、力を大きく強めるような効果をあげることができたのである。発掘されたこの種の武器は象牙か、アカシカやトナカイの角でつくられている。投槍器のなかには装飾されたものがあり、持ち主の威厳ある地位を誇示しようとする明白な意図をあらわしている。しかし大部分の武器は木製だったので、遺跡のなかにのこっていない。投槍器はオーリニャック文化とグラヴェット文化につづく約二万年前のソリュートレ文化の期間に、はじめて出現したと考えられている。

人類が矢を考えついた正確な年代を決定するのは困難だが、ソリュートレ文化の尖頭器のなかには矢としてつくられたものがあるように思われる。尖頭器の両側に二本の返しか小さなヒレ状のものと、矢がらの先につけやすいような中央の軸があれば、矢だったことがますますはっきりする。これはじっさいに、バレンシア地方のソリュートレ文化に典型的に見られる特色である。これまでに知られる一万一〇〇〇年前の最古の矢は、射手を描いたと解釈されてきたフランスのファデ洞窟の岩のでっぱりの彫刻の年代と一致する。スペインの東海岸には、一括してレバント芸術として知られる射手とシカを描いた数多くの岩絵があるが、それらは一万年前より新しいように思われる。この岩絵については、本書のエピローグでふれることにしよう。

人類と獲物のバランスは、狩りに導入された投槍器と弓という新しい技術革新によって根本的に変化した。槍をもってバイソンに近づく狩猟法と、遠くから矢を射かけたり、投槍器で投げ槍を投げたりする狩猟法のあいだには大きな開きがある。狩猟者が投げる武器の先に毒をぬったかどうかはまだわからないが、これが確認されれば被害ははるかに大きかっただろう。多くの研究者は新しい技術が人類と獲物の関係を激変させ、多くの種類の哺乳類の絶滅をまねいたと確信する。それがほんとうなら、人類は地球規模の生態学的インパクトの原因になったわけだろうし、このことは工業化社会だけがさんざん非難される近代の罪を相対化する。

最後のマンモス

マンモスは更新世と呼ばれる氷河時代のもっとも象徴的な動物である。更新世が完新世にいれかわるころ、マンモスはオオツノジカ、ケサイ、ホラアナグマとともに最終的に絶滅した。それと同時に、西ヨーロッパで長くいっしょに草を食べていたトナカイ、ジャコウウシ、サイガはさまざまな方向に四散した。トナカイとジャコウウシは北方のツンドラに後退しつづけ、サイガは東のステップに移動した。

アジアとヨーロッパでもおなじことがおきたが、アメリカの気候変動は破局的だったので、多くの大型哺乳類に被害がでた。四〇キロ以上の体重の絶滅種をあげると、北アメリカだけでも以下のようになる。まず長鼻類のなかでは三種のマンモスと、大きさや体重ではマンモスに等しかったが類縁関係は薄かったマストドンが絶滅した。さまざまな種のラクダ、ラマ、ヘラジカ、シカ、一種をのぞくプロングホーン、ジャコウウシ、イノシシの近縁種のペッカリーなども姿を消した。ネコ科では大型のケンシコ属の *Smilodon* と、すでにあげた *Homotherium* が絶滅した。チーターは更新世末まで生きていたが、現在のような種ではなかった。現生のどのクマよりも大きかったショートフェイスベア（*Arctodus simus*）もいなくなった。更新世末には、大型のカピバラや大型のビーバーをふくむ多くのげっ歯類が絶滅の波に襲われた。バクもウマも北アメリカにいなくなった。ウマの歴史は非常に興味深い。はるかのちにスペイン人の手で再導入され、逃げた子孫が西部の野生馬となって、平原インディアンの壮大な馬文化を形成したからである。

貧歯目は南アメリカの古い哺乳類グループのひとつであり、当時は北アメリカから離れた大陸で生きていた。だから、何百万年という完全な隔離状態で進化したのである。パナマ地峡が両大陸を結びつけたとき、貧歯目は「現代的な」哺乳類と共存せざるをえなくなり、危機を切りぬけるふたつの方法を見いだした。北アメリカに移動するか、更新世末に劇的に絶滅するかのどちらかだった。カメのような骨質の甲殻でおおわれたグリプトドンとオオアルマジロが絶滅した。メガロニックス、ミロドンス、メガテリアという三つの下目の地上生のナマケモノも絶滅したが、なかには並外れて大きくなったものもいた。

オオナマケモノの一種ジャイアント・メガテリウムは、南アメリカで完新世まで生きていた。この種が古生物学の歴史で大きな役割を演じたことにふれておこう。この巨大な動物のほぼ完全な骨格が、ブエノス・アイレスから七〇キロ離れたルハン川の川岸で発見されたのだ。そして一七八八年九月に、ラ・プラタ地方の副王からマドリードの王立自然史陳列室に送られてきた。王立陳列室の「動物解剖学者兼解剖画家」で、バレンシア出身だったファン・バウティスタ・ブル・デ・ラモンは、この骨格を研究して組みたて、それを一枚のデッサンに描きあげた。科学の挿絵画家だったマヌエル・ナバロは、一七九六年にこのデッサンを小論文に引用し、五枚の絵に転写した。四本足で立つ骨格を描いた一枚はのちに有名になり、四枚は骨格の切り離した部分を描いていた。高名なフランスの古生物学者ジョルジュ・キュヴィエ〔一七六九～一八三二〕はこの骨格に強い関心をもち、絶滅した大型貧歯目として *Megatherium americanum* という学名をつけた。かれはブルの仕事を高く評価し、追随すべき業績だと指摘した。この骨格は現在もマドリード国立自然科学博物館で、ブルが再構成したとおりの状態で展示されている。

過去にメガテリウムのような大型動物がいたことを知ったキュヴィエは、カタストロフ理論をつくりあげた。地球の歴史は多くの大量絶滅の原因となった、一連の大変動で構成されるというのだった。かれは絶滅が明白になったあと、神が新しい世代の生物を創造したと考えた。この理論はのちにダーウィン〔一八〇九～八二、イギリスの博物学者〕とウォレスの進化論に引きつがれ、現在は進化論だけが認められている。ダーウィンは絶滅した大型メガテリウムに深い関心を寄せ、ビーグル号に乗った世界一周旅行中の一八三二年に、ラ・プラタから書いた手紙で、自分が発見したメガテリウムの化石とマドリードの標本にふれている。

ユーラシアとアメリカの氷河時代末の大絶滅を、気候変動で説明できるかもしれない。しかし人類が地球規模で広がったせいでおきた大絶滅が、いまもつづいていると考える学者たちもいる。氷河時代末以前に、人類が植物や動物の絶滅の原因になったという確実な証拠はない。しかし、われわれの拡散の威圧的なインパクトを受けた最初の種が、アフリカとユーラシアに住んでいたエレクトゥスとネアンデルタール人だったことを忘れてはならない。かれらもまた更新世末の何千年もまえに絶滅したのである。

それに反して新世界で絶滅した種のなかに、絶滅以前に人類を見たものがいたかどうかはっきりしない。絶滅種のなかにはオオナマケモノのように、非常に大きくて動作の鈍い動物たちがいた。アメリカ先住民の祖先たちがいれば、これらを狩るのは児戯に等しいか射撃競争のようなものだっただろう。いずれにしても、絶滅種と人類のあいだに明らかな関係があったとは思えない。たとえば、ウマはいたるところに生きのこっていた。しかし人類はときどき生態系の何種かを絶滅させ、組織的でなくても生態学的バランスを変えたかもしれない。もっとも襲いやすい獲物が消えて絶滅の連鎖がおこり、鎖の最後の輪の大型捕食者に影響したことがあったかもしれない。

人類がアメリカ大陸についたことと多くの哺乳類の絶滅のあいだに因果関係があったとする仮説は、ひとつの難問のために成立しにくくなっている。それは人類のアメリカ入植と氷河時代末の気候変動が同時におきたことである。つまり生物の多様性の急激な衰退を説明するために、どちらかに責任を負わせることは非常にむずかしいのだ。アメリカに入植した人類は現代人だったが、ホモ・エレクトゥスもネアンデルタール人もかれらの祖先も、そんなに遠くまでいったことがなかった。現代人以前の人類が東シベリアのチュコト半島に入植しなかったのは、北極圏が寒すぎて生存が困難だったからだろう。温暖な時期にはベーリング海峡は海を渡るしかなかったし、氷期になれば歩いて渡れても、気候がきびしすぎて海に足をふみこむことができなかったにちがいない。

アメリカに人類がいた最古の証拠として、クローヴィス型尖頭器という美しい石器を埋蔵した多くの遺跡が発見されている。これは長さ三センチから二〇センチの細長い木の葉型の石器で、根元に木製の柄にはめこむ浅い溝がついており、両面は非常な丹念さで精巧に打ち欠かれている。クローヴィス型尖頭器が発見された遺跡の年代は、おおよそ一万一五〇〇年前にすぎない。これは氷期の最中に、人類がアメリカ大陸についたと考えられてきた年代である。しかし最近、チリのモンテ・ベルデ遺跡で、それより一〇〇〇年も早く人類がいた証拠が発見されている。

人類がアメリカにたどりついた方法については、いまだによくわかっていない。アラスカの一部に氷冠がないところがあったが、人類の移住はふたつの大きな氷のバリアではばまれていただろう。ハドソン湾にあったローレンシア氷床という最大のバリアが、カナダ全体と五大湖の南側までおおっていたし、より小さなべつの氷床が、西の太平洋岸の海岸山脈をおおっていた。また二万年前の最大の氷期には、ふたつの氷床がくっついて突破不能の障害物になった。そのあと温暖な時期がきて、ふたつの氷床が離れたので、人類は陸地の狭い通路を見つけただろうと考えられている。このほかにも太平洋岸にそって海のルートを南下し、巨大な氷床を迂回する方法があったかもしれない。いずれにしても人類は早々とマゼラン海峡にたどりついたので、途中で数多くの種を消滅させながら障害物を乗りこえたのだろう。

氷河時代の象徴的な種であるマンモスにもどることにしよう。一九九三年まで、マンモスはヨーロッパで一万二〇〇〇年前に、北アメリカでは一万一〇〇〇年前に、中央シベリア北部では一万年前に絶滅したと考えられていた。後退する氷塊を追ったマンモスは、最後の避難所を求めて中央シベリア北部にいったのである。右の年代は実際には、人類の狩猟がマンモスの絶滅の原因になったという仮説と完全に一致する。人類はまさに一万二〇〇〇年前にシベリア最北東部にたどりついたのだが、それまでに北アメリカをとおったのだろう。ところが一九九三年に、S・L・ヴァルタニアン、V・E・ガルット、A・V・シェルという三人のロシアの科学者が驚くべき研究論文を発表した。三人はシベリアのチュコト半島北東の海岸から二〇〇キロ離れた北極海のウランゲリ島で、七〇〇〇年前から四〇〇〇年前のマンモスの化石を発見したと報告したのである。このデータはそれ以前の計算をくつがえすことになった。この仮説を受けいれれば、マンモスが絶滅した時代に、エジプト人がすでに大ピラミッドを建設していたことを認めざるをえない。この検証によれば、マンモスはウランゲリ島がまだベーリング海峡地方の一部だった時期に、この島に渡ったことになる。完新世の大解氷とともに海面が上昇し、海峡のまわりの大部分の土地が水没して、現在のベーリング海峡ができあがったのだ。島で隔離されたマンモスの個体群は、人類から保護されていたのだろう。ウランゲリ島のマンモスのもうひとつの特徴は、アジアからきて島に入植した祖先よりも三〇パーセント小型だったことである。平均体重は約六・五トンで、肩高は二・五メートルから三メートルだった。

　このような小型化は、島に住む個体群としては異常な現象ではなかった。ウランゲリ島のマンモスより劇的な小型化が、島という条件に特有の進化の過程で検出されている。たとえば更新世後期のマルタ、サルジニア、シチリア、キプロス、クレタ、およびギリシアの島々のような地中海の島には、多くの小型化したゾウが住んでいた。シチリアにいた *Palaeoloxodon falconeri* という種は、大型のオスでも高さ一メートルにならなかった。比較の材料として、一九五五年にアンゴラで倒された現代最大のゾウが、ワシントンDCのスミソニアン研究所に展示されている。アフリカゾウの肩高はめったに三・五メートルをこえないし、体重も六トン以上にならないが、このゾウの肩高は四メートルもあり、体重は一〇トンに達していた。アジアゾウはアフリカゾウより小さく、大きさはマンモスに似ているが、マンモスほどの威圧感はない。驚くべきことに思えるかもしれないが、シチリアの小型のゾウは大陸のナウマンゾウの仲間から進化したのだった。

島の動物の小型化を説明する仮説は多様である。餌がなかったという説や、地上生の捕食者がいなかったせいだという説などがある。地中海の島々の小型のゾウの子どもは、たぶん空を見あげて唯一の天敵のワシを用心していただろう。これは冗談でなく、右のふたつの仮説のあいだには論理的な関連がある。ゾウの成獣はトラにもライオンにも襲われないし、クジラは近づくサメを恐れない。動物が大きければ大きいほど、捕食者に襲われる可能性は低くなる。しかし威圧感をあたえる代償として、たえず餌と水を消費しなければならない。ゾウの成獣は一日に三〇〇キロの餌を食べ、約一六〇リットルの水を飲むことがある。要するに捕食者がいないことは小型化と相関関係にあり、小型化のほうは餌の量に左右される。

右にあげたロシアの学者たちは、更新世末にマンモスが絶滅したのは気候変動のせいだったと主張する。この気候変動のために、マンモスがステップとツンドラの生態系で食べていた植物に悪影響がでたというのである。かれらはウランゲリ島ではマンモスが適応した生息域がつづいたので、大陸の近縁種より長く生存できたと考える。現在のゾウが草や木のような広範囲の植物を食べるのにたいして、マンモスは北極のステップで草しか食べなかったことを記憶しておこう。結局、ロシアの研究者たちによれば、ウランゲリ島のマンモスが絶滅したのは、風土のきびしさで餌が枯渇したことにある。かれらの考えでは、人類はこの問題にまったく無関係だったのだ。ヴァルタニアンらの論証で、人類は少なくとも更新世最大の哺乳類を絶滅させた責任を逃れることができる。けれども、イヌイットが三〇〇〇年前にウランゲリ島にいたことがわかった現在では、この主張は困難になっている。かれらはわれわれの予想より一〇〇〇年も早くウランゲリ島にいって、最後のマンモスを全滅させたのだろうか。残念ながら、さらなる研究が必要だとくり返す以外に、この点について絶対的な真実を提供することはできない。

第三部　歴史の語り手たち

第7章　毒いりの贈り物

われわれが死という運命を悟るのは、もはや死を避けるためにどんなことをしても生命は失われるのだと知ることにほかならない。もし動物が死という運命に気づいたなら、ニッチを離れて直立姿勢をとっただろう。

フェルナンド・サバテール『哲学事典』

なにを発見したのか

人類がシマ・デ・ロス・ウエソスに住みつくまでに、脳容量は格段に大きくなった。その結果、より高いレベルの知的能力と意識の広がりに大きな進展が見られるようになり、意識は拡大しつづける活動範囲の支えになった。意識は目前の制限を打破し、未来に向けて舵を切ったのである。人類は自然界の出来事を予測し、ほかの人類の行動を事前に読みとれるようになった。そしてそのとき、「あること」がおきたのだ。それは思考の最初の大きな成果としてのセンセーショナルな発見であり、それがほかのすべての発見の発端になった。われわれはある瞬間を避けることはできないし、それが実在する瞬間を避けることもできない。ヒト科はだれもが例外なく死ぬ運命にあることを理解したのである。死は生物学的な目前の脅威でなく、すべてのものの宿命だった。人類以外の地球上のすべての生物は、そのことに気づかなかったのだ。

この思考は以下のように要約される基本的論理に関係する。つまり他人の死を避けることはできないし、自分は他人と違わないのだから、自分もまたいつかは死ぬだろうという論理である。このためにはもちろん自分と他人を区別しなければならない。そしてそれこそエルガスターと、たぶんアウストラロピテクスももっていたと認められそうな能力である。われわれはこの確信が生まれた正確な瞬間を知ることはできないし、死の避けがたい性格を自覚した最初の人類を特定することもできない。いずれにしても四〇万年前から三五万年前にアタプエルカ山地に住みついた人類の精神に、すでにこの意識があったことはたしかである。皮肉なことに四億五〇〇〇万年以上の進化の歴史で異例に知的な生物がつくりだされ、その生物が生涯とは死に向かう秒読みであることを自覚したのだった。旧約聖書の外典（「集会の書」または「ベン・シラの知恵」1・18）には「多くの知恵をもつものには多くの悩みがあり、知識を高めるものは苦悩を深める」と書かれている。つまり、すぐれた知的能力は毒いりの贈り物だったのである。

本物の人間らしさが死の自覚と、どんな方法を使っても死を逃れることはできないという確信からはじまったと主張した思想家は、フェルナンド・サバテール〔一九四七〜、スペインの哲学者〕だけではなかった。それがあたっていれば、四〇万年前から三五万年前にブルゴス周辺で暮らした個体群は、当然のことながら、われわれのように死を自覚した集団の一員だったことになる。しかし、われわれは死についての知識をもつにいたった過度の自覚があってはじめて生きることを理解し、この視点から生も自覚した。フェルナンド・サバテールは死に気づいた先史時代の人類の最初の反応が、自分を飾りたてて美化することだったと主張した。悲劇的な最後を自覚し、なおも生きる喜びを表現する極度の歓喜のシンボルで身を飾り、自分を表現しなければならなかったというのである。この考えはレバノン生まれの作家アミン・マアルーフの小説『レオ・アフリカヌス』の登場人物のことばに呼応する。

「死が避けがたいものでなければ、人間は死を避けようとして全生命を使いつくしただろう。なにひとつ危険にさらさず、試みようとも計画しようとも考えだそうともしないで、なにひとつ創造しなかっただろう。人生は永続的な回復期の保養所となっていただろう」

のちにこの基本的確信の芸術的表現に役だつ、象徴表現と神話の領域にふれるつもりである。しかしいまは、もうひとつべつの問題にとり組むことにしよう。それは生の最後に待つものを知った人類の寿命は、どれくらいだったかという問題である。

先史時代の人類の寿命

先史時代の人類の寿命が非常に短かったという話をよく耳にする。平均寿命は短く、人々は若いうちに死んだというのである。アルタミラ洞窟の絵画が描かれた時代の人類は、三〇歳になるとすでに老人だったという。平均死亡年齢は現在のヨーロッパよりずっと低かったのだから、第一の主張の一部は真実だろう。しかし、全員がそろって三〇代以前に死んだのではないから、第一の主張の一部は誤りになる。ところが、第二の主張は全体として誤りなのだ。アルタミラの三〇代の男女は生物学的に見て、われわれの三〇代とおなじだったのだから、わたしは以上のような主張には微笑をもって答えることにしている。わたしははるか以前にキリストの死亡年齢をこえたが、まだ自分より若い人たちのグループの食べ物の研究会に出席し、狩猟や採集のハイキングに参加する。わたしが先史時代の人類なら、どうしてとっくに死んでいるはずということがあろうか。もちろん、悪運に見舞われれば死んでいただろう。人はだれしも生きているうちに、少なくともいちどは死ぬか生きるかという目にあっている。しかし、わたしは幸運だったのか機転がきいたのか、いまだに生きているのである。

じつにありふれた右の主題をまじめに検討してみよう。狩猟採集経済を営む現在の地域集団からはじめる必要がある。かれらもまた、そんなに長く生きないと習慣的にいわれてきた。しかし、そうでないことがわかるだろう。

狩猟採集集団の人口統計調査をして人口ピラミッドをつくろうとすると、解決不能の障害にぶつかることが多い。読者はこうした集団の成員に戸籍も出生証書もなく、たいていは漠然とした年齢さえわからないことを知って驚くだろう。こうした地域集団の成員にとって、成人の正確な年齢を知ることはあまり重要な問題でなく、年齢は無意味だと考えられている。かれらが関心をもつのは幼年時代か思春期か成人かという人生の段階と、親族か母親か父親か、息子か兄弟かという関係だけである。このため乳幼児から老人まで、地域集団の成員を生まれた順に並べるのが年齢を知る唯一の方法になる。だから、できあがるのは相関的な年齢表になり、何人もの成員に同時にあたって慎重に調査をする必要がある。生まれた順番を知ろうとしても、わかりやすいためしがなく、兄弟関係でさえわかるとはかぎらない。

ひとたび共同体の成員の生まれた順番がはっきりすれば、少なくとも何人かの個人の正確な年齢を確定し、そのあとこの人たちの年齢を基準にして、前後の人たちの年齢を推定しなければならない。とくに調査員が時期をずらしてひとつの集団をなんども訪問し、時間をかけて個人の幼年時代以降の年齢を確定できれば、この方法の効率を高めることができる。ところが成員たちが人生の段階にあわせて名まえを変えていたりすると、この過程が混乱することになり、このような事態は予想以上におこる。しか

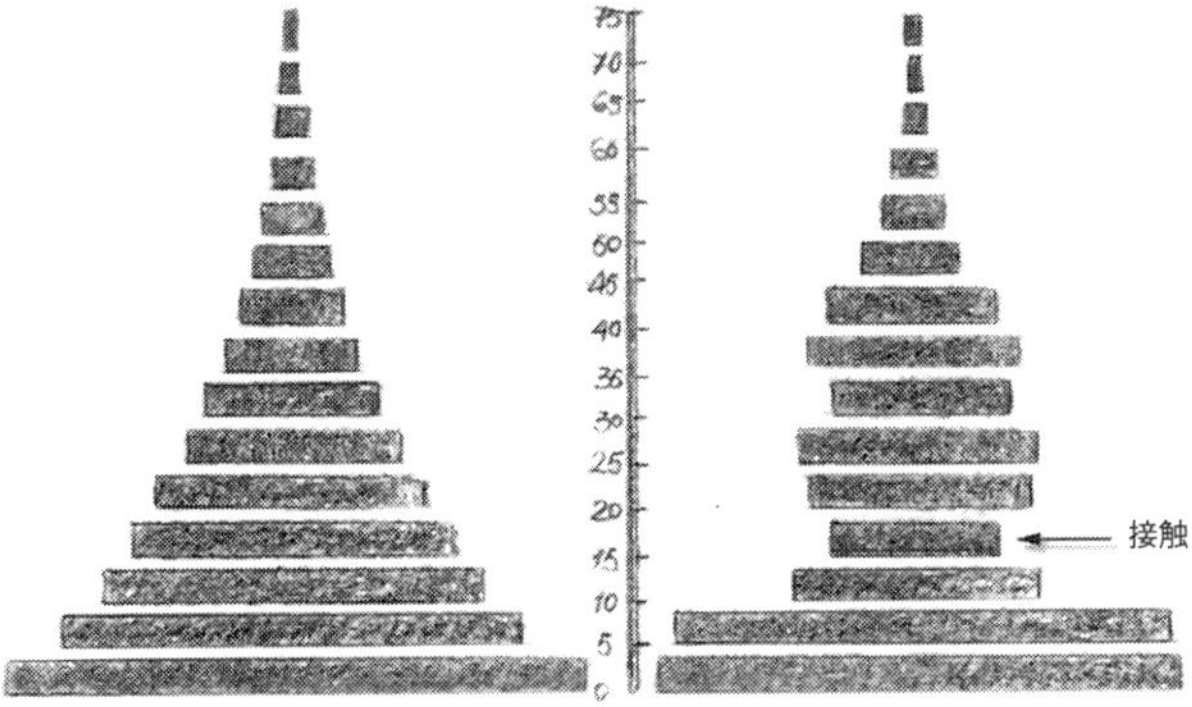

理論的な人口ピラミッド　　現実の人口ピラミッド

図21　左は理論的（または理想的）な人口ピラミッド，右は1987年のアチェ族の人口ピラミッド。横棒の長さは各年齢層の対全人口比を示す。1970年代には，近隣の人たちとの穏和な接触で死亡率が大きく上昇した。ほとんどが感染症によるもので，このため人口ピラミッドに変化がおきたのだ。多くの子どもが病気で死亡するか，親が病気にかかったため介護をしてもらえなくて死亡した（Hill & Hurtado 1996による）。

し東ハドザ族ではそんなことはなく、調査は順調におこなわれた。一九八五年に作成された非常に満足できる七〇六人の調査結果があり、このうち四八人の年齢がはっきりしたが、六五八人の年齢はほかの成員との相関関係で推定されている。

　いまも異文化を受けいれない地域集団で、人口統計調査を実施できる集団は数少ない。そうした例外的な集団のなかで、狩猟採集の今日的な集団を構成するハドザ族は、共通の言語を話しながら、タンザニア北部のエヤシ湖周辺の約二五〇〇平方キロの土地に暮らしている。ジェームズ・オコンネル、クリステン・ホークス、ニコラス・ブラートン・ジョーンズは、最近、この集団の詳細な調査をした。生産経済を営まない数少ない集団のひとつであるハドザ族は、牧畜もしなければ耕作もしない。ごく最近まで類似の特徴をもっていたもうひとつの集団は、アフリカのドーブ・クング族である。ボツワナのカラハリ砂漠北部に住むかれらの人口統計調査を実施したのは、ナンシー・ハウエルだった。パラグアイに住むアチェ族のことはすでにふれたが、キム・ヒルとマグダレーナ・フルタドは、最近になって狩猟採集の習慣を捨てたアチェ族を調査した。ベネズエラ南部とブラジル北部のヤノマモ族のように現代医学を認めない集団のなかにも、最終的に人口統計調査を受けいれた人たちがいる。しかしヤノマモ族は完全な狩猟採集民でなく、狩猟と野生の果物の採集と、森のなかの小さな区画の耕作を併用して暮らしている。それでもかれらは現代医療を受けいれずに暮らしているので、人口統計調査の対象とする大きな意味がある。

以上の集団の年齢構造を再構成した人口ピラミッドができたのは、右の研究者たちが集めたデータのおかげだった。人口ピラミッドはそれぞれの年齢区分のなかにはいる個人の実数を連続的なピラミッド状に区分するので、このような名称になっている。この区分はたとえば〇歳から四歳、五歳から九歳、一〇歳から一四歳というような等間隔で計算される。ピラミッドの底辺は、いちばん多い四歳以下の子どもの人数を示している。それ以上の段階は五歳以上の年齢層をあらわしており、ピラミッドが高くなるにつれて人数は少なくなる。このピラミッドの層は構成員が死亡するペースを示している。

ハドザ族の人口ピラミッドでは、四歳以下の子どもの層がいちばん多く、これは正常な現象である。この年齢層は調査対象になった七〇六人のうちの約一五パーセントを占めている。また二〇歳以下の人口は集団の約五〇パーセントを占め、四〇歳以下は約七五パーセントを占める。さらに六〇歳以下になると、全体の九〇パーセント以上になる。つまりハドザ族の一〇パーセントが六〇歳以上ということである。これが自然の産物を食べ、ライオンやハイエナと共存する生活に高度に適した人たちの年齢である。このようにハドザ族では子どもと思春期の人口がかなり多いが、成人や老人の数が少ないわけではない。現在の狩猟採集民の生活は、予想されるほど不安定ではないのである。クング族では集団の年齢は少し若いが、二〇歳以下の人口はハドザ族より少なく、全体の四〇パーセントを占めている。クング族の人口密度が安定しているのにたいして、ハドザ族では若い年齢層がふえており、拡大傾向が加速していることがわかる。

ところで、消滅した集団の人口ピラミッドを作成することはできるのだろうか。現代の狩猟採集民は年齢を知るのに苦労するが、死亡者たちは自分の年齢を知っていたとしても教えることができない。それでもありがたいことに、あまり古くない時代の寿命を証明する墓碑がのこされている。だから、それを活用して歴史的な死亡年齢の概算表をつくることができる。人口ピラミッドが生存人口の年齢構造を示すのにたいし、死亡年齢表は亡くなった人たちの死亡年齢を反映する。ここで数年前にアントニオ・ガルシア・イ・ベリドが実施した、古代ローマ時代のヒスパニアの墓碑の研究にふれておきたい。かれの調査結果をまとめた『古代スペインの二二のイメージ』という貴重な学術的著作は、当時の人口統計のささやかな統計学となっている。

それでは、ガルシア・イ・ベリドはどのようにして調査をすすめたのだろうか。かれはアウグストゥス〔前六三～後一四、ローマ帝国の初代皇帝〕の時代から、西ローマ帝国が崩壊した四七六年までの約五〇〇〇人の墓碑を調査した。なかで、もっとも数多かったのは紀元後の最初の三世紀間の墓碑だった。かれはまず市民社会の死亡率を明らかにするため、暴力沙汰で死んだ人間と兵士の墓碑を除外した。さらに一〇歳以上の市民の死だけを考えることにして、高いと予想された幼児や子どもの死亡率も除外した。ガルシア・イ・ベリドは厖大な墓碑のサンプルから、アンダルシア低地とカンタブリア海岸の墓碑の二パーセントだけを選びだした。アンダルシアのサンプルの調査では、約三分の一の人口が一〇歳から一三歳で死亡し、つぎの三分の一は三〇歳から五〇歳で、のこりの三分の一は五〇歳以上で死んでいることがわかった。また五〇歳以上の人たちでは、六〇歳以前の死亡者と六〇歳以後の死亡者が均等にわかれていた。カンタブリアの人口のほうは、半数が一〇歳から三〇歳で死亡し、のこり半分が三〇歳以上で死亡していた。カンタブリアのサンプルはアンダルシアにくらべて高い若年死亡率を示したが、三〇代以上の寿命のほうも長かった。調査対象になった一〇〇人のサンプルのうち、一八人が七〇歳をこえていたのである。利用したサンプル数が少なくても、この数字は非常に意味深い。しかし、いずれにしてもサンプル数が少なすぎるので、両者を詳細に比較することはできない。

以上のじつに単純な統計から、ローマ時代のヒスパニアでは、一般に考えられるほど若い人たちが死ななかったと結論することができる。現在の平均余命では、全人口にたいする平均死亡年齢を計算するので、問題はまったくべつになる。つまり出生数を基準にして計算するため、幼児死亡率が高ければ平均余命は大きく低下する。それを理解するには、それぞれの時代の最適の生活条件を生きた王朝の系譜を検討すればいいだろう。グレゴリオ・マラニョンの表現によれば、王位につくことができた王子たちは、死亡した兄弟が遭遇した不慮の災厄を生きぬいた幸運な人たちだったという。ローマ帝国の一般市民の平均余命は地域的な変動があっても約三〇年と考えられており、現在のハドザ族は三一歳と三二歳のあいだだと推定されている。この数字が意義深いのは、「文明化」が必然的によりよい生活条件を意味したり、少なくとも幼児死亡率を減少させたりしないことがわかる点にあり、生産経済は人口数を増加させただけにすぎない。

問題の多い幼児段階を少しすぎれば、古い時代の平均余命も上昇したことがわかる。この問題ではガルシア・イ・ベリドが、ローマ時代に生きたヒスパニア人の重要なデータを提供してくれる。一〇歳の子どもで計算した平均余命（一〇歳以前に死ななかった子どもの平均生存年数）が、幼児死亡率をのぞいて計算した三〇年という平均余命とおなじだったのだ。つまり、一〇歳の子どもは平均して四〇歳まで生きたと結論することができる。してみると、予想されたほど悲惨な状態ではなかったのだろう。さらに思春期まで生きのびて成人になった人間の平均余命は、有利というより恵まれていたのである。

ヨーロッパではごく最近まで、二〇歳をすぎた成人の平均死亡年齢は、五〇歳から五五歳の範囲で維持されていたようである。この数字が比較的高くても、パラグアイのアチェ族を考えれば、そんなに驚きではないだろう。アチェ族では、二〇歳になった女性は平均して六〇歳まで生きると予想され、男性は五五歳まで生きると予想される。じっさいの人口統計のすべてのパラメータは新石器時代以後も、また、たぶん後期旧石器時代以後でさえ、そんなに変わらなかったように思われる。現に西洋社会で一九世紀半ばにおきた人口統計革命は、平均余命を急上昇させた。

幼児死亡率は近代医学の進歩で、それ以前に考えられなかった比率で低下した。とくに一八世紀末、イギリスの田舎医師エドワード・ジェンナー〔一七四九～一八二三〕の天然痘ワクチンの発見と、新しい公衆衛生対策や医療手当てのせいで、幼児死亡率の低下がはじまった。こうした全体的な情勢とともに、長らく予測できない宿命と思われていた幼児の死亡が、現実的な最悪の悲劇と見られるようになった。中世のペストがなんの手もうてない病としてヨーロッパの何百万人という人たちの命を奪ったときから、このような宿命論が通用するようになったのだろう。今日の平均余命はすべての先進国と、いくつかの発展途上国で七〇歳以上と推定されている。不幸なことに、アフリカの多くの国ではいまだに五〇歳以下であり、恵まれない環境では四〇歳以下のところもある。現実に幼児死亡率を矯正する方法があるだけに、こうした数字の改善が望まれる。

さて、ネアンデルタール人のようなべつの種の人類の古人口統計に移らなければならない。これは古人口統計学の大きな努力目標のひとつであり、この仕事は分かちがたく結びつくふたつの大きな障害に直面する。第一の障害は、墓地のように単一の個体群の化石化した遺物がないことにある。現実に遺跡にある骨の化石は大勢の個体のもので、それらは異なる時代と異なる場所で生きた個体群に関係する。たとえばネアンデルタール人は何万年にもわたってイベリア半島やウェールズから、イラクやウズベキスタンにいたる広大な地域に住んでいた。収集されたすべての個体を集めてひとつのサンプルをつくり、総括的にネアンデルタール人の平均死亡率の概算値を計算することはできるかもしれないが、そのような計算をしてみても有用だとは思えない。どんな人口統計学者も現代スペイン人の骨と、イエス・キリストの時代のユダヤ人の骨をごっちゃにしないだろう。さらに強い理由で、異質な環境と状況から出土した何万年と離れた化石をいっしょにすることも考えられないだろう。そのうえネアンデルタール人は何万年もまえに絶滅した種であり、化石の数がもっとも多いのである。第二の大きな障害は、化石の死亡年齢を判定することにある。ハドザ族、クング族、アチェ族では年齢を知るのにさえ苦労するのに、何万年もまえに死亡したネアンデルタール人の年齢をどのようにして判定するのだろうか。

化石が時間的・空間的に分散しているという第一の問題には、即効的な解決策はないだろう。古生物学で慣例化しているように手持ちの化石を研究して、有効な評価ができるまでサンプル数をふやしていく以外に方法はないだろう。新しい発見があればそれぞれに、この可能性に向けた一歩をふみだすことになる。

第二の問題にはふたつの解決方法があるが、どちらも完全に満足できる方法ではない。ひとつは判定技術を改良して化石の死亡年齢の計算を可能にする方法であり、もうひとつは化石を年齢の大きなカテゴリーに分類する方法である。これで死亡年齢の不正確さをおぎない、非常に広い時間的範囲を生かすことができる。つまり、ある個体の死亡年齢を計算するには、多少なりと正確な一〇年という時間幅や、月日を限定しないより長い時間的間隔をめざすようにして仕事を推進する。発育しきっていない現代人では歯列が完全でなく、骨がまだ縫合していないので、比較的正確に死亡年齢を評価することができる。われわれの手元には乳歯と永久歯の形成と出現や、骨端の縫合のような骨端融合についての詳細な一覧表がある。

成人年齢に達した個体に発育中の歯や骨がないばあいは、死亡年齢を判定するべつの技術を使わなければならない。このため、いくつもの方法が試みられてきた。一時期一般的だったが、のちに廃止された方法に、頭骨を接合する縫合線を合わそうとする方法があった。発育しきっていない個体では縫合線がまだ開いているので、頭骨が別々になっていることがあるのを利用する方法だった。この方法が使われなくなったのは、頭骨の縫合線の接合が普遍的なペースや一定のペースで生じないからであり、このためすべての有効性が失われたのだった。骨の組織学で観察できる微視的な変化に目をつけたべつの方法も試みられたが、これも成功しなかった。

現にとられている方法は、二個の寛骨と仙骨の接合面に作用する腰のいくつかの変化に着眼する。このほか二個の恥骨が骨盤の前方で接近しあうので、寛骨の恥骨結合に作用する変化を検討する方法もある。成人では加齢によっておこる変質も、大腿骨上部と上腕骨上部の内部構造（小柱）にレントゲンをあてて検出することができる。

あらゆる手段がつきれば、若年層より成人で早く進行する歯冠の磨耗度に焦点を絞る方法がある。歯の損傷は食事の種類と磨耗性の微粒子の多寡で変わるので、この方法は特定の個体群ごとに適用する必要がある。相手が成人年齢に達していない個体のばあいは、永久歯の成長度に応じて適用しなければならない。こうして計算された比率は、そのあと成人の不確定な死亡年齢の推定に適用される。じっさいには個体の年齢が高ければ高いほど、死亡年齢の計算は困難になる。

このほか現代人と違う種の化石の死亡年齢を判定するときには、発育と老化のモデルやペースを現代人とおなじだったと仮定することになる。とくに脳の大きさと発育のあいだには密接な関係があるので、大多数の研究者はネアンデルタール人も現代人とおなじだったと考える。現実にネアンデルタール人の脳の平均値は現代人より小さくないのだから、研究者たちは発育段階も現代人とおなじだったと仮定する。変化がおこる順序としての発育パターンも、ネアンデルタール人と現代人で変わらないことが証明されている。だから、この仮説を恣意的なものと見ることはできない。

ネアンデルタール人のすぐれた専門家エリック・トリンカウスは、知られるすべてのネアンデルタール人の化石の死亡年齢を集計し、古人口統計表を作成した。かれは総数で二〇六人のネアンデルタール人の死亡年齢を計算したが、この数字の大きさはネアンデルタール人という絶滅種をめぐって蓄積された情報量の多さを物語る。すべての化石の年代は、更新世後期つまり一二万七〇〇〇年前以後に属していたが、完全な骨格はなく、すべては骨片か、ときには非常に小さな破片にすぎなかった。トリンカウスはこれらの個体を六つの大きなカテゴリーに分類した。(1)新生児——一歳以下の個体、(2)子ども——一歳以上から五歳、(3)少年少女——五歳以上から一〇歳、(4)若者——一〇歳以上から二〇歳、(5)成人——二〇歳以上から四〇歳、(6)年老いた成人——四〇歳以上、というカテゴリーである。

以上のネアンデルタール人のサンプルには、非常に珍しい新生児もふくまれていた。これは古人口統計学者には周知の慣例的現象であるが、どんな時代の墓地にも、子どもの骨はほとんど見られない。これはきゃしゃな子どもの骨が保存されにくいせいか、多くの文化圏で子どもは「人間」と見られていなかったので、成人の埋葬地とはべつの場所や墓地の外に埋葬されたことによっている。

いまでは現代医療を受けいれない現存の個体群や、人口統計革命以前に生きた個体群に比較して、ネアンデルタール人の五歳以下の子どもの死亡率が人口の四〇パーセントか、たぶんそれ以上だったことが知られている。つまり、子どものほぼ半数が五歳以前に死亡したのである。この死亡率は「少年少女」や「若者」で低下し、「成人」でふたたび上昇した。U字型のこの曲線は哺乳類のすべての個体群に共通する。若年層と成人や老人の死亡確率は、若者層よりはるかに高い。誕生後と離乳期後をおびやかす死亡率のピークを乗りこえた若者層は、とくに親の保護を受け、成人生活の危険にさらされさえしなければ死亡率が低くなるのだろう。死亡確率とは死のことでなく、一定の期間の死亡率のことであり、全員にたいする統計学的確率は最終的に一〇〇パーセントになる。

しかしネアンデルタール人では、驚くべき現象が観察される。四〇歳以上の「年老いた成人」が予想よりはるかに少ないのである。比較できる現代の個体群では、約半数が成人年齢に達して「年老いた成人」になるのにたいして、ネアンデルタール人ではわずか二〇パーセントか、せいぜい三〇パーセントしか四〇歳以後まで生きなかったらしい。五歳以下の幼児死亡率を三五パーセントから四〇パーセントと予想すれば、四〇歳以上生きたネアンデルタール人は全個体群の六パーセントにすぎない。しかし、ネアンデルタール人の事実上の寿命が現代人とおなじだったと認めれば、右の異常な数字を説明しなければならないだろう。人間の半分の寿命しかないチンプでさえ、個体群の三五パーセントが二七年まで生きのびる。二七年というのは、トリンカウスが人間の「年老いた成人」の寿命に匹敵すると考えた年齢のカテゴリーである。

この難問を切りぬけるひとつの方法は、関連データを受けいれ、ネアンデルタール人の寿命が現代人よりずっと短かく、比較できるライフスタイルをとる現代の狩猟採集民よりも短かったと仮定することだろう。この見方をとればネアンデルタール人の生活は、わずかな人数しか四〇歳をこえられないような危険にさらされていたと仮定すべきだろう。ネアンデルタール人の平均余命が三〇歳以下だったという説がかりに妥当だとしても、「年老いた成人」がほとんどいなかったということは、人口動態の圧力があまりに深刻で、生態学的危機のような最悪の危機に直面したときにはそれを克服できなかったのだ、ということになる。生態学的危機とは非常に長い乾燥、長くてきびしい冬、獲物を大量死させる伝染病、および数年にわたる自然の果実の不作などのことである。

われわれはネアンデルタール人の人口維持能力、つまり高い死亡率と低い平均余命をおぎなった能力を、出産率の高さに求めるしかないと考える。クング族の女性が平均して四・七人、ハドザ族の女性が六・一五人、アチェ族の女性が約八人の子どもを生むことを思いだそう。これは現在の狩猟採集民の出産率に、大きな変動があることを証明する。アチェ族の成人男性の平均余命は五四歳で、成人女性は六〇歳である。ネアンデルタール人の死亡率がアチェ族のような現代の狩猟採集民より高かったと類推すれば、出産率ははるかに高かったと考えざるをえない。ネアンデルタール人が出産間隔をちぢめるか（これは出産率を高めるひとつの方法である）、離乳を早めるかして現代の狩猟採集民の出産率を上回ったと考えるのは、あまり合理的でないだろう。クング族の平均出産間隔が約四年で、アチェ族が約三年であることを考慮しなければならない。

クング族とアチェ族のあいだの出産率の差は、妊娠周期の短さに起因するのだろうし、それはたぶんクング族の集団にはびこる性感染症による現象だろうと思われる。ここでネアンデルタール人の女性の出産期間がより長かったのは、より遅くおわったからでなく、より早くはじまったからだと主張できる

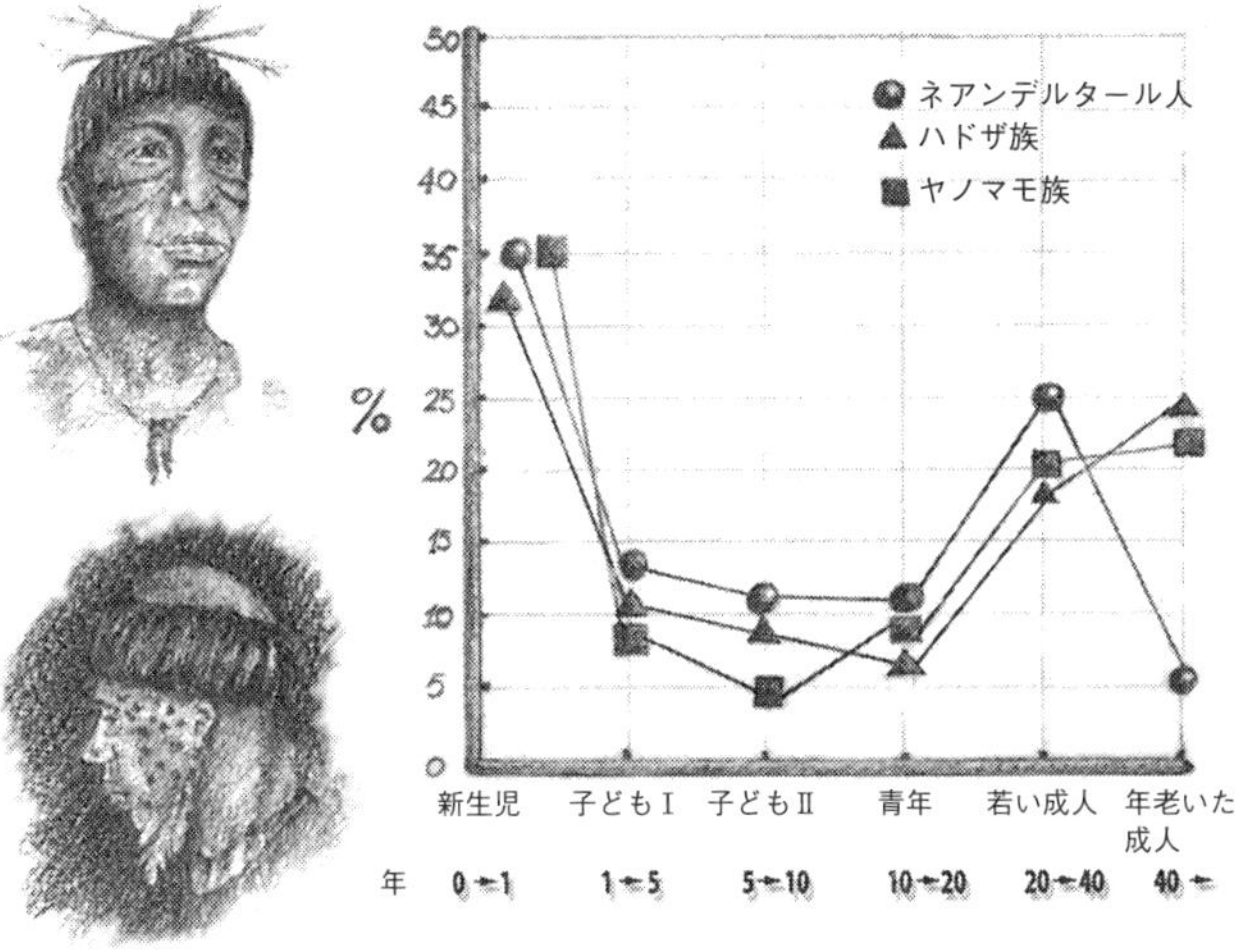

図22　ハドザ族，ヤノマモ族，ネアンデルタール人の死亡率。垂直軸は水平軸で示された年齢層で死亡した人口比を示す（Trinkaus 1995 による）。

かもしれない。しかし、この仮説も認めにくいだろう。そのためには、ネアンデルタール人のあれほど高い死亡率をおぎなえるほど、妊娠周期のはじまりと最初の妊娠が現代人より完全に不釣りあいに早かったと主張しなければならないだろう。

　この主題については、一般通念に反して西洋の女性の初潮が、産業革命以後の先進諸国で遅くなっていないことに注意する必要がある。初潮は逆に早まっているのだから、ここにも暴かなければならない迷妄がある。その理由は妊娠周期のはじまりが、成長期の食料の質と量に強く条件づけられることにある。この点で若い女性の体重と、初潮や初産年齢を関連づける理論的モデルをつくることができる。このモデルでまた、栄養摂取のタイプとの相関関係も確立できるだろう。

　たとえば非常にはげしい活動をする狩猟採集社会の女性は、大量のカロリーを消費するのに食生活でとれるカロリーを制限される。彼女たちの出産期間は一般に、無制限にカロリーをとれる西洋の個体群の若い女性より遅くなる。アチェ族の若い女性の出産期間が一三歳ではじまるのにたいして、食料事情が劣悪なクング族では一七歳ではじまることが確認されている。理論的モデルではクング族の初産は一八歳か一九歳と予想され、この計算は一七歳から一九歳という現実と一致する。おなじモデルをアメリカの栄養状態のいい白人の少女に適用すると、初潮は一二歳前後でおこり、初産は一六歳と予測される。この最初の数字は現実の状況に一致するが、初産の年齢の誤差のほうは生物学的条件でなく、避妊薬の使用や禁欲のような文化的理由によっていることがわかる。いずれにしても最初の妊娠を一六歳という非常に早い年齢に設定し、このモデルをネアンデルタール人に応用しようとしても無意味なことがはっきりしている。アメリカの白人女性の食料事情や定住生活と、ネアンデルタール人を比較することはできないのだ。

これまでネアンデルタール人の親たちが早死にしたことにはふれなかった。すでに知ったようにネアンデルタール人の成長は非常に遅かったので、まだ世話の必要な孤児が見捨てられた状態でのこされただろう。しかし、どう考えてもわれわれの計算にあわないネアンデルタール人が、どこかに実在したにちがいない。

老人に関連した死亡年齢の計算で体系的な過ちを犯し、年老いた成人を若い成人に分類したのかもしれない。たとえば歯の損傷や恥骨結合という死亡年齢の指標が、一定のレベルの変異に達したあと安定し、時間がたってもあまり変わらなかったのかもしれない。そのとおりであれば、四〇歳以上の個体を若い成人として計算したのだろう。そんなエラーがおきていれば、これまでに考えた非常に高い死亡率と、死亡年齢の判定の誤差というふたつの仮説を考え直す必要がある。あるいは、ふたつの仮説がからみあっているのかもしれない。しかし、トリンカウスはより魅力的に思える第三の説明を提唱する。

トリンカウスはわずか四個を例外とするネアンデルタール人の化石の大多数が、洞窟内で発見されていることをとりあげる。洞窟がネアンデルタール人の住居だったとすれば、どうして日常的な居住跡から老人の化石が発見されないで、古人口統計学の統計に穴があくのだろうか。知られるようにネアンデルタール人が住んだ洞窟には、石器、石を打ち欠いた剝片、食用にした動物の骨のような数多くの証拠がのこされている。しかしすでにふれたように、これら洞窟の問題点は非常に長い時間をかけてできたことにあり、つまり洞窟は居住者の数多くの出来事を重ねた多層構造になっている。それらは数分間か数時間か数日間かという限定された期間の出来事だったかもしれないし、数年間、数十年間、数世紀間、数千年間という長期間にわたる出来事だったかもしれない。われわれは一定の考古学的地層では、時間的構造と出来事を区別することができない。個々の地層で解明された時間的な古さが、じっさいには大きくへだたっていても、同時代として理解してきたわけである。

そこで、わたしの好む解釈は以下のようなものになる。つまりネアンデルタール人のおもな住居は戸外の環境であり、洞窟は自然環境のべつの要素にすぎなかったのだ。いわば避難場所として、ときどき短時間だけ使う非常手段だったのである。それでも洞窟は地質学的特質から遺跡になり、ネアンデルタール人の化石を発見できる唯一の場所になったのだろう。右のような条件があったため、ネアンデルタール人の居住地を突きとめようとする研究は明らかな混乱を呈したのだった。それにネアンデルタール人の個体群は、広く移動していた可能性が高い。このばあいには老人の死は短期的に滞在した洞窟のなかより、移動中におきた可能性のほうが高いだろう。

ネアンデルタール人の化石の多くは、事件の多い生活のなかで突発した病気や外傷性傷害の痕跡をとどめている。フランスの古典的なネアンデルタール人として有名なラ・シャペル・オ・サンの老人は、死亡時に外傷が原因になったと思われる関節炎に冒されていた。歯は一本もなかったが、トリンカウスが三〇歳前後と推定したので、そんなに年老いてはいなかったのだろう。また、ほかのネアンデルタール人も変性関節炎や非常に多くの骨折に苦しんだらしい。イラクのシャニダール洞窟のシャニダール1号は右目しかなかったので、左目に打撃を受けていたのだろう。かれの右腕はひじの上で切断され、右足のつけ根とくるぶしと足に強い打撃を受けた跡があった。このような大怪我のあとも生きていたことに疑いはなく、これは集団の成員の世話を受けたことを示している。

エリック・トリンカウスとトミー・バージャーの興味深い研究で、ネアンデルタール人とロデオのプロの傷の位置が非常によく似ていることがわかった。ロデオのプロの外傷の大多数は、ウマやウシに荒々しく投げ飛ばされたときに、頭と胴と腕につくという。ネアンデルタール人はときに大きな力強い動物に至近距離まで接近しただろうから、このような外傷は狩りの途中でついたものと考えることができる。

しかし化石で見るかぎり、ネアンデルタール人が危険な生活で数多くの傷を受けても、足が完全に動かなくなったような例はなかった。観察されたどの化石にも、たとえ狩りができなくなっても、動きまわったらしい痕跡がのこされている。たぶん集団の成員が扶養したのだろうが、負傷した個体を運ぶことまではできなかっただろう。われわれの仮説を支えるのは、以上のような事実である。この仮説では洞窟は、広大なテリトリーを放浪したネアンデルタール人がときおり使った中継地にすぎない。この仮説はまた洞窟と洞窟のあいだの道中や同一の洞窟を再訪問するまでのあいだに、大多数の老人がおきざりにされただろうという仮定と両立する。非常に年老いた個体は洞窟までたどりつけなかっただけだから、洞窟のなかに老人の化石がない理由の説明がつくだろう。わたしはいまのところ遺跡に年老いたネアンデルタール人の化石が少ないこと（しかし皆無でないこと）を説明するのに、右の仮説以上のことを主張できない。この仮説はこれまでに書いたふたつの説明、つまり死亡年齢の計算方法に誤差があるかもしれないという説明と、平均余命が非常に低いということの説明にも結びつく。

シマ・デ・ロス・ウエソスでなにがおきたか

シマ・デ・ロス・ウエソス、文字通り「骨の穴」は、ネアンデルタール人とかれらの祖先の遺跡の特徴を示す一般的状況にあてはまらない。一般的状況とは、遺跡からわずかな個体しか発見されないことである。一九七六年に少数の人類の化石が発見されたことからアタプエルカ計画がはじまり、わずか数年でシマ・デ・ロス・ウエソスからは四〇〇〇個以上の化石が発掘された。発掘作業はつづいているので、これは最終的な数字ではない。これまでに実現した発掘はそんなに深くなく、表面積全体のごく狭い部分にしかおよんでいない。現代人の墓地より古い、後期旧石器時代にさかのぼるヒト属の化石を、これほど豊富に埋蔵している遺跡はなかった。さらに重要なのは骨格のすべての部分があることで、槌骨《つちこつ》、砧骨《きぬたこつ》、鐙骨《あぶみこつ》という中耳の三つの骨のような最小の部分さえのこされていた。

ほかの遺跡では化石が多くても、頭骨や下顎骨が発見されるだけで、骨片以外のものは発掘されていない。シマ・デ・ロス・ウエソスにあったのは、アウストラロピテクス類やパラントロプス類の時代からネアンデルタール人の時代にいたる完全に未発見か、ほとんど未発見のいくつかの骨格部分だった。ブルゴスに近いこの洞窟に積み重ねられていた死体は、驚くべきことに、現在まで四万年から三万五〇〇〇年のあいだ、すばらしい状態で保存されてきたのである。これら骨格のすべての骨は、最終的に時間と忍耐で明らかにされるだろう。

シマ・デ・ロス・ウエソスでは、これまで数か所が発掘の対象になったにすぎない。われわれは遺跡の内容をざっと把握するために、堆積する人骨をある深さまで掘りさげただけだった。そのおかげで全容をさらに理解し、よりよい発掘計画を立てることができた。死体が積み重なっているので、一個体の骨格の全体でなく、べつの個体の骨も発見されている。たとえば、ある個体の腕がべつの個体の腰のうえにあったり、その腰がまた第三の個体の頭骨のうえにあったりした。発掘がすすむにつれて、死体のあった位置がしだいに正確になるが、それを確定するまでに時間がかかる。いまのところ個体識別は歯列を参考にしておこなわれている。じっさいには骨格を再構成しようとして骨をくっつけるより、完全な歯列を再現するほうがずっと容易なのだ。成人には完全に保存された三二本の歯があるだけに、なおのこと仕事がしやすくなる。

ホセ・マリア・ベルムデス・デ・カストロは、マドリード国立自然科学博物館の歯の研究の担当者である。かれはタラゴナのロビラ・イ・ビルジリ大学のエウダルド・カルボネルやわたしとともに、アタプエルカ計画の三人の責任者のひとりとなっている。ベルムデス・デ・カストロは現在までに二八体というより二八の歯列を識別したが、そのうちのいくつかはまだ完成されていない。それにどの歯列に属するか不明なばらばらの歯がたくさんあるので、完全な歯列が識別されるのはこれからだろう。また遺跡の未発掘の部分には、さらに数多くの個体が埋まっていることはいうまでもない。歯には持ち主の死亡年齢を計算できるメリットがあり、この計算は個体が発育しきっていなければ、その分だけ正確になる。すでに指摘したとおり、成人の死亡年齢を確定するには歯冠の磨耗度の研究が必要になるので、計算はより不正確になる。

歯列から見たシマ・デ・ロス・ウエソスの個体の研究によって、「年老いた成人」がほとんど存在しないことがわかってきた。三〇歳以上の個体は三体しかなかったのだ。これは目新しい現象でなく、シマ・デ・ロス・ウエソスの時代のネアンデルタール人やべつの人類の化石で、歯の損傷が大きく進行した個体がわずかしかいないことが体系的に証明されている。さらに死亡するまでの食物が、一般にひどく不足していたこともつけくわえておこう。しかし、シマ・デ・ロス・ウエソスの頭骨5号は「年老いた成人」であり、このコレクションだけでなく、これまでに調査されたすべての人類の化石のなかでもっとも完全な化石である。ところで歯列から死亡年齢を決定する方法と、べつの指標を組みあわすことができる。一例をあげれば、シマ・デ・ロス・ウエソスから四〇歳以上の人類の二個の骨盤が発見されている。一個は高齢者で、おそらく五〇歳以上だっただろう。さらに三〇歳前後の女性の骨盤も出土している。この三体の骨と骨盤のどれかが、「年老いた成人」の歯列の持ち主と同一人物だったかもしれない。

骨盤腔の分析からもまた、この個体群の寿命が現代人と似ていたことが証明された。だから三〇歳以上の個体がまれなことには、べつの説明が必要になり、ここでもネアンデルタール人にたいして指摘した論点があてはまる可能性が高い。アタプエルカ山地の人類はネアンデルタール人とおなじく広い土地を盛んに移動し、ときどきアタプエルカの洞窟に立ち寄ったにすぎないのだろう。われわれは高齢の個体が動けなくなって洞窟までたどりつけず、途中で死んだのだろうと考える。わたしとしてはアタプエルカ山地の洞窟か洞窟の近くで集団の成員が死んだばあい、シマ・デ・ロス・ウエソスの人目につかない一角に運びこんで安置したにちがいないと考える。以上の仮説のとおりなら、この慣例は幾世代にもわたって維持されただろう。シマ・デ・ロス・ウエソスの人類化石の積み重ねは、この慣例が途切れたときに中断したのだろう。

しかし、シマ・デ・ロス・ウエソスの人類は同時に死亡したか、ごく短期間に死亡したと想像することもできる。ところで少なくとも二八体の死体が数年間に集められたのか、より長期間にわたって集められたのかを、どのようにして判断するのだろうか。地質学の基準では百年や千年は一瞬にすぎないので、この問いに地質学で答えることはできない。それにすべての化石は連続的な地層でなく同一の堆積層、つまりただひとつの同一の堆積層から出土している。

わたしはこの説明を見つけるために、つねに化石のサンプルの少ない二五歳以上の個体と五歳以下の子どもを無視しようと提案する。予測すべきことだったが、シマ・デ・ロス・ウエソスでも六歳と五歳のあいだの子どもは一体しか発見されていない。パリ人類博物館に勤めるわたしの友人で、現在、もっともすぐれた古人類統計学者ジャン＝ピエール・ボケ＝アペルは、以下のような実験を推奨した。

西洋医学になじまないか、人口統計革命以前の状態にある既知の個体群では、五歳から一四歳までの人数は一五歳から二四歳までの人数とほぼおなじであり、現実には若い人たちのほうが少し多い。その比率は（5－14/15－24）×100＝115％となり、つまり約一一五パーセントに相当する。にもかかわらず、これらの共同体の墓地では（5－14/15－24）×100＝225％となって、前者が後者の人数の二倍になる。この比率の差は生存者の年齢構造を反映する共同体の人口ピラミッドのせいであり、人口ピラミッドは死亡者の年齢測定としての死亡率の特徴に等しくない。ボケ＝アペルの提案にしたがったわれわれは、シマ・デ・ロス・ウエソスにふさわしい比率を求め、五三パーセントという結果を手にいれた。この比率は死亡率の特徴より人口ピラミッドの特徴にずっと近い。

この結果はなにを意味するのだろうか。シマ・デ・ロス・ウエソスの年齢構造は、ある大惨事で集団の多数の成員がわずかのあいだに死亡したことを暗示する。つまり漸進的な衰退過程が何世代にもわたってつづいたのでなく、ある局限的な原因で個体群が消滅したということである。現実にシマ・デ・ロス・ウエソスでは子どもと思春期の若者があまりに少ないので、五三パーセントという比率は低すぎて人口ピラミッドに一致しない。それどころか、このサンプルでは思春期の個体と若い成人という、個体群のなかでもっとも活動的・可動的で強力な成員が中心を占める。それでは、シマ・デ・ロス・ウエソスでなにがおきたのだろうか。大惨事とはどんな性質のものだったのだろう。

思い浮かぶ最初の仮説は伝染病だが、これまで先史時代に大規模な伝染病が流行して、人類の個体群を衰微させた可能性はほとんどないと考えられてきた。大多数の病原体の寿命は非常に短いうえに、病気は宿主の共同体が小さかったり、宿主同士の接触がなかったりすれば伝染しない。だから病気が広ろうとすれば、実際には密度の高い人口が前提となる。

それではほかに、イベリア半島の更新世末期の不確実な人口密度を計算する方法があるのだろうか。たとえば、ハドザ族の人口密度を思いだしてみよう。一平方キロあたり〇・三人というハドザ族の人口密度はかなり高い数値であり、この数値は周囲の動植物の生物量の豊かさによっている。表現を変えれば、一〇〇平方キロのテリトリー、つまり一辺が一〇キロの正方形の土地では、ハドザ族の三〇人の集団が動きまわれることになる。後期旧石器時代末のもっとも温暖な時期に東地中海地方の沿岸部に住んだ個体群の人口密度が、それとおなじくらいだっただろう。後者の生態系はあまり豊かでなかったので、狩猟採集型の人口をそれほど維持できなかっただろう。べつの例としてカラハリ砂漠で暮らすクング族とサン族では、人口密度はハドザ族の一〇分の一以下になり、一平方キロあたり〇・〇三人になる。つまり五〇キロと二〇キロの長方形に相当するテリトリーを動きまわる、三〇人の集団を考える必要があるだろう。このふたつの人口密度を、六〇万平方キロのイベリア半島の表面積に掛けてみよう。一万八〇〇〇人と一八万人のあいだの概算値が、先史時代のこの土地に生きていた人口になるだろう。

　更新世末期の人類は現在の狩猟採集民に匹敵する技術をもっていなかっただろうから、とくに環境条件がきびしくなった寒冷期には、一万八〇〇〇人という数字のほうが現実的だっただろう。しかし、農耕と畜産がはじまる直前の完新世に変わる中石器時代には、一八万人かそれ以上の人口さえ維持できただろうから、人口増加がつづいたのだった。アメリカ大陸が発見された時代の半島の住民は、約七〇〇万人になっていたのである。

　以上に算出した旧石器時代の人口密度の予測を、現在のイベリア半島の哺乳類を中心とする種の密度の予測と比較することができるだろう。しかし、この比較はいずれにしろ深刻な環境条件の悪化に左右されるだろうし、知られるように現在では、草食動物と肉食動物が生存する比較的バランスのとれた自然条件をそなえた広い空間はわずかしかない。幸いにも、われわれの研究に役だつかなり例外的な空間がある。それは六万七〇〇〇ヘクタールの面積をもつサモラのクレブラ山のことであり、この自然保護区には現在の全ヨーロッパで最大数のオオカミが生息する。アカシカが占有する地帯では密度は一平方キロあたり〇・四頭に達し、一辺が一〇キロという想像上の正方形の地帯に四〇頭のアカシカが住むことが暗示される。毎年、人間が狩るアカシカの数はきびしく規制されているので、全体の個体数に影響することはない。

　ホセ・ルイス・ビセンテ、マリアーノ・ロドリゲス、ヘスス・パラシオスの研究によれば、この保護区のオオカミの個体群は一平方キロあたり〇・〇五頭から〇・一頭に達し、一〇〇平方キロでは五頭から一〇頭になる。この数字を見ると社会性をもつ狩猟者（オオカミ）の個体密度と、ハドザ族やクング族という狩猟者の人口密度のあいだに、ほぼ等しい関係があると結論したくなる。スペインの先史時代の人口に関するわれわれの憶測が、非常に信憑性を帯びることが明白なのだ!

しかし、ひとつの問題点がのこる。更新世の人口がこんなに少なかったとすれば、少なくとも二八人の集団はどのようにしていっせいに死んだのだろう。大惨事という仮説は多人数の共同体を前提にしなければ成立しないのだろうか。とくに集団の生存者がすぐに死体を埋め、そこに子どもと年老いた成人がいなかったとすれば、大惨事という仮説が成立するためには非現実的な大きな集団を仮定する必要があるだろう。現実に多くの研究者は当時の人類集団が少数の成員で構成され、そのうえ隔離されていたと考えている。

ジャン=ピエール・ボケ=アペルはこの難問について、先史時代の人類集団を分析する非常に奇抜な視点をとりいれた。かれは個人の性を統計学で二項式と呼ばれる一種の変数として、つまり男性か女性かという二者択一の問題として考える。男女が生まれる確率はほぼおなじであり、一〇〇人の女児にたいして一〇五人の男児が生まれるという最少の誤差がある。これは四人の子どもをもつカップルが、男女ふたりずつの子どもをもつという意味ではない。この理論的な平均値は、四人の娘か四人の息子のいる家庭がよくあるという経験的観察に対立する。この状況を二〇のバーチャルな共同体にあてはめれば、四人の娘か四人の息子のいる世代の確率が最少であることがわかるだろう。それに反して、遅かれ早かれ娘か息子がいない世代がでることは絶対的に確実である。要するに個体群が小さければ小さいほど、両性間の比率に関する世代間の変動は大きくなる。

この問題を研究する理論的モデルは比較的つくりやすい。ボケ=アペルは長期的に見れば小集団が生きのこるには、両性間の比率のバランスをとるために、べつの集団の男性か女性と交換しなければならないと結論する。たとえば一五歳から四〇歳までの二〇人の集団を仮定すれば、人口移動率の平均値は一一パーセントになるだろう。これは多数派の性のふたりの成員が集団を離れ、反対の性のふたりの成員が外部集団からくる必要があるということである。五〇人の個体がいる集団があれば、三人か四人の交換が必要になり、人口移動率は七パーセントになるだろう。また三五〇人から四〇〇人の集団があれば人口移動率は三パーセントになり、一〇人から一二人くらいが移動しなければならない。つまり集団はエクソガミー〔外婚〕を介して相互的な関係を確立し、繁殖のためのより大きな単位を形成するだろう。

おなじくボケ＝アペルによれば、このような理由があったので、アシュール文化とムスティエ文化は非常に広い地域に普及したという。人口統計学の見地からすれば人類の個体群の密度は、文化的に隔離されて自足できるような地域集団の存在を許すほど高くなったことはなかった。それどころか小集団の非常に広いネットワークが、相互間に距離をおいて遺伝的・文化的関係を確立したのだろう。かれらはばあいによって広い単位に統合されたり、小さな「野営地」に分散したりしたのだろう。

わたしは人口密度を計算するひとつの方法を紹介した。ほかにロビン・ダンバーが提案したもうひとつの方法があり、かれは霊長類の脳の大きさと社会集団の密度（複雑さ）に関する比較研究を実施した。かれのモデルによれば、人類の新皮質の大きさと約一五〇人の集団のあいだに相関関係があることを検討しなければならないだろう。この数字は人類集団の理想的な人数に相応する。一五〇人がいつもいっしょにいるとはかぎらないが、われわれの脳はこの集団内で直接的・個人的な関係を確立するという。ボケ＝アペルの人口統計モデルによれば、「クラン」を形成する親族や友人の数は限定される。だから相手が見つからなくて、「部族」の近くの「クラン」のなかから相手を捜さざるをえない人たちがでることは避けられない。このように見ればシマ・デ・ロス・ウエソスの問題では、二八体という数字はそんなに多くなく、大惨事という仮説を無効にすることはないと結論することができる。じっさいには二八の個体はすべて同一の「クラン」か、同時にふたつの「クラン」に属していたのだろう。

また、伝染病の流行という仮説がシマ・デ・ロス・ウエソスの時代にあてはまらないとしても、ひとつかいくつかの小集団に感染症が作用したと考えることはできないだろうか。二八体の年齢を考えれば、この仮説は成立しないだろう。現代でもっとも知られるコレラと天然痘という伝染病を考えてみよう。死者の大半が一〇歳未満と非常に若く、コレラでは四五パーセントが、天然痘では九〇パーセントが一〇歳未満の死者だった。これは伝染病の犠牲者の大半が若者や若い成人でなく、子どもだったことを証明するが、シマ・デ・ロス・ウエソスではまさに若者と若い成人が突出している。

さまざまな説明を検討したボケ＝アペルとわたしは、シマ・デ・ロス・ウエソスの大惨事を生態学的危機だったと考えるようになった。この性質の危機は突発的であり、現実には生活が安定していることはめったにない。動植物の個体群は物理的環境の周期的な変動の影響を受けやすく、周期的変動は概して穏やかだが、長い乾期と酷暑の時期や、とくに寒くて長い冬がくることがある。この危機は例外的な状況で大きくなったり、広い空間に広がったりすることがある。たとえば、スペインでおきたばかりのような何年にもわたる乾燥の周期がやってくることもある。こうした大変動に敏感な動物の個体群は、食料難の時期がくると規模を縮小し、食料の豊富な時期がくると規模を拡大する。それに科学としての生態学は、最初から環境の急激な変動が捕食者と獲物に作用することを認めてきた。非常にきびしい危機がくれば、植物も草食動物も肉食動物も破滅にいたるかもしれない。人類といえども、それを逃れることはできないだろう。現在の狩猟採集民の小部族にかかわる民族誌的研究で、こうした災厄が拡大したケースが報告されている。

しかし、人類集団は危機がさるのを受動的に待っていない。かれらはより好適な土地を求めて移動する。子ども、老人、病人、けが人のような弱者や動けない成員は、少しずつ途中でのこされる。この過程で年齢による選択がおこるが、大多数の若者と若い成人はうまく耐えることができる。四〇万年前から三五万年前のイベリア半島の高原台地、エブロ川流域、内陸地方の住人たちが体験したのは、このような状況だったと想像できないだろうか。人類集団はさらに暮らしやすい土地を求めて、長い徒歩移動を計画したのである。わたしがこれまでに説明した生態的・地理的理由から、アタプエルカ山地は望ましい避難所のひとつだったのだろう。この遺跡の洞窟のいくつもの発掘現場から、最小限でも最後の一〇〇万年にわたって、山中に人類が連続して存在したことが証明されている。もっとも強い個体のなかには、多くの仲間をおきざりにして避難所までたどりついたものがいたのだろう。ひとたび山地にたどりついても、しばらくのあいだは食料難と大量死が猛威をふるったか、多くの個体が極度の過労で死んでいったと想像しなければならない。

哀れな生存者は仲間の遺体の隠し場所を捜しだして安置し、死肉あさりに食い散らされないようにしたのだろう。かれらは洞窟のすきまに遺体をおとし、埋葬することができたのだろう。洞窟は大きかったが入り口は狭く内部は暗かったので、それ以前に人類が占拠することはなかっただろう。ヒグマだけが毎年の冬眠のために、なかにはいったかもしれない。洞窟の入り口に近い一隅に深さ一四メートルの謎めいた立坑があり、縁からのぞいても底は見えない。わたしはそこに近親者の遺体をおとしたネアンデルタール人の行為が、異論なく埋葬慣例の最初の表現だったと考える。

危機がすぎれば、動物と人類の個体群はふだんの周期を回復した。イベリア半島の内陸地方でも、すべてが以前とおなじ状態になった。ただ四〇万年前から三五万年前に生きた二八体の死体だけは、ブルゴスに近い洞窟の穴の底にのこったのだ。洞窟の入り口は時間がたつにつれて自然の作用で埋まり、冬眠のヒグマもはいれなくなった。二〇世紀になって人間の集団がやってくるまで、だれひとり穴をのぞきにこなかったのである。

最後に、最近になってシマ・デ・ロス・ウエソスで、一個のハンドアックスの驚くべき新発見があったことを報告しておこう。これは数十体の人類のものと思われる数千個の骨の化石のなかから発見された、ただひとつの道具である。それは赤みを帯びた珪石製の美しい道具であり、アタプエルカ山地の先史時代の人類が用いた川原の石のなかでは、このような色の石は珍しい。われわれはこのハンドアックスを「エクスカリバー」と呼んでいる。アーサー王の魔法の剣とおなじく象徴的意味をもつように思えるからである。これはたぶん、あの驚嘆すべき場所で葬礼に似たなにかがおこなわれた決定的な証拠だろう。

第8章　火の子どもたち

ところで人間の性質に関するもっとも単純な研究が、人間にもっとも近い四足動物のすべての利己的な情念や残忍な欲求が人間の性質の根底にあることを明らかにしたからといって、博愛主義者や高徳の人たちは高貴な生活をめざす努力を放棄すべきだろうか。雌鳥も示すからといって母性愛は下劣になり、イヌももっているからといって誠実さはいやしくなるのだろうか。

トマス・H・ハクスリー『自然界における人間の地位の証明』

ハムスターの意識

うちの子どもたちは買ってきた一匹のハムスターをカゴにいれて飼っている。それは親とおなじくカゴのなかで生まれたハムスターである。何世代も重ねて飼育動物になったハムスターは、自然界では生きていけないだろう。このハムスターは野生の同類のような体色さえもっていない。いわゆるアルビノつまり白色で、自然界ではたちまち捕食者の目につくだろう。子どもたちがひと握りのシードをやると、すぐに口にいれるが、食べようとしないで頬袋という口中の袋にいれる。頬袋とは頬の内側にある、自然のポケットになる皮ふの窪みのことである。うちにきたときのハムスターは、すでに成獣になっていた。ハムスターの顔がためこんだシードでふくれあがったので、重い病気にかかったと思いこんだ子どもたちは、携帯電話でわたしに連絡をとってきたものだった。頬袋をいっぱいにしたハムスターは、すぐにカゴの奥のワラでつくった小さな寝床のある巣箱に向かう。そして、そこにシードをはきだしておき、空腹になれば食べにもどる。

この奇妙な行動は、中欧と東欧のステップに住んでいた祖先の行動の再現である。ハムスターはフクロウに襲われる危険性のあるむきだしの環境に住み、夜になるとイネ科植物のシードを捜しにいく。捕食者の目を避けながら急いで頬袋にシードをつめこみ、わき目もふらずに巣穴にもどって地下の隠し場所にストックする。うちのハムスターは金属製のカゴの底を掘れないので、手近な材料を使って巣穴で暮らすような仕組みをつくる。いまでは捕食者につかまる心配はないし、餌に不足することもないのだが、それでもシードをすぐに食べないで、巣穴だと思いこんでいる巣箱に運んでいく。

哺乳類は遺伝的にプログラミングされた行動様式にしたがって行動し、それを修正しようとしない。プログラミングされた行動をとる動物は、ひとたび刺激で反応が解発されると遺伝子の奴隷になる。うちのハムスターのような動物は、ある意味で知識を身につけて生まれてくる。カゴのなかのハムスターの行動は現実の状況にそぐわないが、生存と繁殖のために固有の利益を追求しようとする自然の論理をもっている。自然選択はこの論理によって、特定の身体構造を優遇したように、ほかの多くの行動のなかから特定の行動を優遇したのだろう。ハムスターの白い体色は人為的選択の結果であり、人間による家畜化の所産である。動物は自動的か無意識の生得的知識をもっており、待ちかまえる事態をまったく知らないわけではない。ある意味で遺伝子は「賢明」なのだ。そうでなければ、小さなハムスターにどんなことをしても、餌を頬袋にしまって巣箱に運ぶ行動を学習させることはできないだろう。

この始動装置となる刺激の作用は、人間にとっても無関係ではない。わたしはすでにクロマニョン人を見たネアンデルタール人が、どんな反応を示したかを考えた。からだに不釣りあいな大きな丸い頭、でっぱった高い額、平べったい小さな顔と小さな鼻、ふっくらとした頬……このようなクロマニョン人を見たネアンデルタール人は、遺伝的メカニズムを介して保護感情を解発されたかもしれない。視覚的領域の刺激に支配されるのは霊長類の特性であり、人間は視覚を中心とする動物である。いずれにしろ人間にも、条件反射が欠けているわけではないのだ。たとえばふたつの円を描いて、なかに二個ずつの点を描きたしたと考えてみよう。そして、ひとつの円の二個の点のしたに上向きの半円をつけ、もうひとつの円の二個の点のしたに下向きの半円をつけたとしよう。これだけの絵で、だれもが悲しい顔と笑顔を区別することができる。ここではひとつの刺激が生得的な反応を解発したことがわかる。

しかし、動物の行動は遺伝的要素だけに支配されるわけではない。動物はまた情報を収集しながら生き方を学びとる。とくに中枢神経系が高度に発達した哺乳類は、情報を蓄積しながら学習する。だから、知識にはふたつの領域があるということができる。つまり進化の過程で蓄積された遺伝子に記録されている系統発生的な知識と、動物が生涯にわたって獲得する個体発生的な知識である。人間は言語によって、文化的情報を個体発生的な知識として伝達する。肯定的な経験と否定的な経験は、特定の場所、元気づけたり落胆させたりする対象、特異な状況などに結びつき、それらを消しさることはできない。子どものころに嗅いだにおいを忘れる人はいないだろう。

この問題意識は二〇世紀はじめに、イヴァン・パヴロフ〔一八四九〜一九三六、ロシアの生理学者〕が考えた有名な実験の根底にもあったのである。かれはイヌに餌を見せると同時に鈴を鳴らし、そのあと餌を見せないで鈴を鳴らす実験をくり返した。そして、鈴の音だけで唾液分泌を解発できることを確認したのだった。こうして肯定的な経験と特定の刺激の連合をもとに、条件反射が成立することが理解された。

おなじメカニズムで否定的な条件づけをすれば、イヌにムチを見せるだけでおびえさせることもできるだろう。われわれは飼い主のしぐさを見た飼いイヌが、散歩にでる瞬間を読みとることを知っている。いちばんわかりやすいのは、引き綱を手にするしぐさだろう。われわれはそのとき「なんて利口なイヌだろう！」と考える。しかし引き綱と直後の外出に明白な関係があるのにたいして、パヴロフが餌に結びつけた鈴の音はニュートラルであり、完全に恣意的である。鈴の音と餌のあいだに直接的な関係はなく、連合はふたつの要素の時間的同時性によって成立するにすぎない。イヌには文字が読めなくても、「餌」と書いた大きなポスターを見せただけで条件反射を成立させることができるだろう。もっと先で、この問題にもういちどもどることにしよう。

ここでつけくわえておけば、動物が条件反射のメカニズムにしたがうからといっても、単純な自動機械になるわけではない。よく肉食動物は食べる目的だけで殺すが、人間は娯楽のために殺す唯一の動物だといわれることがある。しかし現実には、これは絶対的な真実ではない。飼いネコを観察すれば、肉食動物が空腹時でなくても狩りをすることがわかる。ネコは動くものにどうしようもなくひかれ、生命のないボールでも手玉にとって遊ぼうとする。ネコは満腹していても、定期的に狩りをして満足するにちがいない。

つまり、動物は無意識のうちに外的刺激に反応して行動するだけではない。動物の行動はまた動物行動学者《エソロジスト》が衝動と呼ぶ、内部から生じる内発的なメカニズムにもしたがっている。動物はこの内発的衝動によって、ときに少し誤解されて「精神状態」と呼ばれそうな生理的状態になることがある。ところが、この生理的状態は緊張を生みだすので、動物は緊張を緩和しようとして特定の行動を解発できる刺激を積極的に（もはや条件反射によってでなく）求めようとする。この行動が時間的にずれればずれるほど緊張は高まるが、解発刺激のほうは相関的に弱くなり、その結果、行動は現実の始動装置のない空白のなかで活性化されることがある。性衝動に関係するある種のホルモンのように、衝動の生理的起源がときには明らかになるが、それ以外のときになるとわかりにくい。

コンラート・ローレンツ〔一九〇三〜八九、オーストリアの動物行動学者〕が『攻撃』〔邦訳全二巻、日高敏隆・久保和彦訳、みすず書房〕という著作でとり組んだ問題は、心理学、社会学、教育学の専門家たちのあいだに活発な論争を引きおこした。かれはとくに、この著作を読まない人たちのあいだで物議をかもすことになった。とはいえローレンツは単純な問題を提起したにすぎない。それは動物に攻撃的衝動をふくむ衝動があるのは正常だが、攻撃を抑制する刺激があるのもまた正常だという問題だった。なかでも特筆すべきは、攻撃性が再方向づけされることがあるという指摘だった。わたしの考えでは、かれの思考は全面的に有効であり、この観察は経費のかかる洗練された実験設備で実現する実験結果よりすぐれている。

動物の行動を衝動と反射的行動（生得的か習得的な）の作用で説明できるとすれば、意識はこの相互作用のなかでどんな位置を占めるのだろうか。わたしには動物に意識は存在しないし、人間の意識に似たものはまったく存在しないように思われる。われわれは動物と会話を交わせないので、動物がどの程度の意識をもつかを知ることはできない。だからわたしはこの問題を、われわれは意識を援用しないで動物の行動を説明できないのだろうか、というかたちで検討するほうがいいと考える。わたしは説明できると考えるが、そのさい動物に援用する必要のないものを想定するのは避けるようにしよう。

右の問題には、べつの角度からとり組むことができる。それはわれわれ自身のなかにある状態を、動物にも想定しようとしながら観察する方法である。たとえばスティーヴン・トゥールミンは感覚（sentience）、注意（attention）、連結（articulation）を区別し、それぞれの状態が意識的でも無意識的でもあるという。トゥールミンによれば、無意識的感覚は眠る主体の感覚に対応し、意識的感覚は外界の刺激を感覚レベルで受容する覚醒状態の主体の感覚に対応する。また意識的注意は道路上の出来事を見おとさないように運転するときの注意にたとえられ、無意識的注意は考えごとをしたり、しゃべったりしながら運転するときの注意にたとえられる。スティーヴン・ミズンによれば、われわれは古代の人類（われわれの種に属さない）が道具をつくった方法を説明するときに、無意識的注意という表現を使うことができる。おなじくトゥールミンが提案した図式によれば、意識的連結は確立された説明可能な図面にしたがう行動を規定し、無意識的と呼ばれる連結は明白な動機づけのない活動に関係するだろう。

口をきくようになるまえの幼児や動物に、意識的感覚以上のものを認めるのはむずかしく、せいぜいで無意識的注意がある程度だろう。動物は長期的計画を立てることも、自分自身を観察することもできない。ところが、このふたつは人間の意識の特質である。動物はたしかに感覚をもち、知ったり望んだりはしても、なにを知っているかを知り、なにを望んでいるかを知ることはない。人間の意識を支配するのは能力自体を考える能力、つまり意識していることを意識する可能性である。哲学を可能にするのはこの能力であり、哲学はこの意識についての意識を行使する。意識はどこで発生し、どのようにしてはわれわれにたどりついたのだろうか。ここには答えようのない問いがある。

チンプは、疑わしくはあるが自意識のある兆候を示す唯一の動物である。七〇〇〇万年前か六〇〇〇万年前に人類とチンプを結びつけていた共通の祖先もまた、たぶん自意識の兆候を示していたのだろう。ゴードン・ギャラップが計画した一連の実験で、チンプは鏡に映った自分の姿を認識したように思われる。オランと何頭かのゴリラをのぞけば、ほかの動物にこんな現象は見られない。それは麻酔をかけたチンプの額と耳にペンキのマークをつけておいて、麻酔がさめたあとで鏡のまえにつれていく実験だった。チンプは鏡を見ただけで、自分についたペンキのマークにふれたのである。これは鏡のなかの顔がだれであるかを、チンプが理解したことを示すのだろう。

以上は明らかにとるにたりない実験だが、チンプに自意識という現象があることを知る手がかりにはなるのかもしれない。われわれはこの仮説を初期ヒト科に拡大して、かれらにも「自我」があったと推測することができるかもしれない。ところが何人かの学者たちのように、自意識を社会的領域だけで有用なメカニズムとして考えれば、この「自我」は右に暗示した意識についての意識という考えと一致しない。これらの学者たちはべつの個体の行為を想像して予測しようとすれば、他者の位置に身をおく必要があり、つまり自分が他者の状況でなにをするかを考えなければならないと説明する。そのとおりであれば、チンプは自分と対照してべつの個体の精神を想像できることになるだろう。ユアン・マクファイルはチンプが鏡を利用して、鏡に映った一頭のチンプのからだのペンキのマークに手をふれただけであり、アイデンティティを理解していないと考える。そのとおりなら鏡の実験は、おなじ方向をとらないべつの解釈を許すことになるだろう。

チンプの意識の表出をめぐる多様な論争は、ある意味でそのこと自体によって、チンプが動物と人間の境界上に位置することを証明する。われわれはチンプがどうして「いま以上に」発達しなかったのかとか、どうして「サルの状態」にとどまらないで意識の境界を乗りこえなかったのかと考えることがある。それにたいするわたしの答えはふたとおりになる。われわれの祖先がこの境界を乗りこえてエルガスターにたどりつくまでに数百万年かかったという答えと、大脳化は進化の一形式にすぎないという答えであり、チンプが選んだのはわれわれの祖先とおなじ道ではなかったのだ。

デカルト対ウィトゲンシュタイン

これまでのところ、動物の精神現象のいくつかの特質を紹介したにすぎないが、われわれは自分の精神現象について知っていると思うことと対照してしか考えをすすめることができない。ところですでに書いたように、われわれの精神現象の特殊性は意識についての意識を中心におくことにある。

ルネ・デカルト〔一五九六～一六五〇、フランスの哲学者〕が哲学の出発点にしたのは意識だった。かれはすべてを疑うことができても、疑っていることを疑うことはできないと書いている。「わたしは考えるから存在する」(*Cogito ergo sum*)のであり、ここにはわれわれのただひとつの確信がある。デカルトによれば、われわれはこの確信からほかの真実に到達し、なかでも神と世界についての真実に到達することができる。しかし、デカルトは外的世界と内的世界という二種類の世界があると主張する。内的世界の本質は意識か思考に由来するが、デカルトが機械として考えた人間のからだは外的世界に属している。デカルトから見てこの身体-機械論は、おなじ理由で動物と人間に共通する。ところがデカルトは人間の身体-機械のなかにある不滅の魂が、動物には欠けていると考えたのである。

心身二元論は表象としての意識というデカルトの考えに直結しており、われわれはこの考えを、とくに人間の意識に関する前述の発達に結びつけようとするだろう。わたしにはこの意識はじっさいには「小人《ホムンクルス》」にたとえることができそうに思われる。小人とは脳のなかにいて、劇場の舞台の外側の事物と出来事の表象を見ていると考えられた小さな人間のことである。フロイトを援用すれば小人とは無意識になり、したがって見えなくなるので事態は少し変わるだろう。ところが動物には「小さな動物」は存在しないし、表象や舞台も意識しない。だれも表象や舞台を見ないので、観客はいないのだから、劇場の舞台も存在しない。つまり動物には自意識だけでなく、世界を内的に表象する能力としての知覚的意識もないのである。

しかし人間にもっとも近い脳をもち、「高等」と呼ばれるサルや類人猿は視覚的意識をもっている。われわれはこれまでに、この問題を手短に分析してきたし、こうした主張を裏づける暗示的なデータがある。それは脳のニューロンとスペースの五〇パーセント以上が、視覚的情報処理という非常に複雑な作業に使われることである。それと対照的に、計算に使うには知的すぎるもっとも高性能のコンピュータでも、図像を認識し区別する能力をほとんどもっていない。ところがサルのほうは、未熟な果実と熟した果実を混同することはないだろう。

わたしが以下に書くことは、動物に苦痛をあたえる行為を正当化するものでなく、たとえ科学的な目的があっても、そんなことは許されないだろう。身体を機械と見るデカルトの考え方は、動物に痛みという「感覚的意識」があるかどうかという論争をかきたてた。鳴きながら火から足をひっこめるイヌは苦痛を感じているのか、それとも燃える火から足をひっこめて、ほかのイヌに危険を知らせるようプログラミングされているだけだろうか。反射的行動を生物学的・社会的効率と関連させて説明しようとする人たちは、これを危機に直面したときに受ける苦痛の記憶のおかげで、より有効に反応できるようになる証拠として説明する。こまかい点をべつとして、意識の欠如というデカルトの機械論の考え方をとれば、人間の苦痛は苦痛として意識されるのにたいして、動物にはこのような意識は存在しない。とはいえ進化の論理は苦痛に適応機能を認める意味で、動物に感覚的意識があるかどうかという問題に肯定的な答えをだそうとするだろう。苦痛はわれわれが意識を集中せざるをえない強度の主観的経験であり、それにくらべればほかのことは二次的になるだろう。よくいわれるように、われわれは歯が痛めば全精神を歯の穴に注ぐだろう。進化論者たちは苦痛の感覚が危険に直面したときのもっとも適切な反応であり、その感覚は記憶にのこる強烈な痕跡によって経験に統合されると主張するだろう。

こうしてみると哺乳類を中心とする多くの動物に、「感覚的意識」やトゥールミンのいう意識的感覚があると仮定することができる。ところで感覚的意識があるという考えは、動物に不安、恐怖、欲求不満、抑うつばかりか、希望や幸福感のような経験さえ存在する可能性があるという考えと矛盾しない。動物は直接的な苦痛や喜び以上のものを感じることができるのだろうか。少なくとも外見では哺乳類とくに霊長類で、われわれの幸福感や苦悩のような感情表現を観察することができる。しかし近づいてきたイヌがしっぽをふるのは、喜んでいるのかどうかという問題になると、わたしには疑念がつきまとう。これは群れのボスに服従を示す合図として身につけた、祖先のオオカミで選択された利害に関連する行動かもしれない。わたしは前者の選択肢をとりたいが、ここでもまたデカルトの指摘を思いださざるをえない。デカルトは、イヌは「魂」をもつが、良心の呵責も感じないで子ヒツジを食べると考える人たちの矛盾を指摘した。

ここでデカルトが提起した身体と魂を二分する問題を詳細に論じようとは思わない。この二分法にはプラトン〔前四二八頃～前三四七、ギリシアの哲学者〕を別格の代表者とする古くからの伝統がある。プラトンにとって身体で具体化される以前の魂は、純粋で不変のイデアの天国に住んでいたのだろう。ひとたび亡命地としての感覚的世界に舞いおりた魂は、変化と偶発事しか見いださないだろう。感覚的世界は純粋なイデアの王国にあった魂の以前の住居の反映か影にすぎないし、プラトンによれば以前の住居はわれわれの合理的能力の基礎となるだろう。人間がつくりあげることのできる概念的または抽象的カテゴリーは、じっさいには現実世界のどこにも見いだすことはできない。だれも木のイデアを見たことはなく、個別のさまざまな木や木のグループを見るにすぎない。われわれはそれらに名称をつけて分類するか、呼び習わしているにすぎない。人間の目は正義、美、知恵、愛の「イデア」を見たことがないのである。

デカルトから見て魂はイデアの生産源だったが、プラトンから見れば魂はイデアを記憶しているにすぎない。想起説〔人間がイデアを認識できるのは魂が前世で記憶したイデアを想起するときにかぎられるというプラトンの説〕によれば、イデアの世界にいつづけた魂は、感覚世界でイデアの世界を知らなくても思いだすことができる。無意志的記憶（レミニサンス）の対象や魂の所産としてのイデアは、言語を介して伝えられ表現される。言語は本質的にひとつの方法か、ひとつの伝達手段のように思われる。シニフィエとシニフィアンの区別はおなじ平面に復帰し、この考え方からすれば言語（シニフィアン）はまさにイデア（シニフィエ）の媒体にほかならない。

シニフィエ／シニフィアンという二元論の前提となる身体／魂という二元論の明白な証拠は、きわめて平凡な経験によっている。第一に、片足か言語能力を失っても、もっとも本質的な個性の衰えを感じる人はいないだろう。第二に、高名なアメリカの言語学者ノーム・チョムスキーは、シニフィエ／シニフィアンという二元論を言語能力の現実の独立性という遠回りな表現で正当化する。チョムスキーはわれわれが言語獲得にとくに適した装置をもって生まれてくると考えるが、言語は思想表現に役だつ周辺的な道具のようである。第三に、大脳のレベルで言語機能の自立性という考えが認められてきた。大脳の左半球には、ブローカ野とウェルニッケ野というふたつの部位があることが証明されている。ブローカ野に障害がおきれば話す能力に深刻な打撃を受け、ウェルニッケ野に障害がおきれば、聞きとる能力は変わらなくても言語理解に混乱がおきる。主体は話されることばを完全に聞きとっても、意味を理解しないのである。大脳の特殊な部位に言語能力が局在するのは、言語が独立した能力を構成するという考えを裏づけるようであり、その能力はある神経構造と関連しさえする。そこには知能と違う「言語器官」が関係するのだろう。知能の中枢はどんな部位にも見られないが、知能は全体的な機能と同時にすべての部分を支配することができる。

わたしはこの問題では、ジェリー・フォーダーが提唱して、われわれが現にかかわっている分野で大きな影響力をふるった、知覚と認識のあいだの心的区分を思いださざるをえない。フォーダーによれば知覚は一連の生得的なモジュールにもとづいており、それらは相互に関係をもっていない。この見方にしたがえば、人間は生まれるときに知らないうちに事前に組織されたこれらのモジュールを身につけている。チョムスキーとおなじ思想の系統に立つフォーダーは、言語をモジュールのカテゴリーに区分する。それに反して認識は中枢神経系でおこなわれ、中枢神経系は一般に思考と呼ばれる知的操作の全体を実現する。おなじくフォーダーによれば、中枢神経系は研究によって知ることができず、理解不能の状態でありつづけている。

二元論という考え方をさらに押しすすめてコンピュータと比較すれば、もっとも極端な見方が提供され、宗教的なにおいをのこす可能性のあるものを完全にくつがえすことになる。ここでは言語能力は物理的構造をもつと考えられるモジュールのなかにあることになり、物理的構造はわれわれが生まれる以前からコンピュータの内部構造のようにプログラミングされている。ある言語のボキャブラリーの学習は空白のグリッドを少しずつ埋めることであり、統語論はコンピュータチップに統合される集積回路に似た配線のように機能する。この位置を支配する最終的な前提は、いつの日かすべての言語の普遍文法の知識に到達するという理想的な可能性である。普遍文法の機能はほかの人間と交信することにあるので、この「言語器官」を言語獲得に適した装置と考えれば、感覚器官に関係するほかの周辺的なモジュールと相関関係にあるのかもしれない。

しかし知られているように、知能とこの機能（「言語器官」）には区別すべき相違点がある。知能はそれ自体で、まさにコンピュータのプログラマーの代役をはたすのだから、どんな物質的構造にもあてはまらない。また知能は機械を作動させることができるのだから、機械操作の本物の実行者になるのは知能なのだ。コンピュータの低レベルのプログラミングは機械コードであり、0と1（「オン」と「オフ」）という二進法で表示される独占的なオプションで機能する。このふたつの要素からなるコードが、機械に理解できる唯一の言語である。オペレーティングシステムのほうは、文書処理と画像処理、計算プログラム、およびインターネットのナビゲーションを可能にするソフトウェアをサポートする。われわれはこのサポートのおかげで機械と交信することができる。

ふたたびコンピュータのふたつのレベルでアナロジーを使えば、話すことはだれにでもできるし、言語の学習は非常に早いうちからはじまるが、物理学や数学の言語は高度に計画的で意志的な学習の対象になるといえるだろう。ここでも情報科学は言語の生成の二重性を明らかにすることになり、コンピュータに固有のプログラミングされた文法は、はるか以前から機械の特定の回路に記録されていたように思われる。それに反して科学的・文学的なソフトウェアは、そのあとにオペレーターの好みで設定されるかもしれないし、設定されないかもしれない。それらはいずれにしろ回路でなく情報であり、コンピュータのべつの場所にストックされるのだろう。この情報科学のアナロジーで言語と知能の区別もまた明らかになる。なかには右のアナロジーを現実として考えようとする魅力的な試みにとりつかれる人たちがいる。たぶんプログラミングに捉えどころのない目に見えない性格があるせいと、情報に非現実的な純粋さに近いものがあるせいであり、それが情報処理になにか精神的な性格をあたえるのだろう。しかし、われわれはほんとうに知能について語ることができるのだろうか。そこでは魔法と科学の混同がおこらないだろうか。

「ビット」のおかげで宇宙旅行ができるとしても、わたしは以上に説明しようとした意味でコンピュータに思考能力を認めることはできない。チェスの勝負でロシアのガリル・カスパロフを負かした評判の高い機械ディープ・ブルーが、だれかを説得することはないのである。われわれはいつの日にか意識をもつ機械をつくることができるのだろうか。この夢か悪夢は人間にずっととりついてきたし、いまもわれわれの頭を離れないが、わたしはまだそんなことを信じられるとは思わない。

心身二元論はウィーン生まれのルートヴィヒ・ウィトゲンシュタイン〔一八八九〜一九五一、イギリスの哲学者〕と弟子のギルバート・ライルが創始した思想の流れのなかで、根本的に違うかたちで定式化された。かれらは意識と個人の精神現象の実在を全面的に否定し、それらが概念をものに変換しようとする人間の性向の純然たる産物であり、不必要な神話だと考えた。かれらがいったのは、われわれは意識的に行動するので、生まれたときから意識と呼ばれる現実的な実体が実在し、意識的行動の発生源になると誤って信じているということだった。

しかし魂が実在しないとすれば、だれが、またはなにがわれわれのすべての精神的操作を実行するのだろうか。われわれの頭のなかに「小人」がいないとすれば、だれが、またはなにが知覚し、理解し、認識し、決定し、記憶し、話をするのだろう。その答えは、そのような操作をする当事者はいないというものになり、より正確にいえば個人の精神現象でなく、集合的・社会的当事者を考えなければならない。人間の知識は社会的相互作用で獲得され、この獲得能力だけが生得的である。たとえば子どもの教育はわれわれ以前に存在する共同体の言語に根ざしており、子どもはその言語をつうじて人間になる。人間以外の哺乳類では、幼獣はたんなる模倣や観察で学ぶ社会にいるので、言語に似たものを観察することはできない。

それゆえこの学派にしたがえば、われわれが個人の生得的な意識や精神現象を信じているのは、知覚、理解、決定を操作そのものと取り違えていることによっている。「精神」「精神現象」「魂」というようなことばの使用には一種の錯覚があり、それらは現実の実体よりも一種の行動を指している。この操作の仮定される代理人を、操作自体から独立した現実の実体として考えるかぎり、われわれは罠をぬけだすことはできない。この操作が実現しなければ、操作がなくても実在するような切り離された代理人を考える必要はないだろう。おなじように、われわれが木に「木」ということばやラベルをあたえたときから、木はそのようなものとして知覚されるようになる。ここでは木の知覚を実体化すべきでなく、たんに「木」という語句に限定される過程の結果として考えるべきである。つまり、木は共同社会がある種の植物を指すために合意した語句にほかならない。しかし大きな植物と中程度の植物の境界は明確でないので、この植物が樹木か灌木かはかならずしもはっきりしない。だから、われわれは唯一の保証能力をもつ社会的承認をえたうえで、意味の集合として木を「木」と呼んでいるのである。また、この社会的な意味の慣例的承認は、目に見えるものとプラトンのイデアとのあいだの必然的な相関関係となんのかかわりももっていない。

ウィトゲンシュタインの思想が示す視点に立って、少し無理な短絡法をとれば、言語のない意識はないといえるのかもしれない。この系譜に立つウィリアム・ノーブルとイアン・デイヴィドソンの研究は、要するに言語と意識が同時に出現したと仮定し、言語と意識の出現の瞬間を現代人の種があらわれた瞬間と一致させる。そのとおりならネアンデルタール人や人類の先史時代の祖先をふくむべつのヒト科に、意識があったとは考えられなくなるだろう。ところが魂と精神現象についての伝統的な考え方では、精神現象がかならずしも言語と重なりあって出現したのではないとされており、人類の進化史上で意識が言語の誕生以前に出現した可能性が認められている。このばあいには言語以前の意識か「無言の」意識がかかわってくるのだろう。

ノーブルとデイヴィドソンは個人の精神や魂を西洋哲学の産物だとさえ主張する。かれらはそもそも西洋哲学が起因するのは、デカルトの自由意志による決定にほかならなかったというのである。わたしとしては、すべての人間に共通する意識という考え方に同意しないのは困難であり、この意識はいまだに決定できない方法で大脳皮質の組織化や自然に根をおろしている。ここで言語と意識の非常に複雑な関係をめぐる無数の論争に時間をかけるわけにいかないので、ノーブルとデイヴィドソンの立論に少なくとも一点をくわえる問題を提起しておこう。それは意識が把握しにくく明確にしにくい概念なのに、どうして言語だけを切り離して分析しようとしないのかという問題である。ところがかれらの言語の定義は、記号を使うどのようなコミュニケーション・システムも原則として言語だ、という単純な主張に集約される。

それではは記号をどのように定義するのだろうか。古典的な学者チャールズ・サンダーズ・パース〔一八三九～一九一四、アメリカの哲学者〕は、記号という観念を明確にする手助けをしてくれる。パースは記号とはもうひとつの事物をあらわす、ひとつの事物にほかならないという。記号には図像（icons）、指標（indices）、象徴（symbols）という三つのカテゴリーがあり、最初の「図像」は類似性という関係によって指示対象に結びつく。そのありふれた実例は絵画であり、絵画はかならず表現する対象といくつかの特徴を共有する。おなじ理由から地図もまた図像を構成し、聴覚的な面ではオノマトペイア〔擬声語〕が、感覚的な特徴を再現することばで指示対象の音をまねるので図像の範囲に属している。それに反して「指標」は指示対象と似ていないが、因果関係によって指示対象に結びつく。実際には煙が火に関係するように、指標はそれらが表現するもの自体によって発生し、それらの特徴によって制限される。指標は事件捜査中のシャーロック・ホームズが求める手がかりや兆候を連想させる。最後の「象徴」は、類似性と因果関係という痕跡を排斥する。象徴は指示対象と関係のない完全に恣意的なものになり、話しことばや書きことばはコード化され慣例化した身振りとおなじく、象徴に特有の任意性に該当する。

モールス電信は象徴体系の明白な実例であり、文字やことばはトン・ツーという長短の電子信号によって伝達される。われわれはまた交通標識のような図像を使っても伝達することができる。図像のなかにはまた象徴の役割をするものがあり、赤いハートのマークは身体器官のひとつをあらわすが、愛の象徴になることもある。象徴はときに異質の対象に結びつく表象によって生じることがある。たとえば西洋世界では、秤をもって目隠しをした女性は正義を象徴する。図像と指標が普遍的に理解されるのにたいして、象徴は一定の言語を話す共同体のなかでしか意味をもたない。たとえば秤と目隠しをした女性が結びつけば正義の観念が表現され、黒い色の衣服をつければ喪が表現される。

飼育されている動物がパヴロフのイヌのような訓練を受ければ、人間の合図で解発される一定の予測できる反応を示すが、動物は合図を理解しているわけではない。飼育動物にとって図像、指標、象徴はただひとつの実体として混同されている。動物は肯定的か否定的に条件づけされた経験をつうじて、連合を確立するにすぎない。飼い主が命令すればイヌはすわるが、飼い主のことばを理解しているわけではないだろう。いずれにしても動物は個体間コミュニケーションで象徴を使わないし、どんな単純な指標も使用しない。

とくに人類の祖先の生活に関連して、動物に指標の所有が不可能なことを証明する例をあげておきたい。フランスの言語学者ジョルジュ・ムーナンによれば、指標とは「直接的に知覚できるある現象であり、その現象によって知覚できないべつの現象を推論することができる」。これは捕食者に作用する過程ではないだろうか。知られるように、すべての捕食者は獲物を識別し、獲物のほうは感覚によって捕食者を識別する。かれらはそれぞれに視覚、嗅覚、聴覚を使いわけ、形状、におい、音を介して識別しあっている。動物は存在の指標として音をたてるが、においと視覚的形状は知覚可能な属性だといえるかもしれない。においは動物がとおったあとにものこるので、捕食者は嗅覚にたよって跡をつけることができる。しかし捕食者は地上にのこる足跡で動物を認識し、区別し、追跡することはできない。動物の世界には、シャーロック・ホームズは存在しないのである。

しかしチンプについては、たしかに疑問がのこる。チンプにかかわる数多くの研究や実験で言語を「模倣させる」試みが実施されてきた。チンプは発声器官にかかわる生理学的理由で話すことができないので、かれらが人間の手話や特製コンピュータのキーボードをどのように使いこなすかが示されてきた。チンプは一語や連結した二語の正確な使い方を学べても、三語のフレーズをほとんど処理できないことが明らかになっている。チンプはことばを理解するのだろうか。チンプは「教育された」のか、それともたんに訓練されただけだろうか。チンプのなかには、一五〇以上の単語や記号をマスターしたものがいる。「マスター」という表現は、正確な文脈で単語を使いこなし、使い慣れた単語で質問に適切に答えたことを意味している。チンプが意味論的な見地から単語の意味を理解したかどうかを突きとめられなくても、かれらは不器用すぎるため、文法的な秩序にしたがって単語を配置し、フレーズを形成することはできないように思われる。チンプは「ソーサーの上にカップをおきなさい」と「カップの上にソーサーをおきなさい」を区別するのに、たいへんな苦労を経験する。ところが人間の小さな子どもは、主語－述語－目的語のような基本的な文法規則を早々とマスターしてしまう。

わたしはワシューというメスのチンプの記録映画を見るまでは、チンプの象徴的・言語的能力についてまったく懐疑的だった。このような名高い存在を動物と呼ぶのはためらわれるが、この動物の言語学的偉業は世界中に知れわたった。アレン・ガードナーとベアトリクス・ガードナー夫妻の研究チームの支援を受けたワシューは、チンプの心理学が達成したもっとも信じがたい進歩を例証したと推測された。ときには悲劇的なエピソードも交えた長い生涯でワシューは娘を生み、その娘が病気になったことがあった。実験室の研究者が娘をとりあげて治療したが死んでしまい、彼女は娘を返してもらえなかったのである。このエピソードがおきたとき、心理学者が檻に近づくと、ワシューは「ベビーをつれてきて、ベビーをつれてきて」というふたつの合図をくり返しつづけたのだった。

ダーウィン対ウォレス

われわれはさらに、進化史上で同時発生的か連続的だった意識と言語の出現の様式を説明する、もうひとつべつのモデルを研究しなければならない。

自然選択による進化論の唱導者だったチャールズ・ダーウィンとアルフレッド・ラッセル・ウォレスは、右のふたつの能力の出現という問題についてまったく対立する考え方をした。ダーウィンにとって、人間の精神現象の進化は身体の進化と切り離されていなかった。自然から文化に向かう連続的な移行という問題に執着したかれは、サルから人間に向かう長い道を一定のゆるやかな過程と考え、非常に長い時間的な線上にある漸進的な段階にそった小さな前進として考えた。ダーウィンは『種の起源』〔邦訳上・下、八杉龍一訳、岩波書店〕のおわり近くで人間の起源にふれて、つぎのように書いている。

「わたしには将来はるかに重要になる研究への開かれた分野が見える。心理学はすでに確実に、ハーバート・スペンサー〔一八二〇〜一九〇三、イギリスの哲学者〕氏が用意した、精神力と知的能力の必然的な段階的獲得という基礎に準拠するにちがいない。多くの光が人間の起源と歴史にあてられるだろう」

ダーウィンは人間の知的能力と精神の起源を、漸進的進化の単純な結果と考えた。それにたいしてウォレスは、よりあいまいな位置を主張した。かれにとっても進化は連続的で多様な変化のゆるやかな集積だったが、最後に自然選択に操作される連続的変化という考えにおさまらない独自の質的飛躍という仮説にたどりつき、超越的で、さらには超自然的な原理を考えるようになった。

わたしの友人で、すぐれた古人類学者のイアン・タッターソルは、右のふたつの主張に真理の一部が隠されていると考える。かれは人間の認識能力の出現が、システム論でいう「創発特性」を完全に例証するという。あるシステムの機能発現はシステムを構成する特性と、それら特性を結びつける関係のタイプに由来する。新しい調整がおこれば、システムの内部自体に根本的に違う革新的な特性が出現することがあり、それが創発特性と呼ばれている。一方に強固に構成されたシステムがあり、他方に全体的な組織を激変させる要素が存在する。この創発特性という考え方のなかに、奇跡を思わすなにかがあるらしいと考えさせるものがある。

こんどはこのモデルを生物学的システムに移しかえてみよう。生物の形質の特定を可能にする手順にしたがって、もろもろの要素が識別される。「適応」とは、ある機能を指定できるある形質として考えられることを思いだそう。特定の集団の進化の途上でときにおこるように、特定の機能に結びつく形質がもうひとつべつの機能に移行すれば、最初の形質は「前適応《プレアダプテーション》」と呼ばれることになる。たとえば羽毛は最初は恐竜のある集団で、外界からの隔離をはかる身体保護機能をもって出現したと見なされる。この機能がのちの段階で、羽毛をもつ恐竜の下位集団を飛べるようにしたのである。

現時点で「前適応」という用語につきまとう宿命的な含意を避けるために、「アプテーション」（ある機能に結びつくなんらかの形質）、「アダプテーション」（最初から機能を変えなかった形質）、「イグザプテーション」（もうひとつべつの機能に移行する機能と見られる形質、つまり「前適応」の同義語）を区別しておこう。たとえば、われわれの大きな脳と分節言語を発信できる発声装置は、タッターソルによれば第三のカテゴリーにはいることになる。かれのいうとおりなら、大きくなった脳と発声装置は現在の条件と完全に違う文脈で出現したのだろうし、それらは人類に認識も言語もなかった時代に出現したのだろう。脳と発声装置は獲得されたあとに連動しなかったのだろうし、それらが連動するためには神経系の新しい条件が出現して、両方を連携させる必要があったのだろう。つまりシステムのもろもろの要素がべつべつに組織され、ときがきて奇術師の帽子からでてくるウサギのように出現したのだろう。タッターソルの理論は非常に興味深いが、われわれの祖先とネアンデルタール人の脳の増大という問題とは相いれない。タッターソル自身によればアルカイックな人類は認識でなく直観をもっていただけに、脳の増大に直結するエネルギー消費はいっそうの説明を必要とする。言語以前の発声装置の出現についても、説明が欠けているのである。

ここでは詳細に説明しないが、スティーヴン・ミズンの最近の理論は、意識的な人間の知能を急激に出現したと考える点でタッターソルの理論と一致する。理論構成が大きく違っても、この急激な出現が既存の要素の新しい再組織化にしたがって操作されたと考える点で一致するのである。

これまで、わたしはふたつの大きな流れがあると考えてきた。ひとつは人間精神を身体と無関係な実体とし、誕生後の個々の個人に特有の特性と考える古典的な理論であり、もうひとつは集団の言語構造を優先し、個人の精神現象の存在を否定する完全に反対の位置である。ところが第三の流れによれば、多様な知能があるということになる。スティーヴン・ミズンが代表する第三の流れは、ジェリー・フォーダーと有名なハワード・ガードナー、および進化心理学者の仕事に大きな影響を受けている。ミズンの進化モデルには、複数の段階がある。第一段階は現在のチンプに似たアウストラロピテクスに対応し、かれによれば日常的な問題の解決を引き受ける一般的知能を特徴とする。第二段階では社会的知能が集団の成員間の関係を保証し、第三段階は生態学的環境と個体の関係を中心とする自然科学の構成要素の出現にあわせてあらわれたという。われわれがあらかじめ暗示した自意識は第二段階に固有の社会的知能の内部で発展し、のちの進化を受けなかったのだろう。

ミズンによれば、人類進化のさらにのちの段階はヒト属の初期の代表の出現と一致し、とくにテクノロジーの方向をたどる種類の知能をみちびいて、石器の製造を可能にしたという。石器は製作者が技術を意識しない状態でつくられたのだろうが、わたしはこの考えが複雑な技術の使用と矛盾しないと考える。われわれが毎日、明確な意識をもたないで自動的に実現する無数の複雑な操作を考えれば十分だろう。

おなじくミズンによれば、社会的知能の文脈で考えるという条件で、同時に言語の最初の基礎が出現したのだろう。ネアンデルタール人や現代人以前の祖先のような人類はそのあとで発達し、この種の一般的・社会的・生態学的・技術的なすべての知能を大きく発達させたのだろう。ミズンはこの発達を、切り離された無関係なものとして考える。さらに言語の役割は社会的情報に限定されつづけるだろう。

最後にわれわれの種の出現で、これらの種類の知能を切り離していた仕切り壁がとりはらわれたのだろう。ミズンの進化論を締めくくるのは、このような考え方である。言語と思考は仕切り壁がとりはらわれたあと、さまざまな知能を使うすべての領域に広がったのだろう。

この理論は非常に魅力的であり、意識は時間とともに拡大する空間に範囲を広げるものとして設定される。しかし、わたしは三つの異議を示すことにしよう。第一の異議は、生態学的な広い知識を前提とする洗練された技術的製作と、すべての製作活動に付随する意識の欠落を両立させにくいことにある。ミズンはこれらふたつの段階では、人類は無意識の直観と機械的動作を使用したにすぎないと主張する。

第二の異議として、言語を社会的関係に限定できるとする考え方を受けいれることはできない。つまり、言語の本質は記号を使うコミュニケーションにあると見なされる。わたしは記号を操作する大なり小なり限定された能力があることは理解するが、記号のある特定のクラスだけを操作する能力を認めることはできないだろう。それに、われわれは記号のクラスと種類について語ることができるのだろうか。

音声、嗅覚、視覚を使うチンプの交信方法は、人間では象徴的行動になる。チンプは無意識のうちに音声を発して、ライバルや未知のものにたいする怒りや、果樹を見つけた喜びや、近づく捕食者にたいする恐怖などを表現する。さらにチンプの多彩な「身体的表現」は、視覚による解釈の大きな能力を証明する。これらすべての交信形式は集団のほかの成員にとって非常に有用なのだ。しかし（と、わたしはいいたいのだが）、われわれの祖先の一種の脳が知的になり、他者にあたえる音声と身振りの効果を十分に理解できるようになったときに、言語が誕生したのである。音声と身振りが記号になったのはまさにそのときであり、それらはのちに意のままに操作されて真か偽の情報を伝達できるようになった。サルの音声と身振りから人類の音声と身振りへの移行、つまり言語の「発見」は、音声や身振りを発信するものが他者の精神現象を読みとれるようになったときにおきたのだった。この移行は自意識を前提とし、自意識は他者の自意識と相関関係にある。この移行はある意味で、それ自体として「知能の理論」を構成する。ミズンの理論は、言語が発見されたあとにどんな種類の情報も記号レベルで扱われたことを避けている。だから身振りにもとづく視覚言語が音にもとづく口頭言語に先行したかどうかという問題や、両者が連携して発達したかどうかという問題は副次的な位置におかれている。

第三の異議は、ミズンが提唱したヒト化の過程に関係する。タッターソルのシステム論のばあいとおなじく、進化はどのような理由があって不規則な変化や突然の飛躍で前進せずに、連続的か漸進的になったのだろうか。またどのような妨害があって、この飛躍が人類の知能の出現と一致しなかったのかが問われることになる。

ダーウィンとウォレスの見解を融和するタッターソルとミズンのモデルは、人類進化についてのわれわれのデータと、どんな意味で合致するのだろうか。わたしが案じているように、われわれはふたたび「ダーウィンかウォレスか」の二者択一にもどるべきだろうか。

はじめに世界があった

知能と言語にかかわる長い議論のすえに、議論の内容を考古学や古人類学の知識と照合するときがきている。最初にもういちどネアンデルタール人とわれわれの種の進化について、化石から学んだ知識にもどることにしよう。右の二種の人類の精神現象を比較しようとすれば、人類進化をふたつの大きな段階にわけることができる。ヒト科に共通する第一段階は初期ヒト科にはじまり、人類がヨーロッパにきた時代に終息した。第二段階では東アジアにエレクトゥスという別種が住んでいたが、最初のうちはグラン・ドリナのアンテセソールの化石に代表されるヨーロッパの個体群と、アフリカや西アジアの個体群を区別することができなかった。ところが、隔離の期間が長びいたのでヨーロッパの個体群に差異化がおこり、かれらは四〇万年前から三五万年前のグラン・ドリナの時代とそれ以前にさえ、すでにネアンデルタール人に特有の形質をもっていた。しかしヨーロッパとアフリカの個体群は非常によく似ていたし、共通の最後の祖先から引きついだ原始的形質を身につけていた。約一〇万年後にヨーロッパの個体群がネアンデルタール人に進化したのにたいして、いくぶんアルカイックだが明確に現代的なわれわれの祖先が、アフリカとパレスチナに住んでいたのである。

われわれはまた人類の脳の発達で、変化が加速したふたつの時代を区別することができる。最初の加速はハビリスと、とくにエルガスターというアフリカの初期人類の時代に対応し、当時の脳の大きさは二倍になった。第二の進化のリズムの加速は、四〇万年前から三五万年前にヨーロッパとアフリカで別々におこり、この時代にネアンデルタール人と現代人の大きな脳がつくられた。シマ・デ・ロス・ウエソスで発見された化石は、まさにヨーロッパで脳のサイズの進化がはじまった時代にさかのぼる。グラン・ドリナに代表されるネアンデルタール人と現代人の最後の共通の祖先については情報はないが、以上のふたつの加速の時代のあいだの脳の進化の状態は、中間的だったと推測することができる。だから、ネアンデルタール人と現代人が発達させた知的能力は共通の遠い祖先から継承したものか、無関係だが並行した進化の結果だったかのいずれかにちがいない。わたしは以下のパラグラフで、これらの脳のさまざまな発現を検討し、それらが獲得された方法と意味を論じることにしよう。

まず脳の形態学からはじめることにしたい。すでに説明したように、ネアンデルタール人はたぶんわれわれと非常に近い知的レベルに達していたのだろう。脳容量と体重の比率を考察した二系統の進化傾向の研究では、大脳化の明確な並行関係が指摘され、クロマニョン人に優位性を認める明白な理由は見あたらない。

しかし全体的な脳容量のほかに、脳の構成部分の比例量も考えなければならない。われわれの脳はチンプの脳の単純な大型版ではないのである。実際には脳のサイズの増大につれて、大脳皮質のいくつかの部位がほかの部位にくらべて縮小した。縮小した一例に、後頭葉後端にある第一次視覚野がある。脳のほかの部位は相対的に大きくなり、とくに脳の最前方にある前頭葉前部連合皮質が大きくなった。この前頭葉皮質によって、人類の機能がとりわけ高まったのである。われわれはこの部位の活動のおかげで、記憶にストックされた情報をたえず思いだして能動的に維持することができる。われわれはまたこの部位のおかげで石器を打ち欠いたり、ピアノをひいたりするような複雑な仕事の実行に必要な、長い一連の運動をつづけることができる。

前頭葉はまた、一括して大脳辺縁系と呼ばれる脳の中心部に近いいくつかの構造と結びついており、大脳辺縁系は感情生活でキーになる役割をする。前頭葉の部位を損傷したりロボトミーという切除手術を受けたりすると、人格が激変することがある。この部位には自意識と注意と、計画立案能力や計画実現の動機づけの中心部があるように思われる。前頭葉はとくに想像力と創造力の中枢である。前頭葉以外の頭頂葉、側頭葉、後頭葉という連合部位は、われわれの祖先の脳より現代人の脳で相対的に大きくなっている。わたしの知るかぎりでは、ネアンデルタール人がこうしたすべての面でわれわれと実質的に違っていたと証明されたことはない。

われわれの脳を識別するもうひとつの特色はアシンメトリーにあり、それらをふたつの半球にわけることができる。そして、右利きの人の左半球が右半球より後方か後頭部に突出しているのにたいして、右半球は左半球より前方か前頭部に突きだしている。ほかの霊長類では、これほど強いアシンメトリーも利き腕も見られないし、たとえばチンプは両手利きであることが知られている。このアシンメトリーを些細な問題と考えるのは誤りだろう。脳のいくつかの機能は脳の他方より一方の側に中心を占めるように思われるからであり、こうした機能のなかでも、とくに言語を支配する脳の活動をあげることができる。

すでに書いたように、ブローカ野とウェルニッケ野は左半球に位置している。前頭葉にある古典的なブローカ野は言語産出と、言語にあまり関係のないほかの活動の調節に必要な連続運動の調整で、大きな役割をはたすように思われる。ウェルニッケ野は側頭葉、前頭葉、後頭葉の接合点に位置し、言語と一般記号の理解にとって非常に重要である。脳をマッピングする現代技術とＰＥＴ（ポジトロン・エミッション・トモグラフィー）で証明されたように、大脳のほかの多くの部位が言語の産出と理解にかかわるが、大部分の働きは左半球にあることが確認されている。だから言語の実在が、脳のアシンメトリーと身体の左右の機能分化に依存すると考える強い傾向がある。

古人類学者アナ・グラシアと作業をしたわたしは、シマ・デ・ロス・ウエソスの化石化した頭骨で、大脳に右利きの現代人に似たアシンメトリーがあることを観察した。ホセ・マリア・ベルムデス・デ・カストロらは、これらの人類が好んで右手を使ったことを証明してくれた。驚くべきことに、これは骨の研究でなく、歯の研究からだされた結論なのだ。かれらは歯で肉片の片端をかみ、ときには石刃で切ったので、上下の門歯の前面に切り傷がのこっていた。この傷跡が左上から右下に走っていれば肉片を切るときに右手が使われたことになり、右上から左下に走っていれば左手が使われたことになる。こうしてネアンデルタール人の祖先の大多数が、右手を使ったことが確認されている。

さらにフィリップ・トバイアスとディーン・フォークは、すでにヒト属の初期の代表に言語が存在したことを裏づけるべつの証拠を提出した。ふたりは一八〇万年前の頭骨の内壁に、非常に発達したブローカ野の痕跡を見つけたと考えている。このような現象は、ほかの霊長類では絶対に観察することができない。もうひとりの研究者リック・ケイはネアンデルタール人の口腔の大きさに比例して、二本の舌下神経管の直径が現代人とおなじくらい太かったことを観察した。頭骨の基部にある舌下神経管は、頭骨と第一頸椎の環椎を結ぶ二個の後頭窩の下にあり、これらの管をとおる二本の舌下神経は、舌のなめらかな運動制御を支配する。舌下神経管の直径が口腔の大きさにくらべて太かったのは、舌のサイズにくらべても舌下神経管が太かったということである。舌は化石化しないから推測が必要だが、以上の事実は太い舌下神経がたくさんの神経繊維を束ねていたことを意味するのかもしれない。つまり以上の形質は非常に広い音階と、微妙な言語音の産出を可能にしたのだろう。

われわれは言語能力のさまざまな面の研究をつづけながら、脳と神経系の検討から、物理的にことばを産出する発音装置を表現する化石の検討に移ることができる。発音自体は喉頭の声帯で生じ、喉頭は肺からの排気の通路を開閉する一連のひだでできている。霊長類もすべて音声をだすので、人間はこの点で特有の形質を示さない。人間独特の形質は、喉頭上気道か喉頭上声道と呼ばれる喉頭の少し上の気管にある。

口腔と鼻腔は口蓋で切り離されており、口蓋自体は前方の骨質区画である硬口蓋と、後方の軟口蓋にわかれている。軟口蓋には骨質の支えはなく、口の後方に垂れさがる口蓋垂という乳頭状の突起までつづいていく。口腔と鼻腔のあいだの口蓋構造をもつのは哺乳類だけであり、この適応で口腔と鼻腔がわかれるので、口に食べ物をほおばっても鼻で呼吸することができる。動物学者は口蓋を、最初の口蓋か

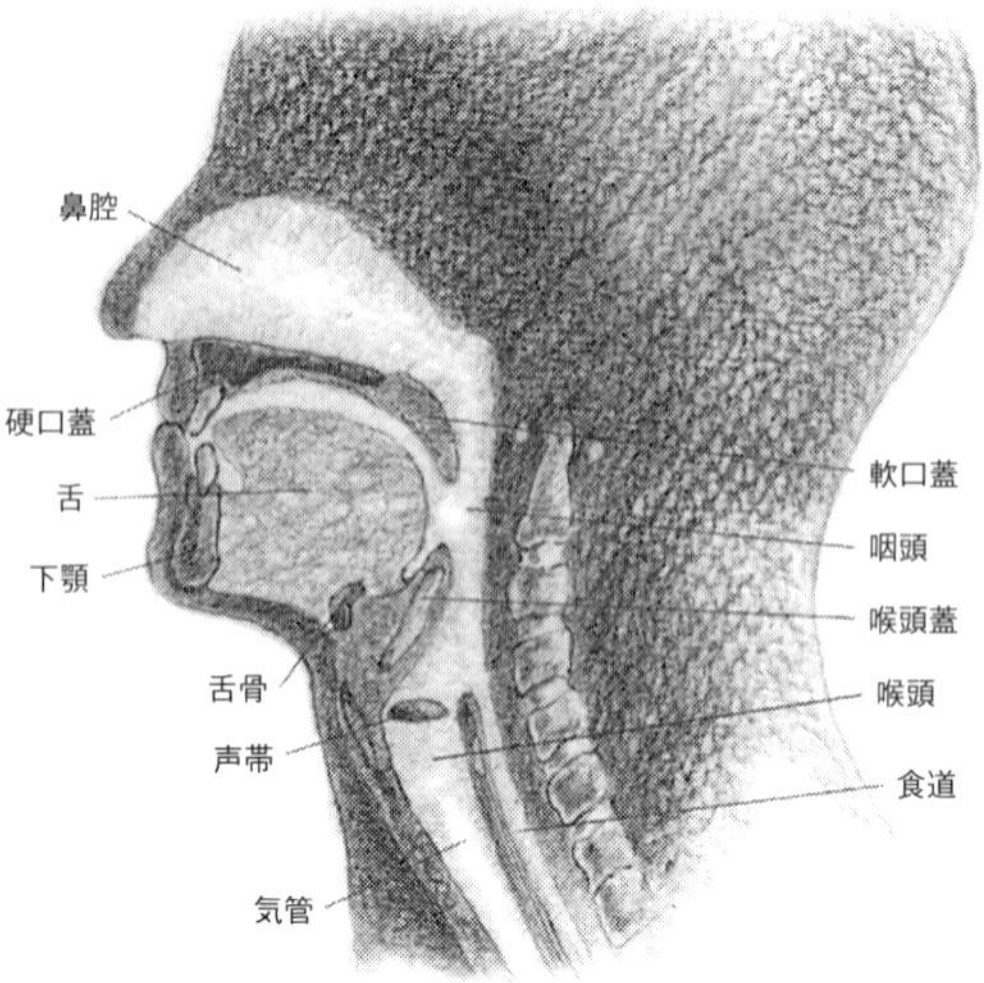

図23　現代人の空気と食物の通路。

初期の口蓋の下にある一種の疑似口蓋だという理由から、二次口蓋と呼んでいる。おもしろいことにクロコダイルは哺乳類との収斂で、おなじ機能をもつ二次口蓋を発達させている。

　また口腔と鼻腔のうしろにある咽頭は、口蓋の終端と脊柱のあいだの空間に位置している。いいかえれば咽頭は喉頭と食道まで垂直に垂れさがり、喉頭のほうは食道の前方にあるので、喉頭上気道は水平と垂直のふたつの区画をもつことになる。人間の成人をのぞくすべての哺乳類で、口腔、鼻腔、咽頭は前方から後方に水平に構成されており、動物学の用語ではこれを矢状《しじょう》方向と呼んでいる。つまり、口蓋は大きいうえに脊柱から相対的に離れているので、喉頭上声道の水平部分は長くなる。しかし、喉頭はかなり高いうえに口に近いため、声道の垂直部分は非常に短くなっている。

　人間の成人では、口蓋がさらに短いうえに脊柱により近いので、口腔、鼻腔、咽頭は矢状方向に短縮されているが、喉頭がより低い位置にあるため、咽頭は垂直により長くのびている。気道と消化管は咽頭の高さで交差するので、食べ物は喉頭のいり口でつまるか、食道にいかずに気管にはいることがあり、このため窒息死のリスクがある。しかし、人間の幼児と人間以外の哺乳類の喉頭は潜望鏡のようにのびていて、なにかを飲みこむときにも鼻腔の基部に結びついている。おかげで液体も硬い食べ物も喉頭にはいらないで、両サイドをとおることができる。だから幼児と哺乳類は、なにかを飲みこみながら呼吸することができる。幼児の喉頭は六歳から七歳ごろまでに成人の位置にさがり、口蓋は相対的な意味で脊柱に接近する。現代人型の成人の化石はすべてこの形態を示している。

人間の成人の咽頭は窒息死のリスクを埋めあわせる長い垂直の管をもち、なかの声帯で産出される音を管楽器のように変えることができる。嚥下の瞬間でさえなければ、咽頭は人間の分節言語の特徴である幅広く変化する音の産出にも使用される。音を差異化するおもな方法は、舌と唇の配置を変えることにある。ほかの哺乳類の細い舌が口中にすっかりおさまるのにたいして、人間の非常に厚い舌は咽頭の前壁としても使われる。

そんなに手軽な仕事ではないが、化石の喉頭上気道を再構成することができる。アウストラロピテクスとパラントロプスは決定的に長い水平部分と、たぶんチンプのような短い垂直部分をもっていたので、話せなかっただろうと考えられている。より正確には、われわれが知るような人間のことばを産出する形態学的装置が、まだ実在していなかったということができる。しかし、かれらが感情のある程度の聴覚的・身体的表現を支配したかどうかまではわかっていない。この喉頭上気道の水平部分は現代人の出現とともに短くなった。水平部分は前歯から脊柱までのびており、このような変化をおこしたのは、ふたつの過程だったのである。ひとつは口蓋を短くした咀嚼装置の縮小過程であり、もうひとつは脊柱にむけた口蓋の接近過程だったのだ。現代人では、声道の水平部分と垂直部分はおなじ長さをもっている。

言語の起源に関する著名な専門家ジェフリー・レイトマンは、現代人の口蓋の後退が必然的に頭骨の基部のたわみを引きおこしたので、頭骨の化石を調査すれば、どの種に発話を産出できる発声装置があったかがわかるだろうと主張した。イグナシオ・マルティネスとわたし自身は、頭骨の基部のたわみと喉頭の位置のあいだに、はっきりした関係があるとは確信していない。

ネアンデルタール人はまた咀嚼装置を多少は短縮させたが、クロマニョン人にくらべると口蓋の端がまだ脊柱から遠く離れていた。ネアンデルタール人はこの形態上の形質のせいで、育ちすぎたクロマニョン人の赤ん坊みたいだった。かれらはこのために、現代人のように話せなかったのだろうか。イグナシオ・マルティネスとわたしは、イエスでもありノーでもあると考える。たぶん下にさがって多少は広がった喉頭は、有声音を変化させる垂直の管をつくりだしていただろう。イスラエルのケバラ遺跡で発掘された約六万年前のネアンデルタール人の骨格は、喉頭を支える非常に現代的な舌骨をもっていた。形態学的に見て現代的な舌骨がかならずしも喉頭の下降を意味しないとしても、これは驚くべきことである。この形質が異論の余地なく証明されれば、ネアンデルタール人が広い音域を産出できたとためらわずに主張すべきだろう。しかし声道の水平部分はまだ原始的だったので、正確な意味では現代人のような音をだせなかっただろう。つまり、われわれの解釈が誤っていなければ、現代人の発音装置の水平部分と垂直部分の長さがおなじなのにたいして、ネアンデルタール人は現代人とおなじか少し短い垂直部分と、はるかに長い水平部分をもっていたのである。だからネアンデルタール人の発声器官は現代人と違っていたわけであり、たぶん違う音をだしていたのだろう。歌うことばがおなじだったか違っていたかまではわからないが、そんなものはなかったのかもしれない。

フィリップ・リーバーマンらがネアンデルタール人の発声装置を再構成したのは、何年かまえのことだった。かれらは口に近い位置に喉頭をもつ現代の赤ん坊より、さらに低い位置に喉頭をおいたが、それでも現代の成人の位置よりは高かった。このネアンデルタール人の喉頭は、現実にはどんな時代のどんな種にもなかった中間的な位置をとったことになる。フィリップ・リーバーマンはコンピュータのプログラムを使って、現代の幼児と成人とネアンデルタール人に「話をさせた」。コンピュータでシミュレートされた声は現代の幼児と成人の声にそっくりだったので、われわれはネアンデルタール人の声のシミュレートの結果を本気で考える気になったものだった。このシミュレーションによれば、ネアンデルタール人は現代人の広い音域を産出することができたが、三つの母音（i、u、a）とふたつの子音（k、g）を産出できなかったらしい。読者は以上の文字がなくても、たぶんほかの文字を使って本書を完全に読むことができるだろうから、現代人の発音装置とくらべた違いがそれほど重要でないことがわかる。たとえば、これらの母音をｅにおきかえることができるし、アラビア語やヘブライ語のようないくつかの言語には母音がないが、読みにくいことはないだろう。しかし文字より音にもとづく話しことばでは、これらの母音と子音がなければ大きな違いが生じるにちがいない。

基本母音と呼ばれるi、u、aは、人類の言語にもっとも共通する母音である。それらはアラビア語で使われる唯一の母音群であり、たとえばスペイン語とバスク語では、さらにふたつの母音が追加される。英語とフランス語のようなべつの多くの言語には、さらに数多くの母音がある（これらは文字でなく音であることを忘れないようにしよう）。さまざまな実験が示したように、iとuは人間の聴覚にとって、もっとも識別しやすい母音である。iとuがなければ、とくにノイズや会話のようなべつの音がひびく文脈では、どんな言語の理解もいっそう困難になるだろう。われわれは基本母音のおかげで、ほかの人間の話を完全な注意も沈黙も必要としないで理解することができる。

最後につけくわえれば、排気は鼻腔をとおったはずだから、口蓋がより前方に突出していたネアンデルタール人は、現代人より言語音を鼻音化したにちがいない。あいにくと、より鼻音化された言語音は相互間に聞きづらい。だからネアンデルタール人の言語能力と、単語という記号を使うコミュニケーションの知的基盤は現代人とおなじだったかもしれないが、声道が現代人のような明確な一連の音の産出を妨げていただろう。

化石化した行動

われわれは先史時代の人類がのこした物質的な証拠から、わずかにすぎなくても化石人類の意識の痕跡を発見できるかもしれない。そのような証拠としての行動は化石化しないが、行動の結果が化石化していることがある。人類が製作した道具は、われわれの認識能力がほかのどの種よりもすぐれていたことを示すもっとも重要な指標になる。要するに、どんな動物も石を二分割して石刃をつくれないし、いわんや両面石器やルヴァロア尖頭器のような洗練された道具をつくることはできない。火の支配はまた、すぐれた知能を示すべつの兆候になる。チンプが二本の棒をこすりつけたり、二個の石を打ちつけたりして火をおこす光景は、想像することさえできないだろう。火が支配されるところには人類が存在する。人類はまた死者をいたんで涙を流し、生命のない遺体を敬意をはらって扱う行為が自然界で観察される唯一の動物である。

こうしたすべての活動は、言語がなくても真似るだけで学んだり実行したりできるだろうが、非常に高いレベルの知能を明らかにする。言語の学習の一部もまた、単純な模倣にもとづくことはいうまでもない。すでにふれたノーブルやデイヴィドソンのように言語のない意識はないと仮定する人たちにとって、「アルカイックな」(現代的でない)人類の意識の存在は言語の存在を前提とするのだろう。だから、かれらは火と埋葬が現代人の遺跡にしか見られないことを、なんとかして証明しようとする。かれらが主張するのは両面石器が意図的につくられたものでないことと、ルヴァロア技法が実在しなかったことである。以上の問題を別々に検討してみよう。

先史時代の遺跡でたびたび発見される灰は、木材を燃やした非常に確実な証拠になる。南アフリカのスワルトクランス洞窟から出土した一〇〇万年以上前の灰は、とくに意味深い例証とされており、たぶんエルガスターが関係したのだろう。しかし、これは洞窟の外で自然発火した火の灰を、そのあと洞窟内にもちこんで土や泥とブレンドしたなごりだったかもしれない。また、洞窟のいり口に生える下生えの灌木が燃えた可能性も捨てきれない。乾燥した生態系では火事は例外的な出来事でなかったし、なかには火を好む自然発火性のハンニチバナの一種のような植物もある。火は種子の発芽に役だつだけでなく、周期的な火災に適さないライバル種を駆除するから、その意味では積極的な役割をはたしてくれる。火災のあとに周囲の植物が全滅すると、ハンニチバナの一種はつねに陽のあたる場所に自生する。このためハンニチバナの一種は「火の子どもたち」と呼ばれている。人間よりも落雷が森林火災の原因になることも例外的現象でないので、遺跡にあった灰だけでは、当時の人類が火を使う技術をマスターしていた反論不能の証拠にはならない。

たとえば有名な周口店で第二次大戦以前に実施された発掘では、ほぼ五〇万年前にさかのぼる地層10から焼かれた骨と灰と、火があったことを証明する明白な証拠が発見された。当時、これらは中国北部に入植したエレクトゥスが火を使った証拠とされ、かれらはアフリカの祖先や熱帯ジャワに住んだ同時代人より勇敢に、格段に寒冷な気候に立ちむかったのだろうと解釈された。しかしより最近の研究では、これらの火に意図的な性格があったことが疑問視されている。結局、エレクトゥスが火を支配していなかった可能性があるのだろうか。現実にヨーロッパ人がタスマニアにいった時代に、島の住民たちは火のおこし方を知らなかったのだから、これは異常なことがらではないだろう。しかし島の気候は熱帯性でなく、温暖で湿度の高いことが多い海洋性気候である。

ところが、ネアンデルタール人が組織的・計画的に火を使ったことには疑いがない。わたしはすでにふれた。イスラエルのケバラ洞窟で、約六万年前のネアンデルタール人の非常に完全な骨格が発見されたことにふれた。この洞窟には疑いもなく、人間の本物の炉の代役をした一連の火の燃えかすがのこっていたのである。わたしの友人のエウダルド・カルボネルがバルセロナ近郊のアブリック・ロマニ遺跡の発掘で、ネアンデルタール人が温めなおした数多くの炉を明らかにしたので、火の使用を証明するためにイスラエルまでいく必要はなくなった。カタルーニャ地方のネアンデルタール人もまた火を使って、日中の明るさを引きのばしていたのだろうか。このばあい、おなじネアンデルタール人の集団が完全に押し黙って、火をかこんで集まっていたと考えることができるだろうか。火はもちろん人間の意識の出現で、ある役割を務めたにちがいない。われわれもまた地中海地方のハンニチバナの一種のように「火の子どもたち」ではないだろうか。

古生物学には古化石足跡学という専門分野があり、学者たちの目的は過去の生物の活動の痕跡を研究することにある。かれらは生物の化石そのものでなく、活動の痕跡をもとにして古い時代の生物の行動を検証する。古化石足跡学者は恐竜の足跡の研究で広く知られるが、かれらはまた食べたり、移動したり、住居を掘ったりするような活動の痕跡証拠も研究する。わたしはよく、考古学はわれわれの祖先や化石の近縁者のような過去の生物の活動の証拠を研究するのだから、つきるところ古化石足跡学の一専門分野にほかならない、ということがある。冗談はさておき、先史時代考古学のもっとも豊富な証拠は石器である。われわれは石を基礎にした加工技術の関係者たちの知的能力を推論するために、古化石足跡学の見地から石器を検討しなければならない。

すでに本書の7章で論じたように、オルドゥヴァイ文化をふくむ初期石器生産の実践者たちは、事前に決定した形状を求めて道具をつくったとは思えない。かれらの目的は切るか、すりつぶすかする確実な機能性か、それ以外のことにあったのだろう。完全にシンメトリックな一五〇万年前の両面石器や三面石器が出現したことで、われわれの多くは事前に決定された形状の意識的・計画的・意図的な製作がなされたことを理解した。この事実を否定するには、右の説明にかわるべつの説明が必要だろう。たとえばノーブルとデイヴィドソンは両面石器について、石の剝片を手にいれようとして石核を打ち欠いた残存物にすぎないと考える。かれらの考え方によれば初期の道具は剝片だったのだろうし、石核は原材料として使われたか、原材料として使うためにほかの場所に運ばれたのだろう。ノーブルとデイヴィドソンは両面石器が石の剝片をつくれなくなったときの道具として使われたことを否定しないが、それらはなんの利点もない二次的な道具だったという。かれらによれば、両面石器はどんなばあいにも意識的に求められた結果でなく、連続的操作のすえの結果にすぎないのだろう。かれらの理論にしたがえば、両面石器加工技術は意識的な活動の到達点でなかったことになる。わたしにとって、これは事実と相いれない奇妙な主張なので、とても同意することはできない。いうまでもないことだが、とくにネアンデルタール人が使用したルヴァロア技法は、意識の存在を実証するもののように思われる。プロトクロマニョン人という一〇万年前のわれわれの祖先についても、おなじことがいえるだろう。

わたしはこの章ののこりを埋葬慣例という、化石化した行動のもっとも謎めいたものの検討にあてることにしたい。埋葬慣例があったことは、つねに洞窟内に埋葬されたネアンデルタール人と、洞窟内と野外で埋葬された現代人の骨格で明らかにされている。これらより年代的に古い埋葬慣例を証明する異論のない証拠は、ただひとつしか存在していない。そのただひとつの証拠は、すでにふれたシマ・デ・ロス・ウエソスにある。それはいわば死体を埋める穴を掘る「埋葬」方式でなく、予定された正確な場所に遺体をおく「積みあげ」方式だったのである。

死者の埋葬は意図的な活動であり、立案と意識を必要とすることは否定できない。だから、現代人以外の人類の種の右の活動能力を否定する人たちの唯一の選択肢は、これらの事実を否定する代案でなければならない。現実にかれらの議論によれば、これら別種は人類でなかったという。こうした考え方からすれば、たびたび非常に完全なかたちで発掘されるネアンデルタール人の数多くの骨格は埋葬慣例の結果でなく、人類でない生物学的・地質学的なほかの作用因の活動の結果になるらしい。自由な展開が許されれば、洪水で死体が洞窟に押し流されたという説や、ライオンやハイエナが巣穴に運びこんだという説まで、あらゆる推測が可能になる。ふたりはまたじつに愉快な説明をし、イラクのシャニダール洞窟の有名なネアンデルタール人の骨格については、かれらが寝ているうちに洞窟の天井が崩れ落ちたとまでいっている。わたしは冗談をいっているのではない。これらの推測は二〇世紀の一九九八年に発表されたのだ。こうした推論にしたがえば、ネアンデルタール人の化石が洞窟で発見されたのは、洞窟内で異例の状況がおこり、自然埋葬という贋の埋葬になったということにほかならない。なぜなら、どの化石も化石になったときには、かならず埋葬されていたからである。この考え方はまた、野外にネアンデルタール人の埋葬の痕跡が見られないことも正当化する。しかし、研究者たちはほぼ三万年前のヨーロッパとオーストラリアで、野外にあった現代人の共同体の埋葬所を記録している。

個々のケースをこまかく検討すると、それだけで一冊の本になるので、わたしとしてはネアンデルタール人の多くの化石は熟慮された意図的な埋葬の結果であり、人間の手のかかわりを証明する慣例の結果だと考えるとだけいっておこう。化石のなかには、ごく最近の発掘で発見されたものもあるので、初期の世代の科学者が厳密さも想像力も欠いた仕事をしたというような適当な口実をつけて、軽々しくけなすことはできない。ネアンデルタール人の埋葬という問題については、議論をする必要さえないだろう。かれらは四〇万年前から三五万年前にかけて、本物の埋葬慣例をもっていたことを証明しており、シマ・デ・ロス・ウエソスの遺跡はひとつの明白な例証である。

ネアンデルタール人と現代人の大きな違いを強調するために、前者は死者にたいする共感や愛情をもっていても宗教的感情をもっていなかったと主張して、ネアンデルタール人の埋葬のもつ象徴的意義を否定することが望まれてきた。ネアンデルタール人が愛するものを失った苦しさから埋葬する気になったとすれば、わたしはかれらの深い悲嘆の瞬間に哀悼をささげることにしよう。わたしの考えでは、宗教に関係しない葬送で涙を流す姿以上に、かれらを人間らしく思わすものはないのである。

いうまでもなく埋葬儀礼が実際にあったことが証明されれば、だれしもこれらの埋葬の象徴的意義を疑えないだろう。しかし、ここでは儀礼の意味を規定しなければならない。死体とともに埋葬されるすべてのものが、もうひとつべつの生活では信仰心の表明として解釈される可能性があるからだ。たとえば、イスラエルのカフゼー洞窟で幼児といっしょに発掘されたアカシカの頭骨と枝角や、スフールのロックシェルターで成人の手のあいだから発見されたイノシシの下顎骨は、たびたびプロトクロマニョン人による埋葬の供え物として解釈されてきた。ウズベキスタンのテシク・タシュでネアンデルタール人の少年をとりまいていたアイベックスの角、フランスのルグルドゥーで骨格の横の大きな敷石のふたをした穴のなかに注意深く並べられていたヒグマの骨、シリアのデデリエで子どもの心臓のうえにあった彫刻した石、イラクのシャニダールの骨格にかざされていた花束、フランスのル・ムスティエで骨格にふりかけられていた赤色オーカーの粉。これらもまた供え物として解釈されてきた。もちろん、べつの解釈が求められる余地があるかもしれないが、たしかなのは、後期旧石器時代のプロトクロマニョン以前の儀礼的行動やべつの象徴的行動の決定的な証拠は、まだだれからも提示されていないことである。この秘宝はまだ発見されていない。

第9章　そして世界は透明になった

またミルチャ・エリアーデは、神秘的な社会では世界は無言でなく、ものをいっていたから、人間は地球を聞いていたといっている。かつて世界は意味深く、わかりやすかったのだ。人間は地球のことば、構造、目的、生命、リズムを理解するために象徴に訴えた。そのとき自然はおなじ象徴的コードで交信し、神秘的な実体を明らかにした。「世界が天体、植物と動物、川と岩、季節と夜をつうじて話をすると、人間は夢と想像の力で答えたのだった……古い人間にとって世界は透明だったから、かれもまた世界に『見まもられ』、理解されていると感じたのだ。人間の獲物は人間を見て理解した……ところが岩、木、川もおなじことをしたのである。それぞれは語るべきストーリーをもち、あたえるべきアドバイスをもっていたのだ」

エドゥアルド・マルティネス・デ・ピソン『自然の風景の保護——ある考察』

さい先のいい地理学

古いヨーロッパは急激に活気づいた。岩、川、海、木、動物、空の雲、太陽、月、星が人間に語りはじめた。長い沈黙ののちに、ついにある存在がそれらのメッセージを理解した。それらはストーリーを語りはじめたのである。あるストーリーはやさしく、あるストーリーは恐ろしげだった。そして人間は自然のなかに、気候に敵意があっても生きのびようとする努力に意味をあたえてくれる理解者を見つけだした。季節のリズムと動物の行動はついに意味を獲得した。いまや人間は自然現象を理解し、予測できるようになった。

ヒト科は仲間の精神を読みとることに成功した。数百万年後の人間は自然の精神の読み方を学び、人間にとって自然は透明になった。ワシの頭が誇りを表現するとかれらはいった。おなじように種はそれぞれに固有の性格をもっている。自然石の大きなアーチは、伝説の巨人の渡った橋である。風景のかたちから神秘的な動物が出現し、人間に付随して人間の世界に住む固定された永続的な姿になった。星空でさえ、ストーリーに満ちた巨大な壁画になったのだ。

そのとき、人間は火をかこんで世代から世代へと伝説を伝える方法を学んだ。人間は伝説を洞窟の壁面や野外の岩に再現した。そして石の薄板と石の像や、骨、角、象牙のような動物のからだの部分に転写した。風景は象徴で満たされ、人間はこうしてはじめて自然に自分の刻印をのこした。地球は永続的に変化しつづけた。

神秘的な存在が住みついた世界は孤独からぬけだし、そのあと生と死は意味をもった。世界はもう途方に暮れないようになり、動物と人間の一体性は密接になった。動物は人間の息子とまで考えられるようになり、集団はそれぞれに護身用のトーテムをもった。自然を聞く方法を学んだ人間とは、われわれのことである。「われわれは夢の布地でできている」といったシェークスピアは正しかったのだ。

あるストーリーのためのデータ

チンプを研究した心理学者たちは、チンプと人間の子どもの学習プロセスが、ある並行関係を示すことを観察した。こうした類似関係は生後二年半しかつづかず、この時期をすぎると、両者の開きはしだいに大きくなる。チンプが少なくとも五歳までことばを学びつづけるのにたいして、人間の子どもは驚異的な早さで学ぶだけでなく、たえずフレーズの統語論的構成を改善する。この能力は発達するので、子どもは世界を発見するし、身についた知覚はより豊かになって、かれらの占める場所がより明白になる。子どもは少しずつ他人を理解するようになり、他人の振る舞いと行動を予測する。そのあと、他人の位置に身をおいて世界を見るようになり、かれらの社会意識は高まっていく。

ネアンデルタール人は知的な面では、われわれの二歳半の子どもに似ていなかったが、生理学的発達はわれわれと非常によく似ていた。まず、生まれたてのネアンデルタール人の成熟状態は現代の子どもとおなじで、チンプの子どもよりずっと未発達な状態で誕生した。二歳半ごろまでは現代人とおなじ成人をめざす発育段階をたどり、現代の子どものように成人の管理のもとに発育しつづけた。成人になったかれらは、石器をつくるときや、火をおこすときや、死者を埋葬するときに、よく考えて意識的に行動した。

ネアンデルタール人は三万年前に絶滅するまで、現代人とおなじ時代に生きていた。かれらは現代人の先駆者でなく、より古くも、よりアルカイックでもなかったのだ。それどころか、ネアンデルタール人は現代人の遠い祖先の時代でなく、われわれの時代に属していた。また更新世中期のネアンデルタール人の祖先も、同時代のわれわれの祖先とおなじように意識的に行動した。ネアンデルタール人と現代人の共通の祖先であるエレクトゥスとエルガスターについても、おなじことがいえる。ハビリスもある意識をもっていたというのは不可能ではないのである。

絶対的・相対的な意味での脳の増大、両半球の差異の実在、突出したブローカ野の存在、前頭葉の発達、片側を犠牲にする身体の機能分化。以上の生物学的データは、現代人に近いネアンデルタール人の認識能力を間接的に証明する。

あいにくと古人類学と考古学の記録をもとにして、言語を使ったヒト科を見わけることはむずかしい。言語を使う交信能力を立証できる記号は、化石になる可能性がないからだ。ここでいう記号とは、かならずしも書かれた文字のことでなく、象徴的なキーとして使われたか、予測能力を明らかにできそうなもののことである。

ノーブルとデイヴィドソンは、約四万年前とも六万年前ともいわれるオーストラリアにいた現代人の個体群を、言語の最初の証拠として解釈する。この移住には海を渡る必要があったのだから、航海用のいかだや小舟の建造が必要だったというのである。人々は明確な目的をめぐって、相互に交信したにちがいないというのが無理のない説明になる。それ以前に人類が海を渡った証拠はどこにもない。インドネシアのフロレス島に八万年前の入植者がいたらしいいくつかの証拠があるのがせいぜいのところだろう。

ある種の長期的な経済計画も、言語の使用を前提とする。この視点からすると、ネアンデルタール人とクロマニョン人の経済の差異がとくに意味をもつことになる。ネアンデルタール人は自然環境で見つけた食料資源を、手あたりしだいに狩猟採集する活動をしたといわれてきた。ところが、クロマニョン人は季節的な周期性による資源の変化を予測できたと見られている。クロマニョン人はより広いテリトリーをやすやすと移動し、季節にあわせて環境を変えながら、草食動物の移動や多様な生態系の植物資源を利用したというのである。この見方からすると、かれらは自然を制御し、一年をつうじて利益を最大化したのだろう。かれらの環境支配は農耕や動物飼育とおなじ原理で調整されていたわけであり、それはライフサイクルの誕生にほかならない。要するに、クロマニョン人は最初の植物学者だったのだろう。

最後に埋葬慣例の問題がある。ネアンデルタール人に象徴的・儀礼的行動があったという問題は、これまでみてきたように論争の的になっていて、おわりそうな気配がない。

意識と言語は不可分の関係で結びついているので、わたしはエルガスター以後に言語があったと考える。現在のわれわれはCTスキャンを使えば、失語症の患者の病変部位の範囲をよりよく調べることができる。大脳のマッピングとPETを使えば、話すときと聞くときに活動する大脳皮質の部位を知ることができる。この研究がすすめばすすむほど、脳のべつの部位から切り離された、言語中枢そのものを構成する生物学的器官がないことが明らかになるだろう。それどころかブローカ野とウェルニッケ野のあいだに強い関連があることが観察されており、それらと新皮質のほかの部位や、系統発生的により古い中心部にある脳構造とのあいだにも関連がある。いつの日か、認識過程と言語過程の関係の性質が解明されるかもしれないが、現状ではまだ断定するにいたらない。

これまでのところ、人類の決定的な特徴となる意識の発達という人類進化史上きっての難問を、できるだけ正確に要約しようと試みてきた。こんどは進化史上でおきた出来事のつながりを、わたしなりに結びつけてみよう。

エブロ川という境界線

ネアンデルタール人と現代人は、イスラエルではじめて顔をあわせたのかもしれない。イスラエルとアフリカは至近距離にあり、シナイ半島で結びついている。本書でなんども引用したイスラエルの二か所の集合的な埋葬地から、これまで多くの骨格が発掘されてきた。ひとつはカルメル山に近いスフールのロックシェルターであり、もうひとつはナザレに近いカフゼー洞窟である。これらの骨格は最古で約一〇万年前という年代をもち、解剖学的には疑いの余地なく少しアルカイックな特徴をもつ現代人だった。たとえば、頭骨のなかには眼窩上隆起をもつものがあったのだ。このように少しアルカイックなところがあっても、本質的には現代人の形質をもっていたので、それらはプロトクロマニョン人と呼ばれている。頭骨と手足の骨の厚さや腰の広さを見ると、スフールとカフゼーの化石は真正の現代人であり、ネアンデルタール人と明らかに違っている。

カルメル山のスフールから数百メートル離れた場所にあるタブーン洞窟では、女性の非常に完全な一体の骨格と、一個の下顎骨が発見されている。下顎骨はスフールとカフゼーのプロトクロマニョン人とほぼ同年代だが、プロトクロマニョン人かネアンデルタール人かははっきりしない。多くの研究者の意見にしたがえば、ネアンデルタール人でなくプロトクロマニョン人と呼ばれる種の人類に属している。一方の女性の骨格のほうはネアンデルタール人だが地質学的年代は確実でなく、もっとのちの六万年前という時代までくだるかもしれない。これらのデータだけをもとに考えれば、プロトクロマニョン人は約一〇万年前か、たぶんそれ以前にアフリカからこの地にやってきたが、右に書いたことと違ってネアンデルタール人には会わなかったように思われる。

おなじくイスラエルのアムッドとケバラでは、タブーンの女性とほぼ同年代のネアンデルタール人が発見されているので、べつのデータも考えなければならない。しかしこれまでのところ、この地方で六万年前にさかのぼる現代人型の化石は発見されていない。ヨーロッパから中東と中央アジアに移住したネアンデルタール人は、イスラエルでプロトクロマニョン人と交代したか、後者の集団がすでに立ちさっていたのかもしれない。いずれにしろネアンデルタール人とプロトクロマニョン人は、すべての分布域でムスティエ文化型というおなじ石器製造技術を使い、火を使用し、死者を埋葬したのである。こ

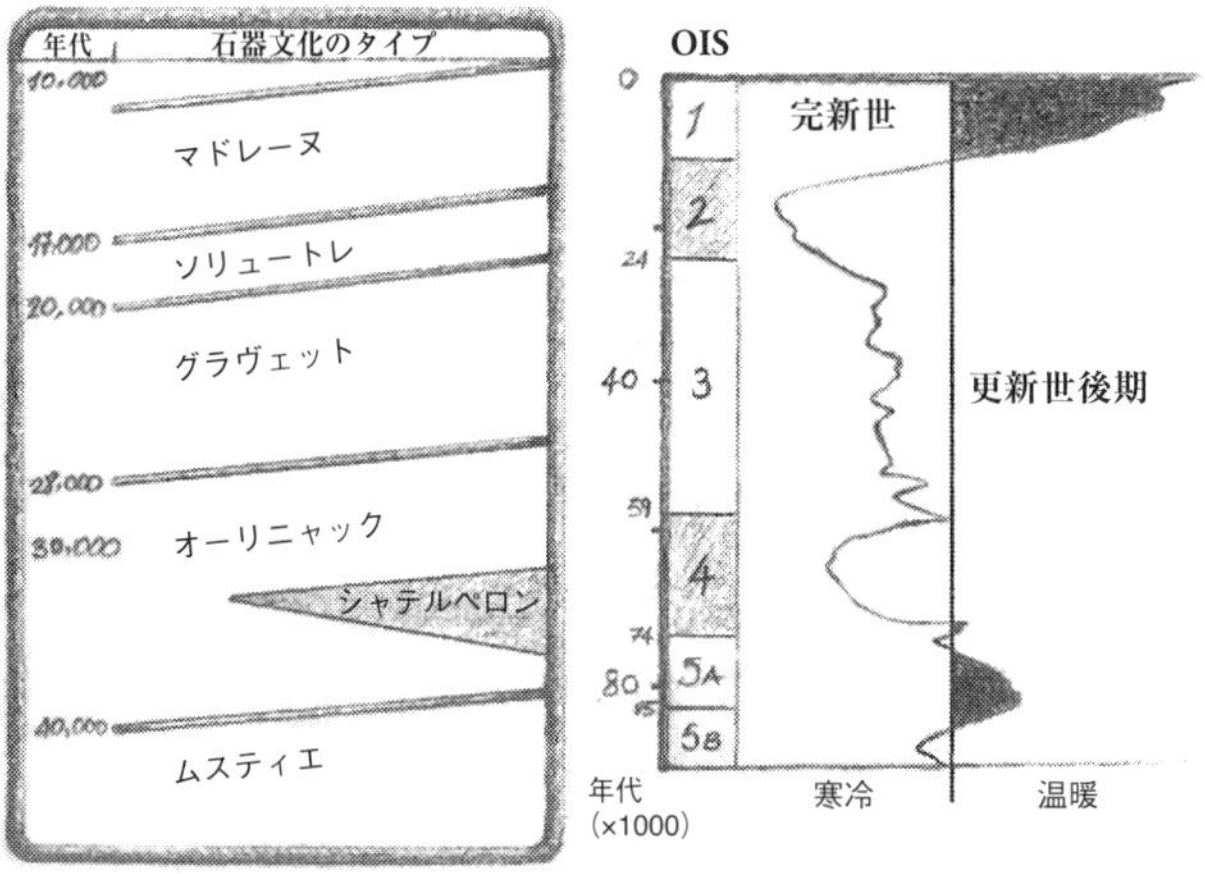

図24 最後の9万年。左はカンタブリア地方の中期旧石器時代と後期旧石器時代の技術複合体。右は旧石器時代の気温の曲線と酸素同位体ステージ（OIS）。

れはふたつの集団が、少なくとも「文化的関係」をもったことを示している。

こんどは、三万二〇〇〇年前のヨーロッパでおきたドラマの第二幕を考えてみよう。当時のヨーロッパ大陸では、クロマニョン人という現代人が全体を占めていた。まったく新しい道具のレパートリーの考案者だったかれらは、エンドスクレーパー〔皮をなめすために使ったらしい〕、ビュラン〔刻み目をいれる彫刻刀〕、ピック、たがね、ナイフ、薄片石器、かんな、ちょうな、やすりなどをつくりだした。クロマニョン人は角柱型に加工した石核から切りだした、フリントの長い薄片を使って仕事をした。このような石器を使いこなしたかれらは、骨と象牙や、アカシカとトナカイの角などでアセガイ尖頭器をつくることができた。マルセル・オットがいうように、人間は角や牙のような動物独自の武器を加工して動物に立ち向かったのだった。こうした道具類は新しい技術の出現を伝えている。これらの技術はほかの場所で生まれてヨーロッパに導入されたか、ヨーロッパで発達したものであり、これが様式

Ⅳまたは後期旧石器時代様式である。後期旧石器時代の初期に見られた複雑な技術は、オーリニャック文化として知られている。

三万二〇〇〇年前というまさにおなじ時代に、驚くべき技術的飛躍にあわせて、旧石器時代芸術と呼ばれるすばらしい象徴表現が出現した。フランスのショーヴェ洞窟の壁画、ドイツのフォーゲルヘルトの動物を表現した象牙の小像、ドイツのホーレンシュタイン・シュターデルで発見された驚嘆すべき「ライオン人間」と呼ばれる象牙製の彫像などが知られている。またドイツのガイセンクレステレ遺跡と、ベルギーのトルゥ・マグリット遺跡の彫刻は、三万二〇〇〇年前よりずっと古いかもしれない。それより数千年前にヨーロッパ全域、中東、中央アジアを支配していたネアンデルタール人は、そのあいだなにをしていたのだろうか。かれらはすでに三万二〇〇〇年前までに多くのテリトリーを失っていた。年代を正確に推定できる最後のネアンデルタール人はイベリア半島に住んでいたが、この時代にはまだ北部をのぞく半島を占拠していたように思われる。ポルトガルの考古学者ジョアン・ジルハンは、ネアンデルタール人とクロマニョン人を切り離す地理的境界を「エブロ川境界線」と呼んだ。それは大筋では、すでに書いたふたつの大きな地域をへだてていた生物地理学上の境界と一致する。つまり緑のシベリア植物区系区のイベリア半島と、褐色の多い地中海植物区系区のイベリア半島である。ジョアン・ジルハンによれば、これは偶然の結果ではなかった。クロマニョン人は北方のヨーロッパ－シベリア生態系からイベリア半島にきたのだろう。ヨーロッパ－シベリア世界には、アカシカ、イノシシ、ノロが生息する霧のかかる森林があったが、ウマ、トナカイ、マンモス、ケサイ、サイガ、ジャコウウシの大群が草を食べるステップもあったのだ。森林と草地にはオーロックスとバイソンも住んでいたし、高い岩場にはヤギやシャモアが住みついていた。

クロマニョン人がヨーロッパにきたのは四万年前か、たぶんそれ以前だっただろう。かれらはひどい寒さと、雪が積もって凍りつく霧のかかる風景にたくみに適応した。それにたいしてネアンデルタール人は、セイヨウヒイラギカシやコルクガシのような常緑樹の森林を離れなかったが、そこでは北極圏の動物たちが姿を消し、バイソンさえいなくなっていた。バランスがくずれたのはヨーロッパ全域に寒波が襲来したときのことであり、このときの寒波はイベリア半島の辺境まで押し寄せた。こうした気候の激変で地中海の生態系は大きく変動し、半島にいた最後のネアンデルタール人の世界を荒廃させた。このとき、ステップでウマを狩っていた人たちが気候変動で目ざめ、ネアンデルタール人を海まで追いつめたのである。

以上のストーリーは人間と環境を結びつける点で魅力的である。それはまた異論のない年代的証拠にもとづくが、これらのデータを裏づけるには、さらに多くの研究が必要だろう。ここでひとつの厄介なパラドックスがのこる。赤道から遠く離れた大陸で進化し、寒冷な気候に適応していたネアンデルタール人が、どうしてアフリカから遅れてやってきた人類にとってかわられたのだろうか。歴史的な視点からすれば、それは既成事実にすぎない。ネアンデルタール人は間違いなく現代人にとってかわられたのである。遺伝子の交配があったかもしれないが、ネアンデルタール人の遺伝的影響がわれわれに伝わるには十分でなかったのだ。わたしの血管を流れる血液には、大昔の強かったヨーロッパ人の血液は一滴も混ざっていない。混ざっていれば誇らしいのだが、わたしとかれらの関係は感情的な次元にすぎない。

ジョアン・ジルハンはエリック・トリンカウスらとともに、一九九九年にポルトガルのラガル・ベルホ洞窟で約二万五〇〇〇年前の幼児の化石を発見したと発表した。この化石は全体として現代人型の形質をもっており、グラヴェット文化（つまり完全な後期旧石器時代）に属している。ところが発掘した学者たちによれば、この幼児は祖先のなかにネアンデルタール人がいたことを示す、いくつかの形質をもっていたという。この地域ではネアンデルタール人は、その四〇〇〇年前か三〇〇〇年前に絶滅していたのである。幼児の骨は少なくともいくつかの場所で、ネアンデルタール人とクロマニョン人が交配した証拠となるかもしれないと考えられている。だから両者は、遺伝的に完全に隔離された別種ではなかったのかもしれない。わたしはジョアン・ジルハンの好意で、この幼児の骨を見る機会に恵まれた。もちろん徹底して研究したわけではないが、わたしが発見した当事者であっても、ここまでふみこんだ意見はいわなかっただろう。

わたしにはまた、一個の後頭骨を調査する機会があった。それはラガル・ベルホとおなじ時代の幼児の骨で、グラヴェット文化を背景とする風景のなかから発見された。しかし発見地はスペインの地中海海岸の中央部であり、具体的にいえばバレンシアのマジャデテス洞窟だった。この地域のネアンデルタール人はポルトガルと同時期に、つまりマジャデテスの幼児が生きていた数千年前に絶滅した。ネアンデルタール人の後頭骨には目につく形質があり、現代人と明確に異なっている。だからスペインの地中海海岸の中央部で、ネアンデルタール人とクロマニョン人の遺伝子の交配があったとしたら、マジャデテスの幼児にネアンデルタール人の痕跡が少しは認められるにちがいない。わたしはマジャデテスの化石を見たとき、祖先にネアンデルタール人がいたことを示す証拠が見つからないかと期待した。しかし、そうした証拠はなかったのである。この幼児は形態学的に見て、完全な現代人型の種だとわたしは考える。

以上の交代と絶滅の要約はストーリーの一部にすぎない。スペインの哲学者ミゲル・デ・ウナムーノ〔一八六四〜一九三六〕は大文字の「歴史」を不可避の過度の単純化と見て、歴史の「結合組織」を形成する人間の文化と生活の複雑さを記述するために「歴史内」という造語を使用した。イベリア半島の「歴史内」の詳細については、スペインとポルトガルの科学者たちによって解読されつつある。

エブロ川の南側では、三万年以上前にさかのぼるオーリニャック期の遺跡は発見されていない。どの遺跡もより新しく、ヨーロッパで見られる初期オーリニャック文化にくらべて、非常に進歩した特徴を示している。ところがわれわれは約三万年前か、たぶんそれ以前にさかのぼる少数のムスティエ期の遺

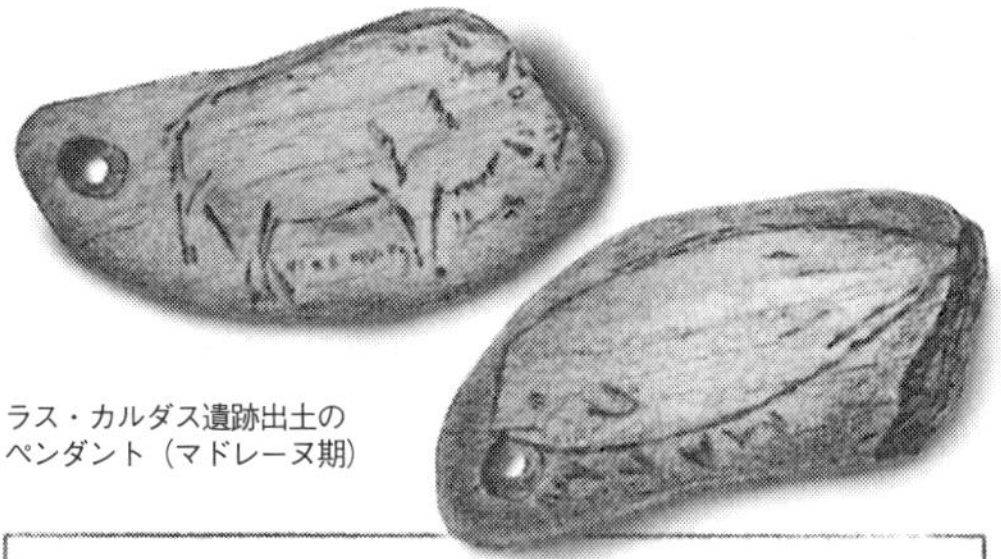

ラス・カルダス遺跡出土の
ペンダント（マドレーヌ期）

① トラルバとアンブローナ（ソリア）	⑪ アブリック・ロマニ（バルセロナ）
② アリドス（マドリード）	⑫ エル・カスティーリョ（カンタブリア）
③ コバ・ネグラ（バレンシア）	⑬ レセトクシキ（ギプスコア）
④ コバ・ベネイト（アリカンテ）	⑭ コア川（ポルトガル）
⑤ ラ・カリフエラ（グラナダ）	⑮ フィゲイラ・ブラバ（ポルトガル）
⑥ サファラヤ（マラガ）	⑯ シエガ・ベルデ（サラマンカ）
⑦ アタプエルカ（ブルゴス）	⑰ ドミンゴ・ガルシア（セゴビア）
⑧ ロス・カサレス（グアダラハラ）	⑱ ラス・カルダス（アストゥリアス）
⑨ ジブラルタル	⑲ アバウンツ（ナバーラ）
⑩ ラルブレダ（ヘロナ）	⑳ アクスロル（ビスカヤ）

図25 本書で言及したいくつかの遺跡と旧石器時代芸術の出土地点。上は両面に彫刻されたマドレーヌ期の象牙のペンダント。

跡を見つけている。バレンシアのコバ・ネグラ、アリカンテのコバ・ベネイト、グラナダのラ・カリフエラ、マラガのサファラヤ、ポルトガル海岸のフィゲイラ・ブラバ、ラパ・ドス・フロス、ペドレイラ・ダス・サレマス、グルタ・ド・カルデイランと、年代は不確実だがグルタ・ノバ・ダ・コルンベイラ遺跡のことである。マラガのクエバ・バホンディーリョ、ポルトガルのペゴ・ド・ディアブロ洞窟、半島南端にあるジブラルタルのゴルハム洞窟のようないくつかの遺跡も、たぶん後期ムスティエ文化にさかのぼるだろう。地質学と花粉の研究のおかげで、いくつかのスペインの遺跡が最大のウルム氷期の初期までさかのぼることができたのを指摘しておくのも重要だろう。この最後のデータで気候大変動が地中海海岸と大西洋側の海岸に波及した時期に、イベリア半島最後のネアンデルタール人が絶滅したという考えが裏づけられる。

以上のデータは末期ムスティエ文化が、レバント、アンダルシア、ポルトガルの温暖な土地に遅れてやってきたことを証明する。それに反して遺跡の年代がはっきりしないのは、イベリア半島内陸部の高地と寒冷地にオーリニャック文化人がきた時期がわからないことによっている。二か所にムスティエ文化の遺跡があり、ブルゴスにあるクエバ・ミランという遺跡は、三万七〇〇〇年前から三万五〇〇〇年前にさかのぼる。グアダラハラにあるハラマⅥは、約三万年前の末期ムスティエ文化を示している。クエバ・ミランには北極圏の動物の痕跡がなく、ヨーロッパのほかの地方で寒さのために絶滅したステップサイの痕跡だけが見られるのは興味深い。だから、最初にカスティーリャ高原に動物層の変化とオーリニャック文化人の到来が見られ、それがふたつのスペインの生態学的な分岐点となったと推測される。ふたつの要素はそのあと、エブロ川の南の地中海沿岸だけでなく、大西洋側の海岸とドゥエロ高原の南にも波及したのだろう。しかし、この推測はより正確な年代で確定されなければならない。

地中海側のスペインにムスティエ文化人がいたことは、三万年前かそれより少し以前までしか確かめられていない。しかし、かれらはすでにその一万年前からカンタブリア周辺と、カタルーニャに定住していたように思われる。ヘロナのラルブレダとレクラウ・ビビエ、バルセロナのアブリック・ロマニ、カンタブリアのエル・カスティーリョなどの遺跡に証拠がある。興味深いことに、ブルガリアの疑わしいいくつかの遺跡をべつにして、ヨーロッパの遺跡により古い年代のオーリニャック文化の痕跡がないことが確認されている。こうしたすべては、クロマニョン人のヨーロッパ入植が約四万年前の空間に非常に急速に展開されたが、それがネアンデルタール人をいっきょに排斥しなかったことを示すように思われる。それどころかふたつの個体群は共存し、長期間にわたって接触したのである。

この共存をふたつのモデルで表現することができる。わたしは講義でいつも、両手をあげて開いて見せることにしている。片方は北のクロマニョン人で、もう片方は南のネアンデルタール人である。第一のモデルとして、わたしは両手の指先をくっつける。このかたちでエブロ川を境界線とした両種の共存だけでなく、イタリア半島やバルカン半島のような地中海の半島と、黒海のクリミア半島の両種の共存まで想像できるだろう。第二のモデルとして、わたしは開いた両手の指を交差させる。これで地中海のヨーロッパでなく、大陸のヨーロッパ－シベリア部分の状況を示すことができるだろう。このばあいにはネアンデルタール人とクロマニョン人の個体群は、何千年ものあいだ点在していたことになるだろう。スペインの北方地方にあるヘロナのコバ・デルス・エルミトンスという遺跡は、まさにカタルーニャにオーリニャック文化をもつ最初のクロマニョン人がやってきたあと、何千年ものあいだ、ムスティエ文化のネアンデルタール人と別々に暮らしていたらしいことを暗示する。

フランスでは一連の遺跡で、後期旧石器時代のシャテルペロン文化のテクノロジーが例証されている。

ここでもまた道具は非常に長い石の薄片でつくられており、骨は尖頭器のアセガイと針の製造に、象牙はアクセサリーの製作に使われていた。ピレネー山脈の南側では、ギプスコア地方のエカインやラベコ・コバと、山岳地帯ではクエバ・モリンやエル・ペンドでシャテルペロン文化が知られている。研究者たちはフランスのふたつの遺跡で、シャテルペロン文化型の道具に結びつく人骨の発見という、もっとも刺激的な掘りだし物の発掘に成功した。サン・セゼールという遺跡からは、ネアンデルタール人の一個の頭骨の大部分と一個の下顎骨が出土したが、これは「古典的な」型のネアンデルタール人であり、現代的形質はなく、中間的形質さえ示している。もうひとつのアルシ・シュール・キュールにあるレンヌ洞窟の人骨は、非常に断片的だったが回収され、ネアンデルタール人と判定された。この遺跡からはまた、シャテルペロン文化に属する道具類とともに、穴をあけたか溝を彫った歯と骨が発見されている。これらは象牙のビーズやリングや海の生物の化石とおなじく、首や腕にかける予定だったたか、個人のアクセサリー用に考えられたものだろう。本書の『ネアンデルタール人の首飾り』という表題は、この驚くべき発見から思いついたものだった。レンヌのネアンデルタール人はネックレスをつけていたのである。フランスのべつのシャテルペロン文化型のカンセー遺跡でも、つけ根に穴をあけた六個の歯が発見されている。研究者たちはまたイタリア、中欧、ブルガリアと、ヨーロッパのほかの場所でも、後期旧石器時代の様式Ⅳに分類される道具文化を見つけている。

こうした後期旧石器時代初期を示す道具類の正確な年代は、三万年前から四万年前に広がった。多くの学者がシャテルペロン文化の遺跡を初期オーリニャック文化のあとに位置づけ、ネアンデルタール人がクロマニョン人から道具とアクセサリーのつくり方を学んだと考えている。フランス南西部のル・ピアジュとロック・ド・コンブのロックシェルターと、パンド洞窟という三つの遺跡は、上下をオーリニャック文化の地層にはさまれたシャテルペロン文化の地層だと考えられてきた。クロマニョン人がこの地方に最初にやってきたあと、ある期間、ネアンデルタール人と交代し、そのあとまたもどってきて最終的に住みついたかのようである。しかし、オーリニャック文化の地層にはさまれたシャテルペロン文化という三重の地層形成は、信頼性の高い論拠から疑問視されてきた。なかにはシャテルペロン文化がオーリニャック文化より早く誕生したと考える人たちもいる。かれらは様式Ⅳを考えついたのはネアンデルタール人であり、あとからきたクロマニョン人がそれを真似たにすぎないという。この考え方の支持者たちは、ヨーロッパ以外に様式Ⅳが早くからあった形跡がないのだから、クロマニョン人がどこかほかの場所で、この技術を発達させて持ちこんだことは証明できないと主張する。最後の可能性は、ネアンデルタール人とクロマニョン人が並行して新しい技術を発達させたか、たがいに影響しあって発達させたかだということになる。

クロマニョン人が新しい技法をヨーロッパにもちこんだことを証明しようとすれば、ヨーロッパ以外の土地で後期旧石器時代のより古い証拠を見つけなければならない。現代人が移住してきたと考えられるアフリカが最適の土地になるが、この大陸についてのわれわれの情報は十分でない。いまのところアフリカに、より古い技術複合体があったという説得力のある唯一の証拠として、以下のものをあげることができる。まだ決定的な検証を受けていないが、ケニアのエンカプネ・ヤ・ムトのロックシェルターから出土した、四万年前のダチョウのタマゴの殻でつくった一連のネックレスのビーズ、南アフリカのブロンボス洞窟にあった九五万年前から八〇万年前の骨の加工品の痕跡、およびコンゴのカタンダで発見された地質学的に見て同年代の骨製の銛である。

結局のところ、クロマニョン人がスペイン北部のオーリニャック文化の最初の製作者だったという説を疑うことができる。どうしてネアンデルタール人にも、この役割を認めることができないのだろうか。たとえば、エル・カスティーリョ（オーベルマイアーが一九一〇から一五年のあいだに発掘した遺跡）で発掘作業をしたフェデリコ・ベルナルデス・デ・キロスとビクトリア・カブレラというふたりの研究者は、洞窟に住んだムスティエ文化のネアンデルタール人のライフスタイルや経済と、すぐ上にあった約四万年前のオーリニャック文化の地層とのあいだに、違いを見つけることができなかった。道具類には驚くべき連続性があり、両者を明白に区別することはできない。ところがラルブレダのロックシェルターについては事情はおなじでなく、珪岩を使ったムスティエ文化と、持ちこんだフリントを打ち欠いたオーリニャック文化は明確に区別される。

現実には、われわれは初期オーリニャック文化の製作者をめぐる混迷を解明できるほどの人骨をもっていない。研究の現状では、最古のオーリニャック文化の人骨はチェコ共和国の一地方モラヴィアのムラデチ洞窟の人骨であり、それらは現代人の種に属している。これらの年代は約三万二〇〇〇年前という、造形芸術が最初に出現した時代に非常に正確に一致する。この時代にはまだエブロ川の南側にネアンデルタール人がのこっていたし、たぶん地中海地方のべつの地点にさえ残存していただろう。モラヴィアのブルノの現代人の化石にも非常に近い年代をあてることができるが、これらはどちらの文化にも結びついていない。ドイツのハノーフェルザントで発見された現代人の前頭骨は、それより数千年古い時代にさかのぼる。クロマニョン人の化石自体はムラデチと同時代か、少しのちの約三万年前の後期オーリニャック文化に属するだろう。この時代につづくヨーロッパでは、非常に多くの現代人の化石が発見されており、それらはグラヴェット文化、ソリュートレ文化、マドレーヌ文化という、オーリニャック文化以後の技術複合体に結びつく。ここで素描しようとするストーリーにとって、フランスのシャテルペロン文化のネアンデルタール人やモラヴィアのオーリニャック文化の現代人と、地中海周辺に暮らしていた同時代のネアンデルタール人のあいだの生態学的差異に注目することも重要なのだ。前者はトナカイ、マンモス、ケサイと共存していたが、後者はこれら寒い気候帯の動物を知らなかったのである。

いずれにしても北極圏に特有の動物が、エブロ川の北側のイベリア半島の全域で、四万年前から三万年前まで生きていたかどうかはたしかではない。氷期のあいだの地理的状況から、アキテーヌ地方〔フランス南西部〕の付属部分だったギプスコアで、それらを検出できるにすぎない。クロマニョン人がくる以前の最大の氷期を、ネアンデルタール人は単独で生きぬいたのだった。それは海の酸素同位体ステージで、OIS4の時代だったのである。クロマニョン人がヨーロッパにきて、少なくとも一万年の長期間にわたるネアンデルタール人との同居がはじまったのは、OIS3の亜間氷期のおわりごろのことだった。つまり、最終氷期のもっとも乾燥したふたつの寒期のピークのあいだの、比較的温暖で湿度の高い時期のことだったのだ。地中海最後のネアンデルタール人は、つづくはるかにきびしいOIS2の時期のはじめに絶滅した。亜間氷期がつねに、ふたつの氷期のあいだのより温暖な間氷期より寒冷な時期だったことを忘れないようにしよう。われわれは現在、OIS1という間氷期を生きている。

以上がこの主題にかかわる研究の現状であり、わたしは大多数の学者とおなじく、現代人が最初からオーリニャック文化の製作者だったという解釈のほうを選ぶ。ネアンデルタール人はいくつかの地方で、クロマニョン人から石器の新しい製作方法や、動物起源の原材料の使用法や、個人のアクセサリーの好みに必要な技術を学びとり、独自の方法で同化したのだろう。しかしエブロ川の南側にいたほかのネアンデルタール人は、絶滅するまでライフスタイルを変えずに独自の文化を維持しつづけたあげく、生態学的大変動を引きおこした最寒冷期と一致して絶滅したのだろう。
いうまでもなく、ネアンデルタール人の絶滅の原因になった要因をはっきり理解するには、まだ地方の詳細な事情にかんするより網羅的な知識が欠けている。

ヒースの色

クロマニョン人が芸術表現に使用した媒介物は、彫ったり描いたりした石壁、板石、骨片、枝角、象牙と多彩であり、時間がたてば朽ちはてる木材も使われた。かれらはまた自分のからだにも彩色しただろうが、痕跡はまったくのこっていない。検出されたいくつかの埋葬地では、死体に赤色オーカーの粉が大量にふりかけられていた。酸化鉄をふくむ顔料のオーカーには、すぐれた抗バクテリア作用があるので、先史時代人が衣服として身につけた皮革の保存用にも使われただろう。しかし衣服やからだに彩色したかどうかも、どんな目的があって顔に彩色したかもまったくわからない。ネアンデルタール人の遺跡からたびたび赤色オーカーの塊が発見されるので、かれらもル・ムスティエ遺跡の骨格に見られるように、死者の埋葬に赤色オーカーを使ったのかもしれないが断定できないし、日常生活で顔料として使っていたかどうかもわからない。ネアンデルタール人はレンヌ洞窟の地層Xというかぎられた期間に、洞窟内に一八キロ以上の赤色オーカーを持ちこんでいた。この洞窟にはまた、合計で二四個という大量の装飾品が埋蔵されていた。

それに反してクロマニョン人がアクセサリーを身につけるという、まったく革新的な性格をもっていたことはたしかである。かれらはそれらを首からさげたり、ネックレスやベルトやブレスレットにしたりした。あるいは、皮革でつくった衣服や帽子につけることもあった。アクセサリーはじつに多彩なので、ポータブルアートと明確に区別することはむずかしい。アクセサリーは個人に属し、ポータブルアートは集団に属するものとして区別されるだろう。ところが、クロマニョン人は数多くの有名な旧石器時代のヴィーナス像ももっていたのだ。たぶん首からさげていたのだろう。これらの小像はグラヴェット文化の特徴として、ずんぐりした肉づきのいい女性をあらわしている。ヴィーナス像は二万八〇〇〇年前から二万年前までのピレネー山脈からシベリアにかけて、広大なテリトリーで発見されてきた。しかし、おもしろいことにイベリア半島では、わずか一個しか記録されていない。ヴィーナス像はネックレス、ブレスレット、髪飾りなどの彫刻されたアクセサリーでも見ることができる。

マドレーヌ文化期の人たちはまた、アセガイ尖頭器を立てる穴のあいた投槍器のような実用品をふんだんに飾りたてた。マドレーヌ人はこの尖頭器をシカ科の枝角と骨でつくっていた。かれらは現代人の集団でも見られるように、枝角や骨の自然なひずみを製作過程で修正した。イヌイットを研究したカイ・バーケット＝スミスは、先史時代の専門家にとって骨質の尖頭器のつくり方は非常に興味深いだろうと書いている。尖頭器の製作者たちはまず骨を熱湯で柔らかくしたあと、まっすぐにのばし、トナカイの角の一部でつくった道具を使って望みどおりのかたちにしたという。その道具には一個か複数の穴があいていたのである。もっとも念いりに装飾された投槍器は、集団の全員にとってとくに象徴的な意味をもつ威信の対象だったか、高い地位にある何人かの個人だけの所有物だったのだろう。後者のばあいは、特定の個人の社会的地位と同一視されたのだろう。

装飾的性格をもつ道具は、たいていキツネとアカシカの犬歯や、ウシ科とシカ科の門歯や、軟体動物の殻のような動物の残留物であり、軟体動物の殻は海岸から遠く離れた遺跡でも発見される。イタリアのリグリア地方の埋葬地には、大量の貝殻がのこされていた。ラルブレダ遺跡のオーリニャック期の古い地層から回収された八枚の貝殻のうち、一枚には首か腕にさげるためのふたつの穴があいていた。映画で見るヨーロッパのクロマニョン人が、クマ、ライオン、ヒョウ、オオカミのような獰猛な動物の牙でからだを飾りたてているのは事実ではない。ピレネー山脈の北方でもっとも多かったのは、ふつうのキツネより小型のホッキョクギツネの小さな犬歯だった。クロマニョン人はその犬歯のつけ根に穴をあけて糸をとおし、ネックレスにしたのである。レンヌ洞窟とカンセー洞窟のシャテルペロン文化期のネアンデルタール人も、ホッキョクギツネの犬歯を使っていた。かれらは夏になると冬の白色から灰褐色に変わるホッキョクギツネの体色に、象徴的価値を感じたのだろう。この種は食用に適さないが、皮が利用されたのかもしれない。

当時の人たちはからだにつけるアクセサリーに、たいへんな努力をはらっていた。なかでも小さくて数の多いビーズの製作には、もっとも多くの時間をついやした。ビーズは骨、象牙、シカの枝角、軟質の石材からつくられ、ときには丹念な細工をされた彫刻つきのペンダントも製作された。ロシアのスンギールにある二万八〇〇〇年前の三層の遺跡は、この領域で傑出している。死者は六〇代の成人と男女ふたりの若者だった。これらステップの住人たちが身につけていたアクセサリーの数はあきれるほどで、そのために何千時間とかけたにちがいない。かれらは糸を通すしかない大量の貝殻を手にいれたリグリアの人たちより、よほど仕事に時間をかけたのだろう。スンギールの成人は毛皮の衣服と帽子に、マンモスの牙でつくった三〇〇〇個のビーズを縫いつけていたし、少年は五〇〇〇個のビーズをつけ、少女はそれより少し多いビーズをつけていたのである。少年のほうは二五〇個のホッキョクギツネの犬歯をさげたベルトもつけていた。ブレスレット、ペンダント、アセガイ、投槍器のようなほかの数多くの物品が三体の骨格をおおっていた。それらのリストは際限もないものになるだろうから、とてもすべてをあげることはできない。

アクセサリーは美的・装飾的意味をもっただけでなく、持ち主にかかわる視覚的情報も伝達した。この時代のアクセサリーは親子関係、所属集団、社会的地位と、独身か既婚者か未亡人かという位置についての情報を提供し、個人を見わけたり思いだしたりする人間のかぎられた能力をおぎなった。ナポレオンは自分の軍隊の古参兵をひとりひとり認識できたというが、兵士は階級章や勲章と、ほかの個人的な識別用具を身につけていたにほかならない。軍隊のばあいとおなじく、集団内のさまざまな社会的条件と身分は視覚的方法で表現される。社会的な重要な情報は口頭のコミュニケーションにくわえて、視覚的外見をつうじて伝達されるのである。それらは概念的に解読され、そのようなものとして理解される。

集団からすれば、氏名と顔を結びつける必要性のほかに、共通のいくつかの目的をめぐる統合を確保するには、社会関係と個人間の結びつきを確立しておく必要がある。すでに書いたように、われわれは生物学的理由から約一五〇人以上の人とつきあうことはできないし、近親者と見知らぬ人におなじ強さの愛情を感じることはできない。社会的イメージと呼ばれるものの役割は、まさに個人的に知らない人たちを包みこむようにして集団の規模を大きくすることにあるが、われわれは共通してこの人たちを外見で認識する。つまり個人はアクセサリーで身元をあらわし、アクセサリーのほうは個人と一体化して身体的表現により以上の意味をあたえる。イヴェット・タボランがいうように、アクセサリーはからだを拡大するのである。

だから、集団はそれぞれに象徴的価値をもつ物品をつうじて独自性を表現する。現在のわれわれの服の着方は、社会内の位置、好み、政治的イデオロギーなどを伝え、ほかの人たちから認識してほしい一体化する集団を指し示す。象徴的コードはもともと恣意的で慣例的だから、それを判読できるのはおなじ社会の成員にすぎない。たとえばスペインでは、最近まで配偶者を失った夫や妻に黒い衣服を着用させることが社会的な強制としてあったが、これはつねにそうだったわけではない。イサベル一世が黒の喪服を義務づける布告をだしたのは、たんに当時流行だった高価な白い生地の浪費をおさえたかったからだった。スコットランドのさまざまな部族は、多くの人が信じているようにタータンチェックではなく、帽子につけたヒースの色で識別しあっていた。たとえば、赤いヒースと白いヒースは別々の部族を示していたのである。色彩を使って国民感情やひいきのスポーツチームにたいする愛着を表現するときも、おなじメカニズムが作用している。

民族性

われわれの種はあらゆる種類の記号の豊かさを特徴とする。記号はわれわれを包囲し、われわれのなかに広く浸透している。この増殖現象は統合という社会化機能をもち、記号は当然のことながら、記号をつくりだして理解する共同体の独占的な共有財産になる。大半のばあいがそうであるように、集団は言語をつうじて個人の意識を組みこむので、個人をこえる超個人的な意識があることを誇張せずに語ることができる。ある意味で自然選択が個人レベルで作用するとき、個人の形質にもとづく個人間の競合がおこる。自然選択に優遇されるものはより長く生き、より広い規模で繁殖して子孫に形質を伝えるだろう。人類進化はまた集団の競合と選択に調整される歴史だから、歴史を突き動かして生きつづけるのはもっとも有能な集団である。重要なのは個人でなく集団なのだ。クロマニョン人が集団内で連帯していれば、それだけ他者にたいして無慈悲で残酷だっただろう。

ところで、ネアンデルタール人は原則として個人的なアクセサリーを使わなかった。それらはレンヌ洞窟とカンセー洞窟という、シャテルペロン文化のふたつの遺跡で発見されただけである。シャテルペロン文化に相当するイタリアのウルッツァ文化のふたつの遺跡でも穴をあけた貝殻が発見されており、それらはネアンデルタール人の集団のものだろうと考えられている。ところがムスティエ文化の地層や、オーリニャック人がくる以前の地層や、それ以後のべつの文化の地層からも、アクセサリーは発見されていない。たとえばエブロ川の南側で暮らしたネアンデルタール人にはこの風習はなかったし、かれらはアクセサリーをもたないうちに絶滅した。シャテルペロン文化の起源にかかわるわれわれのこれまでの議論は、アクセサリーや装飾品に関連してきた。フランチェスコ・デリコやジョアン・ジルハンらの考古学者たちは、レンヌ洞窟のアクセサリーをオーリニャック文化の地層から発見されたアクセサリーと同時代か、より古いとさえ考える。それに反して、この問題で広く認められる専門家ランドール・ホワイトやイヴェット・タボランは、ロシアのコスチェンキ17号とブルガリアのバチョ・キロの個人使用のアクセサリーを、それより数千年も古いと考える。現在、もっとも広く認められている仮説は、クロマニョン人が個人用のアクセサリーを考えつき、それを模倣したネアンデルタール人がいたという説である。ネアンデルタール人はさらに石器の製造技術も模倣した。

わたしは右の仮説に同意するが、そこから完全に対立するふたつの結論が引きだされるかもしれない。第一の結論はネアンデルタール人がアクセサリーに隠された象徴表現を理解できなかったということであり、かれらは視覚的記号の相互作用を知らなかったので判読できなかったことになる。現生のチンプのように、かれらには口頭言語も視覚言語もなかったのだろう。かれらの脳の発達は「自然な」知能か「本能的直観」の限界内に制約され、記号の解読や生産に対応する抽象化のレベルには到達しなかったのだろう。つまり、ネアンデルタール人はクロマニョン人のアクセサリーの意味を理解もせずにコピーしたのだろう。第二の結論では、ネアンデルタール人は現代的な言語能力を十分にもち、したがって象徴的価値をもつ品物を使う意味を理解できたことになる。しかし、かれらはその能力を高度に発達させる以前に絶滅したのだろう。

わたしのほうは、ふたつの仮説の中間的な位置をとらなければならない。要するに、ふたつの仮説はいずれも部分的に誤っている。ネアンデルタール人はクロマニョン人のように、石や骨から道具をつくる技術的能力をもっていたのであり、しかも、そのことは証明ずみである。わたしはかれらが言語をもち、埋葬慣例を実施していたと考える。つまり、かれらはおなじ進化の集団に属し、われわれと多くの遺伝子を共有する分類学的な意味の人間ではなく、信念と感情を前提とする精神的な意味での人間だったのだ。われわれの人間の条件は無から生じたのでなく、先立つものから生じたわけであり、それを可能にしたのはおなじ方向を目指す多くの段階だった。にもかかわらずネアンデルタール人は、われわれの特徴である記号を産出し操作する、極度の特殊化にたどりつかなかったのだった。かれらは豊かな創造力をもたなかったし、想像力ではわれわれに遠くおよばなかった。そのようにいうほうが好まれれば、かれらは根深い現実主義者だったのだが、だからといって劣位の存在だったわけではないのである。

しかし人間性をもっぱら、われわれの種に関係すると考える人たちがいる。言語使用や芸術表現に結びつく完全に人間的な条件は、二〇万年前から一五万年前にわれわれの種にあらわれた。しかしアフリカから移住した現代人は、どうしてほかの人間のフォームを排斥するのに長い時間をかけたのだろうか。数万年前にパレスチナに出現したあと、どうして中東から引き返し、中東をネアンデルタール人の手に渡したのだろうか。ときには当時のかれらが完全に意識的なクロマニョン人になっていなかったと主張して、この難問を解決しようとする人たちがいる。クロマニョン人は、解剖学的に見るか、少なくとも骨格から見れば現代人だが、まだいくつかの神経回路を欠いていたというのである。

しかし、わたしはそんなふうには考えない。すでに指摘したように、からだの頑丈さの衰退は深く分節言語の産出能力に結びついていたので、現代人は最初から完全な現代人だったと考える。かれらがどうしてネアンデルタール人をいっきょに全滅させなかったのかという問いには、ネアンデルタール人もまた人間だったからであり、非常に知的だったからだと答えることにしよう。現代人はヨーロッパに足跡をしるす以前の約六万年前に、オーストラリアにたどりつくことができたのである。かれらはたぶんアジアを横断する途中で、ジャワのンガンドンにいたような最後のエレクトゥスに会っただろうが、エレクトゥスはネアンデルタール人ほど効果的に抵抗できなかっただろう。現代人は記号と分節言語の使用を極度に推進したが、それがほかの人類集団にくらべて決定的な利点になったとはかぎらない。ネアンデルタール人は非常に強かったし、ヨーロッパの気候と自然環境により適応していたのである。

だからこそネアンデルタール人とクロマニョン人の競合は、数千年間もつづいたのだった。後者は前者より優位に立ったが、これにはたぶん、ふたつの要因が作用したにちがいない。第一の要因はオーリニャック文化という新しい石器製作技術の開発であり、この技術はたえず改善されつづけた。ヨーロッパにやってきた現代人はすでに新技術をもち、そのせいで、それ以前に経験しなかった優位性を手にいれた。ネアンデルタール人のほうは人口密度の非常に高い地方で新しい技術を利用することができたし、かれらはクロマニョン人に全面的に包囲されたときでさえ、一時的に高い人口密度を維持することができた。しかし、オーリニャック文化がクロマニョン人に決定的な優位をあたえたことはたしかであり、このためかれらは急速にスペイン北部まで到達することができたのだ。

逆説的なことに、第二の要因は気候だった。四万年前の氷期の寒冷化はまだピークに達していなかったが、ヨーロッパ中部と北部の気候は非常に寒く、トナカイとマンモスの大群がステップを歩きまわっていた。クロマニョン人はネアンデルタール人ほど生物学的に氷期の気候に適応できなかったものの、記号システムのおかげで土地になじみ、遠く離れた集団との間に同盟関係を形成することができた。かれらは古い神話をつうじて祖先と自然に結びつき、相互間に社会的関係を維持していた。個体群は分散していたが、環境条件が悪くなればなるほど、かれらのストーリーは発展し、それがかれらの力になった。そのころまで安定していた地中海世界が、こんどは気候大変動で荒廃し、森林はステップと交代した。そのころ、ウマの大群が狩猟者を引きつれてやってきた。つまり、この狩猟者がわれわれの祖先だったのであり、ストーリーの語り手だったのである。

ふたつの人類集団が過酷な気象条件といかに対決したかを知る単純な方法は、西のカルパチア山脈から東のウラル山脈に広がり、北の北極海から黒海、カスピ海、カフカス山脈にかけて広がる、東ヨーロッパの広大な平野を想像することだろう。この地帯には海抜の高い土地はないので、緯度が高くなるにつれてしだいに寒さがきびしくなる。北緯五〇度の大平野の中心部では、一月の平均気温はマイナス一〇度Cにさがり、星空のもとで夜をすごすことは勧められない。

この東の大平野を、約一二万年前に危険を冒して横断した最初の人類はネアンデルタール人であり、それは最終氷期のまえの間氷期のことだった。北緯五二度にあたるリクタ、ジトミール、コティレヴォIの遺跡を信じれば、当時のかれらは北緯五〇度をこえていたのである。これで極度にきびしい気候にたいするかれらの適応能力と、尋常でない計画能力と組織能力が証明され、そこには人間らしい特色があるる。

にもかかわらずウルム氷期がはじまったので、ネアンデルタール人は東ヨーロッパ平野の南端で引き返さざるをえなかった。そのときのかれらは、クリミア半島とカフカス山脈の北側の斜面に避難した。最後のネアンデルタール人は、たぶん三万年前から二万五〇〇〇年前のあいだに絶滅したのだろう。そのときからクロマニョン人が、東の大平野に入植することができた。かれらは四万年前から三万五〇〇〇年前までのあいだに、北緯五〇度にあるコスチェンキ17号までたどりついた。かれらがネアンデルタール人の挫折した地点で成功した理由の一部は、テクノロジーの優位性にある。その証拠はコスチェンキ14号にあり、ここから大量の骨製のピックと縫い針が発見されている。これらはからだを保護する皮革の着心地と耐久性を改良するために使用されたのである。すでに共同体のなかに本物の縫製工がいたわけであり、かれらの創作物は現在のイヌイットの創作物を青ざめさせただろう。

よりのちに過酷な氷期の最寒冷期がやってくると、現代人はマンモスの大きな骨で屋根を組み、動物の毛皮でおおって小屋をつくりだした。かれらはまた休みもせずに炉を手いれし、マンモスの骨を使って火を燃やしはじめた。これがユーラシアの住みにくい平野で、長期間にわたって使われた唯一の燃料だった。二万五〇〇〇年前に氷期の寒さがピークに達したころ、現代人はすでに寒さに立ち向かう準備をととのえていた。二万年前の一月の平均気温は信じられないほど低かったにちがいない。かれらは凍りついた平野の恐ろしく荒廃した風景のなかでも、生きのびることができたのである。

洗練された道具と小屋と炉は、東の広大な平野で暮らす人類の生活に確実な波及効果をおよぼした。しかし、かれらの生存を説明するには、外見が地味でとるにたりなくても、べつの物品をくわえなければならないだろう。それはコスチェンキ17号で発見されたアクセサリーのことである。それらは誇り高い使用者が、人間の運命を永遠にしるすことになる新しい社会的次元に達したことを示している。それ以後、集団に帰属することは単純な生物学的な面をこえて、共有する象徴のまわりにまとまることを意味するようになった。新しい時代の特徴となったのは、われわれの「民族性」だったのだ。

ほかの種との競合から解放されたホモ・サピエンスは、しだいに効果的になって殺傷能力を高めた新世代のテクノロジーの出現とともに、勢力範囲を広げて多様化した。かれらの地理的分布の広大な広がりにくらべれば、前期旧石器時代のオルドゥヴァイ文化やアシュール文化ばかりか、中期旧石器時代のムスティエ文化などでさえ画一的なことが明らかになった。後期旧石器時代のテクノロジーは道具の種類の幅広い多様性を示すだけでなく、地域によって大きな変化を見せるようになった。

ジャン＝ピエール・ボケ＝アペルは、この特徴を人口統計学で説明しようと提案する。かれが主張するのは、ネアンデルタール人やほかの「アルカイックな」人類の人口密度が非常に低かったことである。集団は消滅を避けるために成員を交換したにちがいない。つまり人口統計的に見た組織網は非常に粗く、極度に広がっていたのである。おなじくこの仮説によれば、後期旧石器時代の人口爆発のおかげで、現代人はしだいに多くの集団を形成できるようになった。繁殖の見地からすると、集団はハードコアのように自己充足的に持続できるようになり、生物学的・文化的見地から形成されるようになったのである。

前四九〇年の第二次ペルシア戦争のときのギリシア人たちは、自分たちがおなじ共同体に属すると考えていた。おなじ血統に属し、おなじ言語と祭礼と神殿をもち、おなじ風習をもっていたからである。こうしたすべては象徴の問題だった。まだ小さな非常に離れた集団で暮らしていたころのクロマニョン人には、神話や物語は非常に有効だっただろう。おなじメカニズムによれば、人口密度が高くなって集団がたがいに立ちあがるときになると、神話や物語は乗りこえられない障壁になった。

要するにわれわれの進化は、われわれの内部に共存する個人的・集団的なふたつのアイデンティティの結果なのだ。人間性のこのふたつの面を否定すれば、現実に目をつむることになるだろう。個人的アイデンティティはエゴイズムを促進して社会的団結に向かう衝動を弱めるし、集団的アイデンティティはわれわれを簡単に操作するので破局にみちびくことがある。人類史でもっとも血にまみれた世紀だった二〇世紀には、両立不能の象徴をめぐる集団間の対立で一〇〇〇万人の人が非業の死をとげた。差異がかきたてる対立は逆説的に反対の現象を付随してきた。激化する集団の均質性を妨害する振る舞いは、集合体にたいする容認しがたい脅威と考えられはじめ、はげしく攻撃されてきた。人間はいつの日にか、個人と集団のあいだの永続的な矛盾を克服することができるのだろうか。それとも、進化はわれわれを袋小路に追いやるのだろうか。親愛なる読者よ、これはわたしが答えるべき問いではないのである。

エピローグ　家畜化された人間

そして日々がすぎさった。年月もまた。死は小灌木のすべての広がりをなぎはらいにやってきた。そこに住んでいた生物は物語とともにつれさられて絶滅した。しかし荒廃がすぎさると、すべてはまたよみがえった。べつの木が生え、べつの人間が大地に身をかがめ、洞窟のなかには新しい世代がいりみだれた。タペストリーはほどかれることがなかったのだ。

ウェンセスラオ・フェルナンデス・フローレス『にぎやかな森』

はじめに七〇〇万年前から六〇〇万年前のあいだに、われわれとチンプに共通する祖先のサルがいた。それはアフリカの熱帯雨林に住んでいた。サルが社会面を中心とする意識に到達するには、わずかなものが不足していた。そのあとヒト科があらわれ、チンプの祖先とともに熱帯アフリカのさまざまな地点に四散した。

森林はずっと存在したが、ヒト科が気候と生態系の変化につれて乾燥の度を強める環境に適応するようになったのに、チンプの祖先は湿度の高い森林を離れなかった。ヒト科のなかには四〇〇万年前にすでに二足歩行になったものがいたが、生活はまだ森林に結びついていた。かれらの食物のほとんどは植物質だった。ここで「ほとんど」といったのは、昆虫と、機会があれば小型の哺乳類も食べていたからである。

進化は二五〇万年前に、ホモ・ハビリスという新種のヒト科をつくりだした。ハビリスはより大きな脳をもち、石と石を打ちつけて石刃を手にいれることができた。この石刃には、肉を切るという大切な役割があった。そのころ食性に非常に大きな変化がおきて、このためニッチに影響がおよんだ。

地質学的に見ればただちに、じつに新しいヒト科のホモ・エルガスターが出現した。かれらの脳は現在までに知られるチンプより大きく、成長はより遅かった。エルガスターは頑強な体格をもち、身体比率はわれわれにかなり似ていたが、とくに体力があった。この種は標準的な道具をつくり、記号を使って交信し、少なくとも感情の身体的・音声的表現をマスターすることができた。感情表現は精神状態の単純な指標にとどまらず本物の記号となり、成員はこの記号を使って望ましい情報を思いのままに伝達した。つまり言語の基礎的形式をもち、学習期間はかなり長かったので、かれらはチンプの認識能力を大きくこえることができた。

これらのヒト科、より正確にいえばエルガスターという人類の種は、周囲に社会的・文化的環境をつくりはじめ、そのおかげで物理的環境に対抗する確実な独立性を獲得した。そして、こうした自立性が高まったので個体群は発展することができた。つまり、かれらは一五〇万年以上前にユーラシアの全域に広がり、赤道から遠く離れた高緯度の気候と生態的な障害を乗りこえることができたのだ。当時のべつのヒト科のパラントロプスはアフリカという敷居をこえることができず、この壮挙に成功しなかった。

アフリカをでた人類に幸運がおとずれたので、かれらはアジアとヨーロッパに住みつくことに成功し、そのあと五〇万年前にドイツとイギリスの寒冷な土地にも到達した。この時代のはるか以前に、べつの人類がイベリア半島の東端と、中国やジャワ島のような東アジアについていた。ホモ・エレクトゥスと呼ばれる最古の化石がジャワ島で発見されており、それらとアフリカのエルガスターとのあいだに大差はない。

ヨーロッパでは人類は切り離されて進化し、ネアンデルタール人という土着の人類が誕生した。つねに頑丈だったかれらは、ヨーロッパの気候に生理的にたくみに適応した。ネアンデルタール人は大きな脳をコミュニケーションや、手のこんだ道具の製作や、火をつけたり自在に使いこなしたりすることに使用した。かれらは季節的な周期性を強い特徴とする、霊長類の生存にほとんど適さないヨーロッパの生態系に特有の問題を解決することができた。

ネアンデルタール人はヨーロッパで進化したが、現代人のほうはアフリカで進化した。しかし三万年前という時代には、われわれの祖先とネアンデルタール人は、身体的にも行動面でもそんなに違っていなかった。両種のはっきりと異なる進化がおきたのは比較的最近のことであり、その時代に脳の第二次の重要な増大がおきた。以上の現象はヨーロッパとアフリカで別々におきたので、結果はおなじではなかったのだ。

われわれがもっともよく知る結果は、いまも目に見えるかたちでのこっている現代人という種に関係する。この過程のもっとも驚くべき成果は分節言語であり、記号を操作し、ストーリーを語り、想像の世界をつくりだすわれわれの独特の能力は分節言語にもとづいている。われわれの特殊性は創造力にあり、それはヨーロッパの枝でなくアフリカの枝に出現した。ネアンデルタール人は認識能力と交信能力の面で、シマ・デ・ロス・ウエソスの人類より大きく進化したが、われわれのように情報を伝達する革新的なシステムを発展させることができなかった。

読者は言語がどれほど独特の切り札になっているかを理解したければ、フィリップ・リーバーマンが考えた実験を試みることができる。それは一〇秒間、なにかの文章を読むという実験である。読者は一〇秒で二〇〇字をやすやすと読めることを確認するだろうが、このスピードは一秒間に二〇字というペースに相当する。ここで、二〇〇字は二〇〇の音に相当しないという事実が、音を構成し、聴くというわれわれの能力について気づかせる。このようなペースで音を産出し、識別することができるとは、じつに驚くべき能力である。

さらに現代人の精神現象は、ネアンデルタール人の同時代人たちの精神現象と違っていた。にもかかわらず、このずれは現代人が技術的な意味で、より目だつ知能をもっていたという意味ではない。それはむしろ完全に別世界の知覚か、コンラート・ローレンツが例の洞察力で主張したような一種のパラドクサルな逸脱に起因する。じっさいに、すべての動物は刺激を選別するフィルターをもっており、外界からくる情報は多すぎるので、われわれは適切なデータを自動的・無意識的に早く選別できるメカニズムを必要とする。このメカニズムがなければ、データの流れを分析するためだけに一生をすごすことになるだろう。そして、この自動的なフィルターを通過できた刺激だけが行動や反応を解発することができる。

現代人は、ほかの人間から送られてくる信号にいつも注意をはらう特別の社会的能力をもっており、そのおかげで他人の精神現象を読みとったり、他人の行為を予想したりすることができる。われわれはこの能力をより発揮するために、バラバラの単純な刺激にもすばやく反応する。ほかの人間の顔を注意深く観察するので、わずかしか感じとれない印象にも気づいてしまう。右のような角度から、社会生活はポーカーゲームに比較されることがある。

そしてここには、自然界が魂を手にいれた理由を説明するキーポイントがある。われわれは分析能力のおかげで現実を無限の要素に分解することができる。そのうえ比類のない認識能力をもつくせに、大きな解釈の誤りを犯すことがある。ほかのどんな動物も、こんな過ちを犯さないだろう。われわれが人間的な価値をあたえたときから、どんなとっぴなものも感情的な価値をもつようになる。たとえばワシの眉弓がしわに見え、反ったくちばしの先が不屈のムードをもつように見えることがある。われわれはラクダやラマに軽蔑するような表情があると思うことがあるので、「反感をそそる」動物だと形容する。

われわれはまた動物に審美的な価値をあたえるので、カバは不器用になり、フラミンゴは誇り高く優雅になる。われわれは動物に倫理的な価値をあたえることさえあるので、オオカミには悪意があるが小さなヤギはおとなしく、アリは働きものだがセミは怠けものだなどと感じとる。このような傾向を幼児期の記憶で説明したローレンツは、子どものころブラインドを半分おろした市電が自分をにらんでいるように感じたという経験を語っている。目は顔のなかで大きな役割をはたすので、窓のある家のように開口部をもつものは、顔を連想させる傾向がある。われわれは窓のまわりの構造の配置によって、すぐに好感か不快感をもち、開口部は鼻、口、眉、ひたい、髪になるだろう。

われわれが自然の生気を感じとる根源には、いわば誤って心象に活発さや不活発さを感じとらせる能力があり、そこにさらにストーリーを語る能力が加味される。人間はこの逆説的な欠陥によって、自然現象を理解することができたのである。個人の意識の起源が、他人の位置に身をおいて他人に意識を認める可能性にあるとすれば、自然を構成する存在と一体化する能力は、非科学的ではあるが生物学と地質学にとって有効だろう。集団のほかの成員と一致する地図を頭のなかにもつ最善の方法は、風景の構成要素を人間やストーリーに結びつけることにあるのだから、地理についてもおなじことがいえる。たとえば、わたしが多くの夏をすごした村では、現在も高い山がその形状からつねに「死んだ女」と呼ばれ、近くのべつの山が「麦の山」と呼ばれている。

このすばらしい能力は、骨が細くなるという、表面的には無関係な注目すべき現象と並行して発達した。腰が狭くなった人類は、歩行のエネルギーを大きく節約できるようになった。ネアンデルタール人と現代人は身体的な型だけでなく、頭骨と音の分節能力でも分化した。イアン・タッターソルは脳の増大と分節言語を、相互に関係のない、また記号の使用と無関係に出現した形質としてのイグザプテーションとして考えた。わたしは逆に、本物の適応は相互補完的なものであるはずなので、それらは相互依存にもとづく適応だと考える。ハビリス以後、人類の特殊性が知能になったのにたいして、鳥の特殊性は飛ぶことでありつづけた。ヨーロッパで最初の入植が見られたとき、われわれはすでに長い道のりを走破していたのである。ヨーロッパの個体群は切り離されていたが、対立する集団間の生存要求と競合で知能レベルは少しずつ高くなり、からだの頑丈さのほうは衰退した。ネアンデルタール人は祖先より大きな脳をもちながら、からだのほうは祖先の力を失わなかった。

われわれのアフリカの祖先もまた非常に力強かった。知能のほうは少しずつ進化し、身体的にそれほど強くなくても、よりすぐれたコミュニケーション能力をもつ変異体があらわれるまで進化しつづけた。ふたつの形質が結びつくように思われるのは驚くべきことではなかった。われわれはじっさいに顔が小さくなったときから音をよりよく分節できるようになったので、顔の縮小は呼吸能力の減退を代償にしておきた変化だった。ネアンデルタール人は胸郭能力と異常な呼吸能力をもつ本物の巨人だった。筋肉に酸素を供給する空気は、肺にはいるまえに鼻腔と口腔で湿りけを帯びたはずだから、かれらの声道の水平部分は長さを維持していた。それはこの時代のヨーロッパの寒冷な気候が強制した条件だったのだ。

アフリカ最初の現代人は、ネアンデルタール人とおなじくらい頑丈な個体群にとりかこまれていたが異なる進化の道をたどり、おなじ生態的問題のべつの解決方法を選択した。かれらの脳は記号を交換し、産出する方向に向かったのである。顔が前後に短くなったので食べたものがつまって窒息死する危険性が高くなったが、一方でかれらは信じられないようなコミュニケーション装置を発達させた。からだは大きな強い応力にたいしてそんなに高性能ではないものの、長期的に見てエネルギー面でより効率的になり、非常に長い移動を計画できるようになった。このような改変には、二〇万年前から一五万年前の時代がかかわった。分子生物学者によれば、この改変はアフリカの非常にかぎられた個体群にしか関係しなかったという。学者たちは現代人の個体群のなかに最小の遺伝的変異を発見し、このような結論に達したのだった。われわれは肌の色や髪の質感や目のかたちが違っても、結局のところはよく似ている。この意味で人種主義者の主張は忌わしいだけでなく、とくに科学的に誤っている。じっさいにわれわれの出自となったアフリカの人口は一万人か、せいぜい一万五〇〇〇人だったのであり、この時代のイベリア半島の人口とおなじていどだったのである。

ネアンデルタール人と現代人はふたつの異なる人類のモデルであり、どちらも試練にたいする進化の有効な反応だった。ふたつの種は人口増加とともに、地理上の広い分散を経験した。ネアンデルタール人はヨーロッパで出現し、生誕地をこえていった。現代人も出生地のアフリカを離れたので、両者はほどなく顔をあわすことになった。

一九二九年から三一年にかけて、ルイス・ペリコットはバレンシアにあるパルパリョのロックシェルターで実施された発掘で、数千年にわたって旧石器時代人の手で描かれ、彫刻された五〇〇〇枚の小さな板石を発見した。ごく最近、バレンティン・ビラベルデがそれらを詳細に研究した。頻度の高さの順番からいえば、描かれた動物はヤギ、ウマ、アカシカ、オーロックスだった。四頭のシャモアとイノシシ、三頭のオオカミとキツネ、一頭のオオヤマネコ、カワウソと思われる一頭のイタチ科の動物、一羽のヤマウズラとカモも描かれていた。しかし、寒冷な気候帯の動物は見られなかった。

半島東部で発見された具象的芸術のべつのカテゴリーはレバント芸術として知られてきた。その多くはバレンシア地方近辺に集中していたが、アンダルシア、アラゴン、カスティーリャ、カタルーニャにも広がっている。野外の岩の表面やロックシェルターに描かれた絵は、狩猟や採集の情景、あるいは祭礼らしい踊りの情景のなかに動物と人間の男女を描いている。レバント芸術の年代については議論がつづいており、発見された製作物は論争の渦に巻きこまれてきた。しかし現在では、レバント芸術は更新世に属さない、氷期以後の製作だと考えられている。多くの絵は弓矢をもつ狩猟者が、シカ、ウシ、ヤギ、イノシシから逃げたり、それらを追いかけたりする狩猟の物語を描いている。

パルパリョの板石とレバント芸術の狩猟シーンのあいだには、何千年という年月が流れているが、当時の人間のライフスタイルのほうは、なにひとつ変わらなかったように思われる。しかし、製作物を見ると、レバント芸術を生みだした狩猟採集集団は、すでに飼育化した動植物にたよる生産経済社会と接触していたように思われる。これらの製作者たちは約七〇〇〇年前のイベリア半島にやってきた、初期の新石器時代人だったのだろう。いずれにしろ、かれらはある世界の最後と、べつの世界の夜明けという一時代に生きていたのである。そのころはじまったのが、われわれの時代だった。環境に馴らされ、家畜化された人間の世界は家畜の群れのゆるやかなリズムにあわせて動き、耕すべき土地にしたがい、雨が降るかやむかを願って空を見あげていたのだろう。経済の変化は必然的に文化の変更を引きおこした。農耕の神はもはや狩猟採集者が信じた神ではなかったのだ。

ひとつの言語が死ぬとき、過去にその言語を話した死者たちがもういちど死ぬのだと、どこかに書かれていたのを読んだことがある。古い神話が消えて新しい神話にいれかわるときにも、おなじことがいえる。われわれは岩絵の意味をけっして理解しない。岩絵はもうわれわれに話しかけてくれないからだ。しかし、自然そのものが人間に話すのをやめたとき、もっと恐ろしいなにかがおきたのだった。たとえば、わたしの幼年時代の古い石橋は、古い時代の巨人がつくった橋ではなくなった。いまは森のなかで聞こえる唯一の音は、山奥の作業現場や、石灰石をコンクリートに変える工場や、木材を倒すチェーンソーや、とおりかかる車の音である。

弔鐘はまだ「文明化」されていない未開の自由な狩猟者集団のために鳴った。農耕者がやってきて、かれらとともに本書のおわりと、読者にたいする別れのときがやってきた。別れが一時的であることを願っている。

追悼のことば

この数年、世界のさまざまな土地の地元の人たちのあいだで、博物館に保存されている祖先の骨を返還してほしいという抗議行動がおきてきた。オーストラリアのアボリジニーのなかには、何千年もまえの人間の化石を、科学者がかき乱す以前にかれらが休んでいた場所にもどしてほしいと要求して、受けとった人たちがいる。わたしにはアボリジニーの気持ちがわかる。しかし祖先をうやまう最上の方法は、祖先をもっとよく知ろうとすることではないだろうか。研究室や博物館などの強化ガラスは、自然の室内ほど休息には向かないだろう。それでもわたしは本書のような本が、すべての人類のための科学がもつ普遍的価値のよりよい理解のために役だつことを願っている。

わたし自身とおなじく、研究者たちは数多くの化石を発掘してきた。将来、ほかの化石も発掘されるだろう。しかし、さらに多くのほかの化石が、母なる地球の内部で眠りつづけているのである。それらにたいする尊敬のしるしとして、古代ローマ人がもっとも身近なものの墓に彫った墓碑銘で本書をおえることにしたい。

どうか、やすらかにお休みください。（*Sit tibi terra levis.*）

解説

監修者　岩城正夫

この本はネアンデルタール人を主題にしながら、実はわれわれ人間の未来について、このままでいいのかという根本的な問題を提起しているように私には思える。そのことを直接的に論ずるのではなく、ごく最近急速な進展をみせた古人類学の研究成果を紹介し、対立するさまざまな学説を語りつつ、人類の何百万年という長い歴史を経た現在、ついに地球規模での大繁栄にいたったわれわれ人間の存在なるものが、じつは相対的なものにすぎないということを、とくにネアンデルタール人の絶滅との対比において論じることで、それを読者自身に読み取ってほしいと願いつつ書かれた本と思われる。

著者はスペイン出身の古人類学者で、子どものころ狩猟・採集生活にあこがれたといい、またすでに一二〜三歳ころにはスペイン北部バスク地方の先史時代遺跡アクスロルを訪ねたこともあるという。そして念願の古人類学者になったのだろう。著者の研究生活の多くがスペインの先史時代遺跡の発掘調査についやされてきたことは間違いなかろう。

ご存じのようにスペイン北部には有名なアルタミラ洞窟があり、その壁画（南フランスのラスコー洞窟壁画などと共にクロマニョン人の描いたものとして知られる）を初め沢山の先史時代の遺跡がある。がそれだけでなく、スペイン全土に先史時代遺跡があり、もちろんネアンデルタール人にかかわる多くの遺跡や、もっと以前の原人たちの遺跡も豊富にある。

なぜそれほど豊富な先史時代遺跡がスペインに残ったかは、スペインの地質的特性だけでなく地理的な位置や特別な気候風土が深く関係しているようだ。そのことは、この本の第二部で詳しく説明されている（第4章、第5章）。簡単にいってしまってはいけないのだが、スペインが位置するイベリア半島はユーラシア大陸の西端が南西方向に大きく張り出した部分で、北側と西側（ポルトガルを挟んで）は大西洋に、南側と東側は地中海に面していて、内部には小さな山脈や高地・山地が沢山あるため、おのずと気候は多様なものとなる。

原人たちがユーラシア大陸に渡ってからの過去百数十万年の期間において幾たびもおとずれた氷河期と温暖な間氷期の繰り返しのなかで、イベリア半島の地理的位置と構造は、氷河の南端部がやっと届くかどうかの位置とあいまって、気候風土の多様化を頻繁に現出させ、さまざまな動物や植物が、そして人類もが、はげしくイベリア半島に出入り出没し、それぞれの生活の痕跡を残してきたと思われる（第6章）。それらの説明は読者がおどろくほど詳しく、著者自身「プロローグ」の中で「興味の無い人は飛ばして読んでかまわない」と述べているほどだが、じつはそうした説明があってこそ、次の第三部への理解の下地がつくられる。それら説明の中に著者の郷土スペインへの深い理解と愛情が感じられる部分でもある。

そして先史時代遺跡の研究を続けてきた著者は、とくにネアンデルタール人の運命に注目する。ネアンデルタール人は発見当初は野蛮な人類と思われていたが、研究がすすむにつれて決してそうではなく、すぐれた道具を作り、火を作りそれを上手にコントロールし、恐らくは言語も使い、身体障害者や年寄りをいたわって一緒に生活し、死者を埋葬したりした文化人だった。彼らは西ヨーロッパ全域に散らばって居住し、何と二〇万年もの長期間にわたって生活を維持していたのだ。

ところが四～五万年ほど前、現生人類（ホモ・サピエンス）がアフリカからヨーロッパに渡ってきて各地に散らばって生活を始め、もちろんイベリア半島にも四万年前頃に入り込んできた。そしてネアンデルタール人たちと一万年間ほどの併存ないし共生期間を経たのち、今から三万年ほど前にネアンデルタール人だけが絶滅してしまった。両者に争いが無かったとはいえないだろう。しかし一万年間もの併存というのは驚くほど長い。より自然な想像は、両者がそれぞれ自分流儀の生活を続けつつ、たまには交流もあったろうし、文化的・知的刺激も与えあったろうということだ。だが絶滅したのはネアンデルタール人の方だけだった。

著者はそのネアンデルタール人たちの絶滅の過程を詳しく追究した。先史時代遺跡が豊富で、著者自身にとって身近なイベリア半島の地を選び、地理的・気候的・動物学的・植物学的、そして生態学的な各側面から、さらに一〇〇万年という歴史的視点をも加えつつ総合的にその問題を検討したのだ。

その研究過程の中で、或る洞窟遺跡からまとまった数のネアンデルタール人の祖先の骨が出土したが、その何れもが若い遺体だったことに疑問をもった。なぜ若くして死んだのか。これまで先史時代の人類の普通の寿命は二五～六歳だったろうという説があり、それを私もなにかの文献で以前読んだことがあるが、本書の著者はその見方に強い疑問を持ち、その俗説に反論を加え（第7章）、先史時代人の寿命は決して特別短かかったわけではなく、現代の狩猟採集生活をしている諸民族と同じであり、かなり年配の人達もそれなりに共に生活していたはずだったことを論理的に証明してみせた。その上で、さきにふれた或る洞窟になぜ若い死体だけが大量に残されていたのか、その理由を推理してみせた。その部分は圧巻ともいえる。

優れた文化の担い手だったネアンデルタール人（この本の著者は「首飾り」という言葉によってそのことを象徴的に示した）は、ホモ・サピエンスとの出会い・併存の結果として最終的には絶滅に至ったことを具体例で示したかったのだと思う。

この本を読んで私は、現代の地球上における人類の驚異的繁栄と、世界各地で絶滅の危機にさらされている人類以外の動物たちの運命を重ね合わせて考えざるをえなかった。他の動物たちが次々と絶滅してゆくなか、このままホモ・サピエンスだけが繁栄を続けることが果して可能なのか？　という問題だ。

二一世紀の現代、世界各地での地域民族紛争が絶えないようで、その解決は可能なのかという重大問題がわれわれに迫ってはいるが、そうしたこととは別の次元において、人類と他の生物たちとの相互関係を根本から問いなおすべきときではないのか？

またさらに現代において、衣食住の問題は確かに先史時代に比べたら驚くほど進歩していると言えるかもしれない。とくに一部先進諸国といわれるところでは、有り余るほどの物量で満たされてはいるが同時にそこに生活する人達のあいだでは精神的ストレスが年々増加しつつある。それはやがて限界に達することにはならないのか？

ネアンデルタール人に対比するなら、たしかに現生人類であるわれわれは抽象的思考力により優れ、想像力により優れ、豊富な諸芸術になれ親しんでいる。そのより優れた抽象的思考力・想像力はさまざまな観念世界をも創造し、世界に張りめぐらされた情報伝達の網の目を通して交信し交流し、とくに若者たちの心に重大な影響をあたえつづけている。それはまたわれわれの精神的ストレスを強化・増幅することに大きく加担していると思われる。いま先進諸国の人々のあいだでの精神的な「病」の増加はとどまるところを知らないとさえいわれる。そこにおいて人類の真の幸福とはいったい何なのか、再検討せざるをえないときが来ているのではなかろうか。

この本が、われわれ人類の未来を根本的に考えるための参考になればと願う。

訳者あとがき

スペイン北部の都市ブルゴスに近いアタプエルカ山地の工事現場で、四五万年前から三五万年前の人類の化石が発見されたのは、一九七六年のことだった。これらはネアンデルタール人の祖先にあたる人類集団の骨以外のなにものでもなかった。そのときから周到な発掘作業が計画され、いまでは二八体以上のほぼ完全な人骨が出土している。発掘された化石の数は四〇〇〇個以上におよび、さらに周辺から八〇万年以上前とされる六体の人骨が発見されている。慎重な発掘作業はいまも進行中だから、今後の進展が大いに注目される。

つまりアタプエルカ山地は、せいぜいで頭骨や下顎骨や骨片が発掘される程度の大半の遺跡とちがって、古人類の個体群の骨格のすべての細部がのこされていたことに最大の特色をもっている。そして、これらの化石にはアフリカをでたホモ・エルガスターが、ヨーロッパや中東でネアンデルタール人に進化するまでの過程を推測できそうな大きな可能性がある。そうした意味では、これは人類の進化をたどるうえで、世界最大規模のもっとも充実した遺跡であり、まさに宝庫と表現することができるだろう。

このアタプエルカ山地に大量の完全な骨格がのこされたのは、人類の歴史上ではじめて埋葬儀礼がおこなわれたせいだと考えられている。そのとおりだとすれば、山地の一部の「シマ・デ・ロス・ウエソス」（骨の穴）は、死者がでるたびにほかの動物に食い荒されることを恐れて、死体をつぎつぎと深い穴に落とした集団埋葬場だったのだろう。この場所からは副葬品と思われる石斧も出土している。それらの解明には以後の研究が待たれるし、すべてはまだ手はじめの段階だろうが、すでにしてわれわれの想像力を強く刺激する成果が提示されている。

本書の著者フアン・ルイス・アルスアガは、わが国でも知られるスペインの世界的な古人類学者であり、アタプエルカ山地一帯の発掘副責任者を務めてきた人物である。かれは幼少時に父親の訳した紀行文『シベリアのマンモス』を読み、地球を半周するくらいの極寒の地の過酷な旅を想像した体験をもつという。さらに非常に早い時期から、ネアンデルタール人が活動した中心地のひとつである、イベリア半島の遺跡に関心をもって見まわったと記している。

あくまでも一般の読者を対象として書かれた本書では、無機質な化石や遺物をめぐる著者の想像力が大きく作用して、魅力ある記述が連続することになった。さらに古人類学だけでなく、関連諸科学の成果が随所に反映されていることも大きな特色となっている。読者はイベリア半島から中東と中央アジアにかけて、一〇〇万年以上にわたって分布したプレネアンデルタール人とネアンデルタール人の包括的なプロフィルを読みとるだろう。ここではじっさいに、かれらの生態が地理（風景）、気候（連続した氷期と間氷期）、動植物（生態系）に関連づけて広く考察されている。著者はさらに解剖学の研究成果を援用して、ネアンデルタール人の精神現象にまで立ちいって論じている。

著者の中心的な論点は、ネアンデルタール人が現代人（クロマニョン人）と無関係に進化したとしても、現代人とおなじように明確な意識をもって概念的に思考し、意識的に行動したヒト属だったということにある。本書で紹介されるさまざまな議論は、ネアンデルタール人が現代人より知的・技術的に劣っていなかったが、微妙な一点で違っていたことを示唆して刺激的である。著者の議論は「意識」が人類史のどこまでさかのぼるかという問題や、現生人類の未来にかかわる問題までも考えさせるだろう。

ロイター通信の二〇〇七年九月一二日の報道によれば、アルスアガ教授は六万三〇〇〇年前と思われるネアンデルタール人の二本の臼歯に、鋭い器物を使ってできた溝があることから、かれらが歯の衛生状態を維持しようとした（歯をみがいた）可能性があると発表したという。これはスペインのピニージャ・デル・バジェで発掘された化石で、地元の行政当局は「完全な状態で保存された三〇歳前後の人類の歯の化石であり、磨耗状態が明確に読みとれる」とコメントしたと伝えられている。

本書『ネアンデルタール人の首飾り』（Juan Luis Arsuaga, *El collar del neandertal : En busca de los primeros pensadores*, Ediciones Temas de Hoy）がスペインで刊行されたのは、一九九九年のことだった。原著者の意向にしたがい、二〇〇二年にでた英語版（スペイン語版オリジナルを著者自身がアップデートした最新版）を底本に、その前年にでたフランス語版も参考にして、訳者は〇二年いっぱいで訳了した。しかし理由はわからないが、翻訳版権の契約について仲介する日本側のエージェントが、著者のエージェントにいくら連絡をとっても音沙汰がなく、出版契約が成立しないまま何年も手の打ちようのない状態がつづいていた。しかし、ようやく二〇〇七年になって契約が成立し、出版にこぎつけることができた。

欧米の翻訳ではよくあることだが、英語版とフランス語版のあいだには同一書の翻訳とは思えない大きな違いがあったことを注記しておきたい。しかし、両者を比較してみると、いずれかの訳文に一般の読者にとって、より理解しやすいと思われる箇所が少なくなかったので、本書の翻訳は部分的に両者の折衷的な仕事になっている。

著者サイドからの連絡が遅れたことには、思わぬメリットがあり、ここにそれを付記しておきたい。

それはその間に原著者から十数か所におよぶ長文の追加と年代の訂正があったことであり、それらは二一世紀にはいってからの新しい発掘と研究成果の反映だった。これらはスペイン語で書かれていたので、旧知の宮下嶺生さんにお願いして訳していただいた。

本書の訳出にあたっては何冊もの関連図書を参考にしたが、とくに海部陽介さんの『人類がたどってきた道』（日本放送出版協会）と、クリストファー・ストリンガーとロビン・マッキーの『出アフリカ記――人類の起源』（河合信和訳、岩波書店）から学ぶところが多く、訳語の参考にもさせていただいた。

最後になったが、岩城正夫先生には、ご多忙ななかで拙い訳稿に丁寧にお目通しいただき、本著作の特徴を的確にとらえた解説をお書きいただいた。宮下嶺生さんとともに深い感謝をささげたい。新評論の山田洋氏と担当の吉住亜矢さんとは、いつものことながら相互理解に遺漏のない仕事をすることができた。おふたりの労苦にも感謝したい。

二〇〇八年一〇月

藤野邦夫

au sud de la Péninsule Ibérique," in Otte, M. (ed.), *L'Homme de Néandertal. L'Environnement*, University of Liége, Liége, 1998, pp. 169-180.

●エピローグ

Hernández, M., Ferrer, P., and Catalá, E., *Arte rupestre en Alicante*, Fundación Banco Exterior, Alicante, 1988.
———, *L'Art llevantí*, Centre d'Estudis Contestans, Cocentaina, 1998.
Villaverde, V., *Arte paleolítico de la Cova del Parpalló*, Diputació de Valéncia, Valencia, 1994.

【邦訳のある文献】

① D. C. ジョハンソン＋L. C. ジョハンソン＋B. エドガー／馬場悠男訳『人類の祖先を求めて』日経サイエンス社，1996
② ドナルド・ジョハンスン＋ジェイムズ・シュリーヴ／堀内静子訳『ルーシーの子供たち—謎の初期人類，ホモ・ハビリスの発見』早川書房，1993
③ R. ルーウィン／保志宏・楢崎修一郎訳／山口敏監修『人類の起源と進化』てらぺいあ，1993
④ ジョン・R. ネイピア＋プルー・H. ネイピア／伊沢紘生訳『世界の霊長類』どうぶつ社，1987
⑤ クリストファー・ストリンガー＋ロビン・マッキー／河合信和訳『出アフリカ記—人類の起源』岩波書店，2001
⑥ エリック・トリンカウス＋パット・シップマン／中島健訳『ネアンデルタール人』青土社，1988
⑦ アラン・ウォーカー＋パット・シップマン／河合信和訳『人類進化の空白を探る』朝日新聞社（朝日選書），2000
⑧ テレンス・W. ディーコン／金子隆芳訳『ヒトはいかにして人となったか—言語と脳の共進化』新曜社，1999
⑨ イアン・タッターソル／秋岡史訳『サルと人の進化論—なぜサルは人にならないか』原書房，1999

●第8章

Crick, F., *La búsqueda científica del alma*, Círculo de Lectores, Barcelona, 1994.

Duff, A., Clark, G., and Chadderon, T., "Symbolism in the Early Paleolithic: A Conceptual Odyssey," *Cambridge Archaeological Journal* (1992), vol. 2, pp. 211-229.

Deacon, T., *The Symbolic Species*, The Penguin Press, Harmondsworth, Middlesex, 1997. ⑧

Falk, D., *Braindance*, Henry Holt, New York, 1992.

Lieberman, P., *Eve Spoke*, Picador, London, 1998.

Macphail, E., *The Evolution of Consciousness*, Oxford University Press, Oxford, 1998.

Mithen, S., *Arqueología de la mente*, Crítica, Barcelona, 1998.

Mosterín, J., *¡Vivan los animales!*, Temas de Debate, Madrid, 1998.

Noble, W., and Davidson, I., *Human Evolution, Language and Mind*, Cambridge University Press, Cambridge, 1996.

Tattersall, I., *The Origin of the Human Capacity*, 68th James Arthur Lecture, American Museum of Natural History, New York, 1998.

———, *Hacia el ser humano*, Península, Barcelona, 1998. ⑨

Weiner, S., Xu, Q., Goldberg, P., Liu, J., and Bar-Yosef, O., "Evidence for the Use of Fire at Zhoukadian, China," *Science* (1998), vol. 281, pp. 251-253.

Wu, X., "Investigating the Possible Use of Fire at Zhoukadian, China," *Science* (1999), Vol. 283, p. 299.

●第9章

Appenzeller, T., Clery D., and Culotta, E., "Archaeology: Transitions in Prehistory," *Science* (1998), vol. 282, 1.441-1.458.

D'Errico, F., Zilhão, J., Julien, M., Baffier, D., and Pelegrin, J., "Neanderthal Acculturation in Western Europe," *Current Anthropology* (1998), vol. 39, pp. 1-44.

Gamble, C., "Gibralter and the Neanderthals 1848-1998," *Journal of Human Evolution* (1996), vol. 36, pp. 239-243.

Hoffecker, J. F., "Neanderthals and Modern Humans in Eastern Europe," *Evolutionary Anthropology* (1998), vol. 7, pp.129-141.

Mellars, P., "The Fate of Neanderthals," *Nature* (1998), vol. 395, pp. 539-540.

Pike-Tay, A., Cabrera, V., and Bernaldo de Quirós, F., "Seasonal Variations of the Middle-Upper Paleolithic Transition at El Castillo, Cueva Morín and El Pendo (Cantabria, Spain)," *Journal of Human Evolution* (1999), vol. 36, pp. 283-317.

Strauss, L. G., "The Upper Paloelithic of Europe: An Overview," *Evolutionary Anthropology* (1995), vol. 4, pp. 4-16.

———, "The Iberian Situation Between 40,000 and 30,000 B.P. in Light of European Models of Migration and Convergence," in Clark, G. A., and Willerment, C.M. (eds), *Conceptual Issues in Modern Human Origins Research*, Aldine de Gruyter, New York, 1997, pp. 235-252.

Taborin, Y., "L'art des premiéres parures," in Sacco, F., and Sauvet, G. (eds.), *La propre de l'homme. Psychoanalyse et préhistoire*, Delachaux et Niestlé, Lausana, 1998, pp. 123-150.

Van Andel, T., "Middle and Upper Paleolithic Environments and the Calibration of 14C Dates Beyond 10,000 B.P.," *Antiquity* (1998), vol. 72, pp. 26-33.

Vega-Toscano, G., Hoyas, M., Ruiz-Bustos, A., and Laville, H., "La séquence de la Grotte de la Carihuela (Piñar, Grenade): Chronostratrigraphie et paléoécologie de Pléistocéne supérieur

pp. 16-19.
Marean, C., "A Critique of the Evidence for Scavenging by Neandertals and Early Modern Humans: New Data from Kobeh Cave (Zagros Mountains, Iran) and Die Kelders Cave 1 Layer 10 (South Africa)," *Journal of Human Evolution* (1998), vol. 35, pp. 111-136.
Monchot, H., "La caza del muflón (*Ovis Antiqua* Pommerol, 1879) en el Pleisteceno Medio de los Pirineos: el ejemplo de la cueva de l'Aragó (Tautavel, France)," *Revista Española de Paleontología* (1999), vol. 14, pp. 67-78.
Notario, R., *El oso pardo en España*, Ministerio de Agricultura, Madrid, 1970.
O'Connell, J., Hawkes, K., and Blurton Jones, N. G., "Hadza Scavenging: Implications for Plio-Pleistocene Hominids Subsistence," *Current Anthropology* (1988), vol. 29, pp. 356-363.
Pérez-Pérez, A., Bermúdez de Castro, J. M., and Arsuaga, J. L., "Nonocclusal Dental Microwear Analysis of 300,000 Year Old *Homo heidelbergensis* Teeth from Sima de los Huesos (Sierra de Atapuerca, Spain)," *American Journal of Physical Anthropology* (1999), vol. 108, pp. 433-457.
Santonja, M., López Martínez, N., and Pérez-González, A. (eds.), *Ocupaciones achelenses en el valle del Jarama (Arganda, Madrid)*, Diputación Provincial de Madrid, Madrid, 1980.
Schoeninger, M., "Stable Isotope Studies in Human Evolution," *Evolutionary Anthropology* (1995), vol. 3, pp. 83-98.
Villa, P., "Torralba and Áridos: Elephant Exploitation in Middle Pleistocene Spain," *Journal of Human Evolution* (1990), vol. 19, pp. 299-309.

●第7章

Arsuaga, J. L., Martínez, I., Gracia, A., Carretero, J. M., Lorenzo, C., García, N., and Ortega, A. I., "Sima de los Huesos (Sierra de Atapuerca, Spain). The Site," *Journal of Human Evolution* (1997), vol. 33, pp. 109-127.
Bentley, G., "Aping Our Ancestors: Comparative Aspects of Reproductive Ecology," *Evolutionary Anthropology* (1999), vol. 7, pp. 175-185.
Bermúdez de Castro, J. M., and Nicolás, E., "Paleodemography of the Atapuerca-SH Middle Pleistocene Hominid Sample," *Journal of Human Evolution* (1997), vol. 33, pp. 333-335.
Bocquet-Appel, J. P., "Small Populations: Demography and Paleoanthropological Inferences," *Journal of Human Evolution* (1985), vol. 14, pp. 683-691.
Bocquet-Appel, J. P., and Arsuaga, J. L., "Age Distributions of Hominid Samples at Atapuerca (SH) and Krapina Could Indicate Accumulation by Catastrophe," *Journal of Archaeological Science* (1999), vol. 26, pp, 327-338.
Blurton Jones, N., Smith, L., O'Connell, J., Hawkes, K., and Kamuzora, C., "Demography of the Hadza, an Increasing and High Density Population of Savanna Foragers," *American Journal of Physical Anthropology* (1992), vol. 89, pp. 159-181.
Goodall, J., *A través de la ventana*, Salvat, Barcelona, 1993.
Hill, K., and Hurtado, M., *Ache Life History*, Aldine de Gruyter, New York, 1996.
Howell, N., *Demography of the Dobe !Kung*, Academic Press, New York, 1979.
Trinkaus, E., "Neanderthal Mortality Patterns," *Journal of Archaeological Science* (1999), vol. 157, pp. 121-142.
Vicente, J. L., Rodríguez, M., and Palacios, J., "Relaciones entre lobos y ciervos en la sierra de la Culebra," *Quercus* (1999), vol. 157, pp. 10-15.

Corchón, S., "La corniche cantabrique entre 15000 et 13000 ans BP: la perspective donnée par l'art mobilier," *L'Anthropologie* (1997), vol. 101, pp. 114-143.
Chapa, T., and Menéndez, M. (eds.), *Arte Paleolítico*, Editorial Complutense, Madrid, 1994.
Dupré, M., *Palinología y paleoambiente*, Servicio de Investigación Prehistórica, Valencia, 1988.
Ferreras, C., and Arozena, M. A., *Los bosques*, Alianza Editorial, Madrid, 1987.
García, N., and Arsuaga, J. L., "The Carnivore Remains from the Hominid-Bearing Trinchera-Galería, Sierra de Atapuerca, Middle Pleistocene Site (Spain)," *Geobios* (1998), vol. 31, pp. 659-674.
Garci, M., *El oeste de Europa y la Península Ibérica desde hace—120,000 años hasta el presente*, Enresa, Madrid, 1994.
Guérin, C., and Patou-Mathis, M., *Les grands mammiféres Plio-Pléistocénes d'Europe*, Masson, Paris, 1996.
Gutiérrez Elorza, M. (ed.), *Geomorfología de España*, Rueda, Madrid, 1994.
Hertz, O., *Ausgrabung eines Mamuthkadavers*, Academia Imperial de Ciencias, St. Petersburg, 1902.
Kahlke, H. D., *Die Eiszeit*, Die Deutsche Bibliothek, Jena, 1994.
Kahlke, R., "Die Entstehungs–, Entwicklungs– und verbreitungsgeschichte des oberpleistozänen *Mammuthus-Coelodonta*-Faunenkomplexes in Eurasien (Grossäuger)," *Abhandlungen der senckenergischen naturforschenden Gesellchaft 546* (1994), pp. 1-164.
Kurtén, B., *The Cave Bear Story. Life and death of a Vanished Animal*, Columbia University Press, New York, 1976.
Pedraza, J. de, Carrasco, R. M., and Díez-Herrero, A., "Morfoe-structura y modelado del Sistema Central español," in Segura, M., De Bustamante, I., and Bardají T. (eds.), *Itinerarios geológicas desde Alcalá de Henares*, University of Alcalá, Alcalá de Henares, 1996, pp. 55-80.
Turner, A., and Antón, M., *The Big Cats and their Fossil Relatives*, Columbia, New York, 1997.
Van der Made, J., "Ungulates from Gran Dolina (Atapuerca, Burgos, Spain)," *Quaternaire* (1998), vol. 9, pp. 267-281.

●第6章

Álvarez, B. T., "Plantas tóxicas usadas para percar en nuestros ríos," *Quercus* (1998), vol. 147, pp. 36-37.
Auguste, P., "Érude archéozoologique des grands mammiféres du site pléistocéne moyen de Biache-Saint-Vaast (Pas-de-Calais, France): apports biostratagraphiques et palethnographiques," *L'Anthropologie* (1992), vol. 96, pp. 49-69.
Caussimont, G., and Hartasánchez, R., "El oso pardo y las estaciones," *Quercus* (1996), vol. 119, pp. 31-37.
Hawkes, K., O'Connell, J., and Blurton Jones, N., "Hadza Women's Time Allocation, Offspring Provisioning, and the Evolution of Long Postmenopausal Life Spans," *Current Anthropology* (1997), vol. 38, pp. 551-577.
Howell, F. C., "The Evolution of Human Huntings," *Journal of Human Evolution* (1989), vol. 18, pp. 583-594.
Birket-Smith, K., *Los esquimales*, Labor, Barcelona, 1965.
López-Piñero, J. M., "El megaterio," *La Aventura de la Historia* (1999), vol. 3, pp. 88-89.
Llaneza, L., "Hábitos alimenticios del lobo en la cordillera Cantábrica," *Quercus* (1999), vol. 157,

Otte, M., "Naissance des formes," *Melanges Pierre Colman* (1996), vol. 15, pp. 14-17.
Walker, A., and Shipman, P., *The Wisdom of Bones*, Alfred A. Knopf, New York, 1996. ⑦

●第3章

Arsuaga, J. L., Martínez, I., Gracia, A., and Lorenzo, C., "The Sima de los Huesos Crania (Sierra de Atapuerca, Spain). A Comparative Study," *Journal of Human Evolution* (1997), pp. 219-281.
Braüer, G., Yokohama, Y., Falguéres, C., and Mbua, E., "Modern Human Origins Backdated," *Nature* (1997), vol. 386, p. 337.
Coon, C., *Adaptaciones raciales*, Labor, Barcelona, 1984.
Chen T., Yang, Q., and Wu, E., "Antiquity of *Homo sapiens* in China," *Nature* (1994), vol. 368, pp. 55-56.
Churchill, S., "Cold Adaptation, Heterochrony, and Neandertals," *Evolutionary Anthropology* (1998), vol. 7, pp. 46-61.
Formicola, V., and Giannecchini, M., "Evolutionary Trends of Stature in Upper Paleolithic and Mesolithic Europe," *Journal of Human Evolution* (1999), vol. 36, pp. 319-333.
Rak, Y., "The Neanderthal: A New Look to an Old Face," *Journal of Human Evolution* (1999), vol. 15, pp. 151-164.
Ruff, C., Trinkaus, E., and Holliday, T., "Body Mass and Encephalization in Pleistocene *Homo*," *Nature* (1997), vol. 387, pp. 173-176.
Ruff, C., and Walker, A., "Body Size and Body Shape," in Walker, A., and Leakey, R. (eds.), *The Nariokotome* Homo erectus *Skeleton* (1993), Harvard University Press, Cambridge, pp. 234-265.
Trinkaus, E., "The Neandertal Face: Evolutionary and Functional Perspectives on a Recent Hominid Face," *Journal of Human Evolution* (1986), vol. 16, pp. 429-443.

●第4章・第5章

Aguirre, E. (ed.), *Atapuerca y la evolución humana*, Fundación Ramón Areces, Madrid, 1998.
Alcolea, J. J., Balbín, R. de, García, M. A., and Jiménez, P. J., "Nouvelles découvertes d'art rupestre paléolithique dans le centre de la Péninsule ibérique: la grotte du Renne (Valdestos, Guadalajara)," *L'Anthropologie* (1997), vol. 101, pp. 144-163.
Altuna, J., "Le Paléolithique moyen de la région cantabrique," *L'Anthropologie* (1992), vol. 96, pp. 87-102.
———, "Faunas de clima frío en la Península Ibérica durante el Pleistoceno superior," in Ramil-Rego, P., Fernández, C., and Rodríguez, M. (eds.), *Biogeografía Pleistocena-Holocena de La Península Ibérica*, Xunta de Galicia, Santiago de Compostela, 1996, pp. 13-42.
Bermúdez de Castro, J. M., Arsuaga, J. L., and Carbonell, E. (eds.), *Evolución humana en Europa y los yacimientos de la Sierra de Atapuerca*, Junta Castilla y León, Consejería de Cultura y Turismo, Valladolid, 1992.
Blanco, E., and others, *Los bosques ibéricos*, Planeta, Barcelona, 1997.
Castañón, J. C., and Frochoso, M., "Hugo Obermaier y el glaciarismo pleistoceno," in A. Moure (ed.) *"El Hombre Fósil" 80 años después*, University of Cantabria, Santander, 1996, pp. 153-175.

Cambridge University Press, Cambridge, 1992.
Klein, R., *The Human Career*, University of Chicago Press, Chicago, 1989.
Le Gros Clark, W., *The Antecedents of Man*, Quadrangle, Chicago, 1969.
Leakey, R., *La formación de la humanidad*, Serbal, Barcelona, 1981.
Leakey, R., and Lewin, R., *Nuestras orígines*, Crítica, Barcelona, 1994.
Lewin, R., *La interpretación de los fósiles*, Planeta, Barcelona, 1989.
———, *Evolución humana*, Salvat, Barcelona, 1994. ③
Martin, R., *Primate Origins and Evolution*, Chapman & Hall, London, 1990.
Moure, A. (ed.), *"El hombre fósil" 80 años después*, University of Cantabria, Santander, 1996.
Moure, A., *El origen del hombre*, Historia 16, Madrid, 1997.
Napier, J., and Napier, P., *The Natural History of Primates*, British Museum (Natural History), London, 1985. ④
Reader, J., *Eslabones perdidos*, Fondo Educativo Interamericano, México, 1982.
Rightmire, G., *The Evolution of* Homo erectus, Cambridge University Press, Cambridge, 1990.
Stringer, C., and Gamble, C., *En busca de los neandertales*, Crítica, Barcelona, 1996.
Stringer, C., and McKie, R., *African Exodus*, Jonatham Cape, London, 1996. ⑤
Szalay, F., and Delson, E., *Evolutionary History of the Primates*, Academic Press, New York, 1995.
Tattersall, I., Delson, E., and Van Couvering, J. (eds.), *Encyclopedia of Human Evolution and Prehistory*, Garland, New York, 1988.
Trinkaus, E., and Shipman, P., *The Neandertals*, Vintage, New York, 1992. ⑥
Walker, A., and Shipman, P., *The Wisdom of the Bones*, Knopf, New York, 1996. ⑦

●第1章・第2章

Abbate, E., and others, "A One Million Year Old *Homo* Cranium from Danakil (Afar) Depression of Eritrea," *Nature* (1998), vol. 393, pp. 458-460.
Asfaw, B., White, T., Lovejoy, O., Latimer, B., Simpson, S., and Suwa, G., "*Australopithecus garhi*. A New Species of Early Hominid from Ethiopia," *Science* (1999), vol. 284, pp. 629-635.
Conroy, G., Weber, G., Seidler, H., Tobias, P., and Kane, A., "Endocranial Capacity in an Early Hominid Cranium from Sterkfontein, South Africa," *Science* (1998), vol. 280, 1.730-1.731.
Clarke, R., "First Ever Discovery of a Well-Preserved Skull and Associated Skeleton of *Australopithecus*," *South African Journal of Science* (1998), vol. 94, pp. 460-463
DeHeinzelin, J., Clark, D., White, T., Hart, W., Renne, P., WoldeGabriel, G., Beyene, Y., and Vrba, E., "Environment and Behavior of 2.5 Million Year Old Bouri Hominids," *Science* (1999), vol. 284, pp. 625-629.
DeMenocal, P., "Plio-Pleistocene African Climate," *Science* (1995), vol. 270, pp. 53-59
Dubar, R., "The Social Brain Hypothesis," *Evolutionary Anthropology* (1998), vol. 6, pp. 178-190.
Falk, D., Froese, N., Stone, D., and Dudek, B., "Sex Differences in Brain/Body Relationships of *Rhesus* Monkeys and Humans," *Journal of Human Evolution* (1999), vol. 36, pp. 233-238.
Leakey, M., Feibel, C., McDougall, I., Ward, C., and Walker, A., "New Specimens and Confirmation of an Early Age for *Australopithecus anamesis*," *Nature* (1998), vol. 393, pp. 62-66.

参　考　文　献

以下の書物の大部分は，近年に刊行された一般的性格をもつ著作である。人類進化という非常に広い領域で発表された全著作の網羅的なリストを紹介しようとするような大それた気持ちはない。本書全般にかかわるもののあとに，各章ごとの関連論文と著作が紹介されている。

＊ 邦訳のある文献は末尾に○数字を付し，リストの最後にその一覧を掲載した（訳者）。

●本書全般にわたるもの

Aiello, L., and Dean, C., *An Introduction to Human Evolutionary Anatomy*, Academic Press, San Diego, 1990.

Anguita, F., and others, *Origen y evolución. Desde el Big Bang a las sociedades complejas*, Fundación Marcelino Botín, Santander, 1999.

Ayala, F.J., *Origen y evolución del hombre*, Alianza Editorial, Madrid, 1980.

Day, M., *Guide to Fossil Man*, Cassell, London, 1986.

Carbonell, E., Bermúdez de Castro, J. M.., Arsuaga, J. L., and Rodriguez, X. P. (eds.), *Los primeros pobladores de Europa: últimos descubrimientos y debate actual*, Diario de Burgos y Caja de Burgos, Burgos, 1998.

Cerdeño, M. L., and Vega, G., *La España de Altamira. Prehistoria de la Península Ibérica*, Historia 16, Madrid, 1995.

Conroy, G., *Primate Evolution*, W. W. Norton, New York, 1990.

Fleagle, J., *Primate Adaptation and Evolution*, Academic Press, San Diego, 1988.

Foley, R., *Another Unique Species*, Longman, Harlow, 1987.

Johanson, D., and Edey, M., *El primer antepasado del hombre*, Planeta, Barcelona, 1982.

Johanson, D., and Edgar, B., *From Lucy to Language*, Simon & Schuster, New York, 1996.

Johanson, D., Johanson, L., and Edgar, B., *Ancestors. In Search of Human Origins*, Villard Books, New York, 1994. ①

Johanson, D., and Shreeve, J., *Lucy's Child*, Morrow, New York, 1982. ②

Jones, S., Martin, R., and Pilbeam, D. (eds.), *The Cambridge Encyclopedia of Human Evolution*,

ラ行

ラ・シャペル・オ・サン（La Chapelle-aux-Saints：フランス） 104, 233
ラエトリ（Laetoli：タンザニア） 91
リクタ（Rikhta：ウクライナ） 310
リグリア（Liguria：イタリア） 303
龍骨山（Lóng Gŭ Shān：中国） 72
ル・ピアジュ（Le Piage：フランス） 298
ル・ムスティエ（Le Moustier：フランス） 284, 302
ルグルドゥー（Régourdou：フランス） 284
レンヌ（Renne：フランス） 298, 302, 304, 307
ロック・ド・コンブ（Roc-de-Combe：フランス） 298

ワ行

ンガウィ（Ngawi：インドネシア） 94
ンガンドン（Ngandong：インドネシア） 94
ンゲブング（Ngebung：インドネシア） 74

チャタル・ヒュユク（Çatal Hüyük：トルコ） 82
チャド（Chad） 35, 47
陳家窩（Chén Jīa Wō：中国） 73
テシク・タシュ（Teshik Tash：ウズベキスタン） 283
デデリエ（Dedireyah：シリア） 284
デュフォール（Dufaure：フランス） 153
テル・エッ・スルタン（Tell es Sultan：パレスチナ） 82
トゥゲン・ヒルズ（Tugen Hills：ケニア） 36
トゥルカナ湖（Lake Turkana：ケニア） 39, 46, 48, 49, 50, 54, 59, 60, 61, 72, 90, 91
ドマニシ（Dmanisi：グルジア） 73
トリニール（Trinil：インドネシア） 71, 72
ドリモレン（Drimolen：南アフリカ） 69
トルゥ・マグリット（Trou Magrite：ベルギー） 292

ナ行

ナリオコトメ（Nariokotome：ケニア） 61, 109
ヌドゥトゥ（Ndutu：タンザニア） 91

ハ行

ハダール（Hadar：エチオピア） 46, 54, 59
バチョ・キロ（Bacho Kiro：ブルガリア） 307
ハノーフェルザント（Hahnöfersand：ドイツ） 300
パンド（Pendo：フランス） 298
ビアシュ・サン・ヴァースト（Biache-Saint-Vaast：フランス） 103, 203, 204
ビルチングスレーベン（Bilzingsleben：ドイツ） 196, 204
ファデ（Fadets：フランス） 207
フェルトホーフェル（Feldhofer：ドイツ） 86
フォーゲルヘルト（Vogelherd：ドイツ） 205, 292
ブルノ（Brno：チェコ） 300
ブローケン・ヒル（Broken Hill：ザンビア） 90
フロリスバート（Florisbad：南アフリカ） 91
ブロンボス（Blombos：南アフリカ） 299
ペトラロナ（Petralona：ギリシア） 90
ベレゾフカ川（Beresovka River：ロシア） 142
ホーレンシュタイン・シュターデル（Hohlenstein-Stadel：ドイツ） 292
ボックスグローヴ（Boxgrove：イギリス） 193, 194, 195

マ行

マウエル（Mauer：ドイツ） 80, 193
マカパンスガット（Makapansgat：南アフリカ） 43, 45, 46
マラウィ湖（Lake Malawi：モザンビーク，マラウィ，タンザニア） 47, 49, 54
ミドル・アワシュ（Middle Awash：エチオピア） 72
ムラデチ（Mladeč：チェコ） 300
モジョケルト（Modjokerto：インドネシア）71
モンテ・ベルデ（Monte Verde：チリ） 211

ツ） 103
エリイェ・スプリングス（Eliye Springs：ケニア） 91
エンカプネ・ヤ・ムト（Enkapune Ya Muto：ケニア） 299
オモ・キビシュ（Omo Kibish：エチオピア） 91
オモ川流域（the Omo River Valley：エチオピア） 46, 54, 59
オルドゥヴァイ峡谷（Olduvai Gorge：タンザニア） 46, 48, 49, 59, 60

カ行

ガイセンクレステレ（Geissenklösterle：ドイツ） 292
カタンダ（Katanda：コンゴ民） 299
カナポイ（Kanapoi：ケニア） 39, 40
カフゼー（Qafzeh：イスラエル） 110, 112, 283, 289, 290
カンセー（Quinçay：フランス） 298, 304, 307
金牛山（Jīn Niú Shān：中国） 94, 95
クラシーズ川河口（Klaises River Mouth：南アフリカ） 111
クロムドラーイ（Kromdrai：南アフリカ） 69
ケバラ（Kebara：イスラエル） 276, 280, 290
公王嶺（Gōng Wáng Līng：中国） 73
コスチェンキ 14 号（Kostenki 14：ロシア） 311
コスチェンキ 17 号（Kostenki 17：ロシア） 307, 311
コティレヴォⅠ（Khotylevo I：ウクライナ） 310
ゴナ（Gona：エチオピア） 54
コンソ（Konso：エチオピア） 65

サ行

サレ（Sale：モロッコ） 91
サン・セゼール（Saint Cesaire：フランス） 298
サンギラン（Sangiran：インドネシア） 71, 72
サンブンマチャン（Sambungmacan：インドネシア） 94
シェーニンゲン（Schöningen：ドイツ） 196-198, 206
ジェベル・イルード（Jebel Irhoud：モロッコ） 91
ジトミール（Zhitomir：ウクライナ） 310
シャニダール（Shanidar：イラク） 234, 282, 284
周口店（Zhōu Kǒu Diàn：中国） 73, 74, 95, 279
シュタインハイム（Steinnheim：ドイツ） 90, 102
ショーヴェ（Chauvet：フランス） 158, 292
ステルクフォンテイン（Sterkfontein：南アフリカ） 43, 44, 48
スフール（Skuhl：イスラエル） 110, 112, 283, 289, 290
スワルトクランス（Swartkrans：南アフリカ） 59, 69, 279
スンギール（Sungir：ロシア） 304

タ行

大茘（Dà Lì：中国） 94, 95
タウング（Taung：南アフリカ） 43
ダナキル低地（the Danakil Depression：エリトリア） 59
タブーン（Tabun：イスラエル） 290

サ行

サファラヤ（Zafarraya） 296
サンティマミーニェ（Santimamiñe） 160
シエガ・ベルデ（Siega Verde） 16, 151, 152, 153, 155

タ行

トナカイの洞窟（Reindeer Cave） 152
ドミンゴ・ガルシア（Domingo García） 151
トラルバ・デル・モラル（Torralba del Moral） 170, 198, 199, 200, 202

ハ行

ハラマⅡ（Jarama II） 157
ハラマⅣ（Jarama IV） 296
パルパリョ（Parpalló） 320, 321
ピンダル（Pindal） 153
フィゲイラ・ブラバ（Figueira Brava：ポルトガル） 296
プエブラ・デ・リーリョ（Puebla de Lillo） 151
フォーブズ採石場（Forbes Quarry：ジブラルタル） 85
フルニンハ（Furninha：ポルトガル） 160
ペゴ・ド・ディアブロ（Pêgo do Diablo：ポルトガル） 296
ペドレイラ・ダス・サレマス（Pedreira das Salemas：ポルトガル） 296
ベンタ・デ・ラ・ペラ（Venta de la Perra） 160
ベンタ・ミケナ（Venta Micena） 168
ポントン・デ・ラ・オリバ（Pontón de la Oliva） 168

マ行

マジャデテス（Malladetes） 294
マソウコ（Mazouco：ポルトガル） 151

ラ行

ラ・カリフエラ（La Carihuela） 187, 296
ラ・パシエガ（La Pasiega） 153
ラ・ホス（La Hoz） 152, 158
ラ・ルエラ（La Lluera） 153
ラガル・ベルホ（Lagar Velho：ポルトガル） 293
ラス・カルダス（Las Caldas） 153
ラス・チメネアス（Las Chimeneas） 153
ラパ・ドス・フロス（Lapa dos Furos：ポルトガル） 296
ラベコ・コバ（Labeko Koba） 298
ラルブレダ（l'Arbreda） 297, 300, 304
ルゴ（Lugo） 151
レクラウ・ビビエ（Reclau Viver） 297
レセトクシキ（Lezetxiki） 155, 157
ロス・カサレス（Los Casares） 153, 157, 158

他地域

ア行

アファール（Afar：エチオピア） 40, 47
アムッド（Amud：イスラエル） 89, 290
アラゴ（Arago：フランス） 102, 195
アリア・ベイ（Allia Bay：ケニア） 39
アンジス（Engis：ベルギー） 86
エーリングスドルフ（Ehringsdorf：ドイ

遺跡名・関連地名索引

イベリア半島（スペルの後に国名・地域名のないものはスペイン）

ア行

アクスロル（Axlor） 127, 155
アタプエルカ山地（Sierra de Atapuerca） 13, 14, 16, 78, 80, 87, 105, 160-172, 188, 191, 218, 237, 244
ガレリア（Galería） 163, 168, 169, 170
クエバ・マヨル（Cueva Mayor） 164
グラン・ドリナ（Gran Dolina） 78, 79, 80, 102, 163, 164, 165, 167, 168, 170, 193, 270
シマ・デ・ロス・ウエソス（Sima de los Huesos） 14, 80, 87, 90, 91, 96, 102, 105, 108, 110, 163, 168, 169, 170, 187, 188, 200, 205, 217, 235-239, 242, 243, 245, 270, 272, 282, 283, 316
シマ・デル・エレファンテ（Sima del Elefante） 164, 170
ミラドール洞窟（Mirador Cave） 164
アバウンツ（Abauntz） 153
アブリック・ロマニ（Abric Romaní） 280, 297
アマルダ（Amalda） 156
アリドス（Áridos） 201, 202
アルタミラ（Altamira） 130, 219
アルトクセリ（Altxerri） 153
アロヨ・クレブロ（Arroyo Culebro） 152
アンブローナ（Ambrona） 170, 198, 199, 200, 201, 202
イスチュリッツ（Isturitz：北バスク）
インカルカル（Incarcal） 168
エカイン（Ekain） 160, 298
エル・カスティーリョ（El Castillo） 153, 155, 297, 300
エル・ペンド（El Pendo） 298
エル・レゲリーリョ（El Reguerillo） 153, 160
オホ・グアレーニャ（Ojo Guareña） 153

カ行

クエバ・バホンディーリョ（Cueva Bajondillo） 296
クエバ・ビクトリア（Cueva Victoria） 168
クエバ・ミラン（Cueva Millán） 296
クエバ・モリン（Cueva Morín） 298
グルタ・ド・カルデイラン（Gruta do Caldeirão：ポルトガル） 296
グルタ・ノバ・ダ・コルンベイラ（Gruta Nova da Columbeira：ポルトガル） 296
コア川（River Côa：ポルトガル） 151
コバ・デルス・エルミトンス（Cova dels Ermitons） 297
コバ・ネグラ（Cova Negra） 155, 296
コバ・ベネイト（Cova Beneito） 296
ゴルハム（Gorham：ジブラルタル） 296

レイトマン，ジェフリー（Laitman, Jeffrey） 276

ロドリゲス，マリアーノ（Rodríguez, Mariano） 240
ロバーツ，マーク（Roberts, Mark） 194
ロルドキパニツェ，ダヴィド（Lordkipanidze, David） 73
ロレンソ，カルロス（Lorenzo, Carlos） 9, 105
ローレンツ，コンラート（Lorenz, Konrad） 250, 317, 318

ワ行

ワイデンライヒ，フランツ（Weidenreich, Franz） 73

236, 272
ペレス＝ゴンサレス，アルフレド（Pérez-González, Alfredo） 203
ペレス＝ペレス，アレハンドロ（Pérez-Pérez, Alejandro） 187, 188

ホークス，クリステン（Hawkes, Kristen） 175, 176, 177, 178, 179, 180, 195, 221
ボケ＝アペル，ジャン＝ピエール（Bocquet-Appel, Jean-Pierre） 238, 241, 242, 243, 312
ポッツ，リック（Potts, Rick） 74
ホリデイ，トレントン（Holliday, Trenton） 106
ホルダ，イエズス（Jordá, Jesús） 157
ホワイト，ティム（White, Tim） 37, 47, 48, 59
ホワイト，ランドール（White, Randall） 307

マ行

マアルーフ，アミン（Maalouf, Amin） 219
マイ，カール（May, Karl） 75
マウントフォード，チャールズ・P.（Mountford, Charles P.） 173
マクファイル，ユアン（Macphail, Euan） 252
マーティン，ロバート（Martin, Robert） 107
マニア，ディートリッヒ（Mania, Dietrich） 196
マラニョン，グレゴリオ（Marañón, Gregorio） 224
マリエスクレナ，コロ（Mariezkurrena, Koro） 153, 154
マルティネス，イグナシオ（Martínez, Ignacio） 9, 68, 181, 276
マルティン＝ロエチェス，マヌエル（Martín-Loeches, Manuel） 9

ミズン，スティーヴン（Mithen, Steven） 251, 266, 267, 268, 269

ムーナン，ジョルジュ（Mounin, Georges） 263

メノカル，ピーター・ド（Menocal, Peter do） 68

モンショ，エルヴェ（Monchot, Hervé） 195

ヤ行

ユトリラ，ピラール（Utrilla, Pilar） 153

ラ行

ライル，ギルバート（Ryle, Gilbert） 259
ラク，ヨエル（Rak, Yoel） 101

リー＝ソープ，ジュリア（Lee-Thorp, Julia） 45
リーキー，ミーヴ（Leakey, Meave） 39, 49, 50
リーキー，メアリ（Leakey, Mary） 49
リーキー，リチャード（Leakey, Richard） 48, 49, 61
リーキー，ルイス（Leakey, Louis） 49
リーバーマン，フィリップ（Lieberman, Philip） 277, 316

ルフ，クリストファー（Ruff, Christopher） 106, 107, 109

drigo de) 152, 155
バローハ，ピオ（Baroja, Pío） 11, 19
バローハ，フリオ・カロ（Baroja, Julio Caro） 188
バン・デル・マデ，ヤン（van der Made, Jan） 164, 196

ビセンテ，ホセ・ルイス（Vicente, José Luis） 240
ピソン，エドゥアルド・マルティネス・デ（Pisón, Eduardo Martínez de） 18
ピックフォード，マーティン（Pickford, Martin） 36
ビラベルデ，バレンティン（Villaverde, Valentín） 320
ヒル，キム（Hill, Kim） 222
ビンフォード，ルイス（Binford, Lewis） 201, 205

ファルゲール，クリストフ（Falguères, Christophe） 94
ファルコナー，ヒュー（Falconer, Hugh） 86
黄慰文（Huáng Wèi Wén） 74
フォーク，ディーン（Falk, Dean） 62, 273
フォーダー，ジェリー（Fodor, Jerry） 257, 267
フォルミコラ，ヴィンセンゾ（Formicola, Vincenzo） 112
フートン，アーネスト（Hooten, Earnest） 97
フベリアス，フスト（Juberías, Justo） 199
プラトン（Plato） 255, 256
ブラートン・ジョーンズ，ニコラス（Blurton Jones, Nicholas） 175, 176, 177, 178, 179, 180, 221
プリニウス，ガイウス（Plinius Secundus, Gaius） 188, 189
フリーマン，L.（Freeman, L.） 199
ブリュネ，ミシェル（Brunet, Michel） 36, 42
ブール，マルセラン（Boule, Marcellin） 16, 104
ブル・デ・ラモン，フアン・バウティスタ（Bru de Ramón, Juan Bautista） 209
フルタド，マグダレーナ（Hurtado, Magdalena） 222
フレイヤー，デイヴィド（Frayer, David） 94
フロチョソ，マヌエル（Frochoso, Manuel） 136
ブロメッジ，ティム（Bromage, Tim） 47
フローレス，ウェンセスラオ・フェルナンデス（Florez, Wenceslao Fernández） 18, 115, 314

ペドラサ，ハビエ・デ（Pedraza, Javier de） 136
ヘニッヒ，ヴィリ（Hennig, Willi） 32, 38, 88
ペリコット，ルイス（Pericot, Lluís） 320
ヘルツ，オットー（Herz, Otto） 141, 142
ベルナドスキー，ウラジミール（Vernadsky, Vladimir） 93
ベルナルデス・デ・キロス，フェデリコ（Bernáldez de Quirós, Federico） 300
ベルムデス・デ・カストロ，ホセ・マリア（Bermúdez de Castro, José María）

ソーン，アラン（Thorne, Alan） 94, 100

タ行

ダーウィン，チャールズ（Darwin, Charles） 209, 264, 265, 269
タッターソル，イアン（Tattersall, Ian） 265, 266, 269, 319
ターナー，アラン（Turner, Alan） 166
タボラン，イヴェット（Taborin, Yvette） 305, 307
ダンバー，ロビン（Dumbar, Robin） 53, 242

チャーチル，スティーヴン（Churchill, Steven） 205
チョムスキー，ノーム（Chomsky, Noam） 256

デイヴィドソン，イアン（Davidson, Ian） 260, 261, 279, 281, 288
ティエム，ハルトムート（Thieme, Hartmut） 196, 197
デカルト，ルネ（Descartes, René） 253, 254, 255, 256, 261
テヤール・ド・シャルダン，ピエール（Teilhard de Chardin, Pierre） 25, 27, 93
デュボア，ウジェーヌ（Dubois, Eugène） 71
デリコ，フランチェスコ（d'Errico, Francesco） 307

ド・ルムレ，アンリ（de Lumley, Henry） 195
トゥールミン，スティーヴン（Toulmin, Stephen） 250, 251, 255
トバイアス，フィリップ（Tobias, Phillip） 43, 44, 273
トリンカウス，エリック（Trinkaus, Erik） 86, 101, 106, 228, 229, 232, 233, 234, 293

ナ行

ナタリオ，ラファエル（Notario, Rafael） 183
ナバロ，マヌエル（Navarro, Manuel） 209

ノーブル，ウィリアム（Noble, William） 260, 261, 279, 281, 288

ハ行

ハウエル，F. クラーク（Howell, F. Clark） 199, 200, 201
ハウエル，ナンシー（Howell, Nancy） 221
パヴロフ，イヴァン（Pavlov, Ivan） 248
ハクスリー，トマス・H.（Huxley, Thomas H.） 246
バーケット＝スミス，カイ（Birket-Smith, Kaj） 141, 181, 303
バージャー，トミー（Berger, Tomy） 234
パース，チャールズ・サンダーズ（Peirce, Charles Sanders） 261
バスク，ジョージ（Busk, George） 86
パラシオス，ヘスス（Palacios, Jesús） 240
バランディアラン，ホセ・ミゲル・デ（Barandiarán, José Miguel de） 126, 127
ハルタサンチェス，ロベルト（Hartasánchez, Roberto） 183
バルビン，ロドリゴ・デ（Balbín, Ro-

ria） 300
カリオン，ホセ（Carrión, José） 187
ガルシア，ヌリア（García, Nuria） 9, 164, 168, 170
ガルシア・イ・ベリド，アントニオ（García y Bellido, Antonio） 223, 224
ガルット，V.E.（Garutt, V.E.） 211
カルボネル，エウダルド（Carbonell, Eudald） 196, 236, 280
カレテロ，ホセ・ミゲル（Carretero, José Miguel） 105

キプリング，ラドヤード（Kipling, Rudyard） 156
ギャラップ，ゴードン（Gallup, Gordon） 251
キュヴィエ，ジョルジュ（Cuvier, Georges） 209
キング，ウィリアム（King, William） 86

クエンカ，グロリア（Cuenca, Gloria） 164
グドール，ジェーン（Goodall, Jane） 80
クライン，リチャード（Klein, Richard） 201
クラーク，ロン（Clarke, Ron） 43, 44
グラシア，アナ（Gracia, Ana） 9, 272
クリック，フランシス（Crick, Francis） 52
クルテン，ビヨルン（Kurtén, Björn） 97, 98, 146, 151
クーン，カールトン（Coon, Carleton） 96

ケイ，リック（Kay, Rick） 273
ケロル，アンヘレス（Querol, Ángeles） 202

ゴニ，マリア・フェルナンデス・サンチェス（Goñi, María Fernández Sánchez） 186
コルション，ソレダド（Corchón, Soledad） 153
コンロイ，グレン（Conroy, Glenn） 43

サ行

サバテール，フェルナンド（Savater, Fernando） 217, 218
サントンハ，マヌエル（Santonja, Manuel） 202, 203

ジアンネッチーニ，モニカ（Giannecchini, Monica） 112
シェル，A. V.（Sher, A. V.） 211
ジェンナー，エドワード（Jenner, Edward） 225
シュポンハイマー，マット（Sponheimer, Mat） 45
シュレンク，フリードマン（Schrenk, Friedemann） 47
シュワイシャー，カール（Swisher, Carl） 71, 72, 94
ジョハンソン，ドナルド（Johanson, Donald） 41, 48, 54
ジルハン，ジョアン（Zilhão, João） 292, 293, 294, 307

ストラボン（Strabon） 188, 189
スニュ，ブリジット（Senut, Brigitte） 36
スペンサー，ハーバート（Spencer, Herbert） 265
スミス，フレッド（Smith, Fred） 94

人名索引

ア行

アイエロ，レスリー（Aiello, Leslie） 195
アギレ，エミリアーノ（Aguirre, Emiliano） 200
アギレラ・イ・ガンボア，エンリケ（Aguilera y Gamboa, Enrique） 199, 200
アルコレア，ホセ・ハビエ（Alcolea, José Javier） 152, 155
アルスアガ，ペドロ・マリア（Arsuaga, Pedro María） 152
アルトゥナ，イエズス（Altuna, Jesús） 153, 154, 156
アントン，マウリシオ（Antón, Mauricio） 166
アントン，メルセデス・ガルシア（Antón, Mercedes García） 164

呉新智（Wú Xīn Zhì） 94
ヴァルタニアン，S. L.（Vartanyan, S. L.） 211
ウィトゲンシュタイン，ルートヴィヒ（Wittgenstein, Ludwig） 259, 260
ヴェルヌ，ジュール（Verne, Jules） 66, 141
ウォーカー，アラン（Walker, Alan） 109
ウォルポフ，ミルフォード（Wolpoff, Milford） 94
ウォレス，アルフレッド・ラッセル（Wallace, Alfred Russell） 120, 209, 264, 265, 269
ウナムーノ，ミゲル・デ（Unamuno, Miguel de） 294

エルナンデス＝パチェコ，エドゥアルド（Hernández-Pacheco, Eduardo） 17, 129, 161
エリアーデ，ミルチャ（Eliade, Mircea） 18

オーギュスト，パトリック（Auguste, Patrick） 204
オコンネル，ジェームズ（O'Connell, James） 175, 176, 177, 178, 179, 180, 195, 221
オット，マルセル（Otte, Marcel） 65, 291
オーベルマイアー，フーゴ（Obermaier, Hugo） 16, 17, 19, 136, 155, 300

カ行

カウシモント，ジェラルド（Causimont, Gerardo） 183
カスタノン，フアン・カルロス（Castañón, Juan Carlos） 136
ガードナー，アレン（Gardner, Allen） 264
ガードナー，ハワード（Gardner, Howard） 267
ガードナー，ベアトリクス（Gardner, Beatrix） 264
カブレラ，ビクトリア（Cabrera, Victo-

訳者紹介

藤野邦夫（ふじの・くにお）

1935年石川県に生まれる。早稲田大学フランス文学科卒業。同大学院中退。東京大学講師，女子栄養大学講師などを務める。A. クラルスフェルド & F. ルヴァ『死と老化の生物学』（新思索社），E. ルディネスコ『ジャック・ラカン伝』（河出書房新社），F. ウィルソン『手の五〇〇万年史』（共訳，新評論），J. ピアジェ & R. ガルシア『精神発生と科学史』（共訳，新評論），E & F-B. ユイグ『スパイスが変えた世界史』（新評論），G. リシャール監修『移民の一万年史』（新評論），R. & D. モリス『人間とヘビ』（平凡社），ロワイヨーモン人間科学センター編『基礎人間学』（共訳，平凡社），同『ことばの理論　学習の理論』（思索社），P-J. ビュショ『害蟲記』（博品社）他，多数の訳書がある。

監修者紹介

岩城正夫（いわき・まさお）

1930年東京都に生まれる。大学卒業後，中学教師，雑誌編集者，学会事務局員，高校教師などを経て大学教師に。2001年和光大学名誉教授。古代発火法検定協会理事長。2008年，「手作りとお喋り（セルフメイド友の会）」を若い仲間たちと立ち上げる。主著に『ある発明のはなし』，『やってみなければわからない』，『原始時代の発明発見物語』（以上，国土社），『原始技術史入門』，『原始時代の火』，『原始技術論』（以上，新生出版），『原始人の技術にいどむ』，『火をつくる』（以上，大月書店），『セルフメイドの世界—私が歩んできた道』（群羊社）など。小原秀雄氏との共著に『人間学入門』『自己家畜化論』『自然「知」の探究』，小原氏・柴田義松氏らとの共著に『人間・ヒトにとって教育とはなにか』，『暮らしに内なる自然を』（以上，群羊社）などがある。

ネアンデルタール人の首飾り　（検印廃止）

2008年11月20日　初版第1刷発行

著　者　フアン・ルイス・アルスアガ
訳　者　藤　野　邦　夫
監修者　岩　城　正　夫
発行者　武　市　一　幸

発行所　株式会社　新　評　論

〒169-0051　東京都新宿区西早稲田 3-16-28
http://www.shinhyoron.co.jp
TEL　03-3202-7391
FAX　03-3202-5832
振替　00160-1-113487

装丁　山　田　英　春
印刷　新　栄　堂
製本　清水製本プラス紙工

落丁・乱丁本はお取り替えします
定価はカバーに表示してあります

Printed in Japan
ISBN978-4-7948-0774-8